全国高等院校土建类应用型规划教材

住房和城乡建设领域关键岗位技术人员培训教材

建筑工程施工质量控制与验收

《建筑工程施工质量控制与验收》编委会 编

主 编：许 科 李 峰

副主编：林 丽 陈 哲

组编单位：住房和城乡建设部干部学院

北京土木建筑学会

中国林业出版社

图书在版编目（CIP）数据

建筑工程施工质量控制与验收／《建筑工程施工质量控制与验收》编委会编. — 北京：中国林业出版社，2019.5

住房和城乡建设领域关键岗位技术人员培训教材

ISBN 978-7-5219-0033-0

Ⅰ.①建… Ⅱ.①建… Ⅲ.①建筑工程－工程质量－质量控制－技术培训－教材②建筑工程－工程验收－技术培训－教材 Ⅳ.①TU712

中国版本图书馆 CIP 数据核字（2019）第 065064 号

本书编写委员会

主　编：许　科　李　峰

副主编：林　丽　陈　哲

组编单位：住房和城乡建设部干部学院　北京土木建筑学会

国家林业和草原局生态文明教材及林业高校教材建设项目

策　　划：杨长峰　纪　亮

责任编辑：陈　惠　王思源　吴　卉　樊　菲

出版：中国林业出版社

　　　（100009 北京西城区德内大街刘海胡同 7 号）

网站：http://lycb.forestry.gov.cn/

印刷：固安县京平诚乾印刷有限公司

发行：中国林业出版社

电话：(010)83143610

版次：2019 年 5 月第 1 版

印次：2019 年 5 月第 1 次

开本：1/16

印张：23.5

字数：380 千字

定价：140.00 元

编写指导委员会

前　　言

"全国高等院校土建类应用型规划教材"是依据我国现行的规程规范，结合院校学生实际能力和就业特点，根据教学大纲及培养技术应用型人才的总目标来编写。本教材充分总结教学与实践经验，对基本理论的讲授以应用为目的，教学内容以必需、够用为度，突出实训、实例教学，紧跟时代和行业发展步伐，力求体现高职高专、应用型本科教育注重职业能力培养的特点。同时，本套书是结合最新颁布实施的《建筑工程施工质量验收统一标准》（GB50300—2013）对于建筑工程分部分项划分要求，以及国家、行业现行有效的专业技术标准规定，针对各专业应知识、应会和必须掌握的技术知识内容，按照"技术先进、经济适用、结合实际、系统全面、内容简洁、易学易懂"的原则，组织编制而成。

考虑到工程建设技术人员的分散性、流动性以及施工任务繁忙、学习时间少等实际情况，为适应新形势下工程建设领域的技术发展和教育培训的工作特点，一批长期从事建筑专业教育培训的教授、学者和有着丰富的一线施工经验的专业技术人员、专家，根据建筑施工企业最新的技术发展，结合国家及地方对于建筑施工企业和教学需要编制了这套可读性强，技术内容最新，知识系统、全面，适合不同层次、不同岗位技术人员学习，并与其工作需要相结合的教材。

本教材根据国家、行业及地方最新的标准、规范要求，结合了建筑工程技术人员和高校教学的实际，紧扣建筑施工新技术、新材料、新工艺、新产品、新标准的发展步伐，对涉及建筑施工的专业知识，进行了科学、合理的划分，由浅入深，重点突出。

本教材图文并茂，深入浅出，简繁得当，可作为应用型本科院校、高职高专院校土建类建筑工程、工程造价、建设监理、建筑设计技术等专业教材；也可作为面向建筑与市政工程施工现场关键岗位专业技术人员职业技能培训的教材。

目　　录

第一章 建筑工程施工质量管理

第一节 建筑工程施工质量管理概述

一、工程质量管理基础知识

1. 质量

我国标准《质量管理体系基础和术语》（GB/T19000－2008/ISO9000：2005）关于质量的定义是：一组固有特性满足要求的程度。该定义可理解为：质量不仅是指产品的质量，也包括产品生产活动或过程的工作质量，还包括质量管理体系运行的质量；质量由一组固有的特性来表征（所谓"固有的"特性是指本来就有的、永久的特性），这些固有特性是指满足顾客和其他相关方要求的特性，以其满足要求的程度来衡量；而质量要求是指明示的、隐含的或必须履行的需要和期望，这些要求又是动态的、发展的和相对的。也就是说，质量"好"或者"差"，以其固有特性满足质量要求的程度来衡量。

2. 建设工程项目质量

建设工程项目质量是指通过项目实施形成的工程实体的质量，是反映建筑工程满足相关标准规定或合同约定的要求，包括其在安全、使用功能及其在耐久性能、环境保护等方面所有明显和隐含能力的特性总和。其质量特性主要体现在适用性、安全性、耐久性、可靠性、经济性及与环境的协调性等六个方面。

3. 质量管理

我国标准《质量管理体系基础和术语》（GB/T19000—2008/ISO9000：2005）关于质量管理的定义是：在质量方面指挥和控制组织的协调的活动。与质量有关的活动，通常包括质量方针和质量目标的建立、质量策划、质量控制、质量保证和质量改进等。所以，质量管理就是建立和确定质量方针、质量目标及职责，并在质量管理体系中通过质量策划、质量控制、质量保证和质量改进等手段来实施和实现全部质量管理职能的所有活动。

4. 工程项目质量管理

工程项目质量管理是指在工程项目实施过程中，指挥和控制项目参与各方关于质量的相互协调的活动,是围绕着使工程项目满足质量要求,而开展的策划、组织、计划、实施、检查、监督和审核等所有管理活动的总和。它是工程项目的建设、勘察、设计、施工、监理等单位的共同职责,项目参与各方的项目经理必须调动与项目质量有关的所有人员的积极性,共同做好本职工作,才能完成项目质量管理的任务。

二、工程建设各阶段流程

工程准备阶段、工程实施阶段、工程竣工阶段的流程如图 1-1 所示。

三、工程质量管理的基本内容

(1)认真贯彻国家和上级质量管理工作的方针、政策、法规和建筑施工的技术标准、规范、规程及各项质量管理制度,结合工程项目的具体情况,制订质量计划和工艺标准,认真组织实施。

(2)编制并组织实施工程项目质量计划。工程项目质量计划是针对工程项目实施质量管理的文件,包括以下主要内容:

1)确定工程项目的质量目标。依据工程项目的重要程度和工程项目可能达到的管理水平,确定工程项目预期达到的质量等级。

2)明确工程项目领导成员和职能部门(或人员)的职责、权限。

3)确定工程项目从施工准备到竣工交付使用各阶段质量管理的要求,对于质量手册、程序文件或管理制度中没有明确的内容,如材料检验、文件和资料控制、工序控制等做出具体规定。

4)施工全过程应形成的施工技术资料等。

工程项目质量计划经批准发布后,工程项目的所有人员都必须贯彻实施,以规范各项质量活动,达到预期的质量目标。

(3)运用全面质量管理的思想和方法,实行工程质量控制。在分部、分项工程施工中,确定质量管理点,组成质量管理小组,进行 PDCA 循环,不断地克服质量的薄弱环节,以推动工程质量的提高。

(4)认真进行工程质量检查。贯彻群众自检和专职检查相结合的方法,组织班组进行自检活动,做好自检数据的积累和分析工作;专职质量检查员要加强施工过程中的质量检查工作,做好预检和隐蔽工程验收工作。要通过群众自检和专职检查,发现质量问题,及时进行处理,保证不留质量隐患。

(5)组织工程质量的检验评定工作。按照国家施工及验收规范、建筑安装工程质量检验标准和设计图纸,对分项、分部和单位工程进行质量的检验评定。

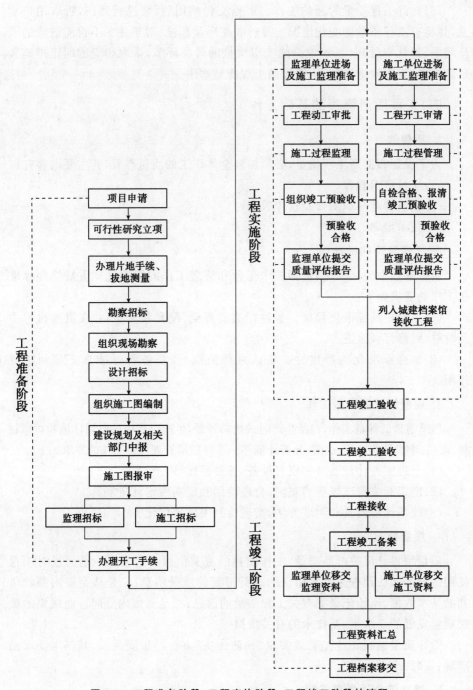

图 1-1　工程准备阶段、工程实施阶段、工程竣工阶段的流程

（6）做好工程质量的回访工作。工程交付使用后，要进行回访，听取用户意见，并检查工程质量的变化情况。及时收集质量信息，对于施工不善而造成的质量问题，要认真处理，系统地总结工程质量的薄弱环节，采取相应的纠正措施和预防措施，克服质量通病，不断提高工程质量水平。

四、工程质量管理的基础工作

1. 质量教育

为了保证和提高工程质量，必须加强全体职工的质量教育，其主要内容有：

（1）质量意识教育；

（2）质量管理知识的普及宣传教育；

（3）技术培训。

2. 质量管理的标准化

质量管理中的标准化，包括技术工作和管理工作的标准化。质量管理标准化工作的要求如下：

（1）不断提高标准化程度。各种标准要齐全、配套和完整，并在贯彻执行中及时总结、修订和改进。

（2）加强标准化的严肃性。要认真严格执行，使各种标准真正起到法规作用。

3. 质量管理的计量工作

质量管理的计量工作，包括生产时的投料计量，生产过程中的监测计量和对原材料、成品、半成品的试验、检测、分析计量等。搞好质量管理计量工作的要求如下：

（1）合理配备计量器具和仪表设备，且妥善保管。

（2）制定有关测试规程和制度，合理使用和定期检定计量器具。

（3）改革计量器具和测试方法，实现检测手段现代化。

4. 质量情报

质量情报是反映产品质量、工作质量的有关信息。其来源一是通过对工程使用情况的回访调查或收集用户的意见得到的质量信息；二是从企业内部收集到的基本数据、原始记录等有关工程质量的信息；三是从国内外同行业搜集的反映质量发展的新水平、新技术的有关情报等。

做好质量情报工作是有效实现"预防为主"方针的重要手段，其基本要求是准确、及时、全面、系统。

5. 建立健全质量责任制

建立和健全质量责任制，使企业每一个部门、每一个岗位都有明确的责任，形成一个严密的质量管理工作体系。它包括各级行政领导和技术负责人的责任制、管理部门和管理人员的责任制和工人岗位责任制。其主要内容如下：

（1）建立质量管理体系，开展全面质量管理工作。

（2）建立健全保证质量的管理制度，做好各项基础工作。

（3）组织各种形式的质量检查，经常开展质量动态分析，针对质量通病和薄弱环节，采取技术、组织措施。

（4）认真执行奖惩制度，奖励表彰先进，积极发动和组织各种竞赛活动。

（5）组织对重大质量事故的调查、分析和处理。

6. 开展质量管理小组活动

质量管理小组简称 QC 小组，是质量管理的群众基础，也是职工参加管理和"三结合"攻关解决质量问题，提高企业素质的一种形式。

五、工程质量管理制度

建筑工程质量管理制度主要包括施工图设计文件审查制度、工程质量监督制度、工程质量检测制度、工程质量保修制度等。

1. 施工图设计文件审查制度

施工图设计文件（以下简称施工图）审查是政府主管部门对工程勘察设计质量监督管理的重要环节。施工图审查是指国务院建设行政主管部门和省、自治区、直辖市人民政府建设行政主管部门委托依法认定的设计审查机构，根据国家法律、法规、技术标准与规范，对施工图进行结构安全和强制性标准、规范执行情况等进行的独立审查。

（1）施工图审查的范围

建筑工程设计等级分级标准中的各类新建、改建、扩建的建筑工程项目均属审查范围。省、自治区、直辖市人民政府建设行政主管部门，可结合本地的实际，确定具体的审查范围。

建设单位应当将施工图报送建设行政主管部门，由建设行政主管部门委托有关审查机构，进行结构安全和强制性标准、规范执行情况等内容的审查。建设单位将施工图报请审查时，应同时提供下列资料：批准的立项文件或初步设计批准文件；主要的初步设计文件；工程勘察成果报告；结构计算书及计算软件名称等。

（2）施工图审查的主要内容：

1）建筑物的稳定性、安全性审查，包括地基基础和主体结构是否安全、可靠。

2）是否符合消防、节能、环保、抗震、卫生、人防等有关强制性标准、规范。

3）施工图是否达到规定的深度要求。

4）是否损害公众利益。

(3)施工图审查的各个环节可按以下步骤办理：

1)建设单位向建设行政主管部门报送施工图,并作书面登录。

2)建设行政主管部门委托审查机构进行审查,同时发出委托审查通知书。

3)审查机构完成审查,向建设行政主管部门提交技术性审查报告。

4)审查结束,建设行政主管部门向建设单位发出施工图审查批准书。

5)报审施工图设计文件和有关资料应存档备查。

对审查不合格的项目,提出书面意见后,由审查机构将施工图退回建设单位,并由原设计单位修改,重新送审。施工图一经审查批准,不得擅自进行修改。如遇特殊情况需要进行涉及审查主要内容的修改时,必须重新报原审批部门,由原审批部门委托审查机构审查后再批准实施。

2. 工程质量监督制度

(1)国家实行建设工程质量监督管理制度。工程质量监督管理的主体是各级政府建设行政主管部门和其他有关部门。但由于工程建设周期长、环节多、点多面广,工程质量监督工作是一项专业技术性强,且很繁杂的工作,政府部门不可能亲自进行日常检查工作。因此,工程质量监督管理由建设行政主管部门或其他有关部门委托的工程质量监督机构具体实施。

(2)工程质量监督机构是经省级以上建设行政主管部门或有关专业部门考核认定,具有独立法人资格的单位。它受县级以上地方人民政府建设行政主管部门或有关专业部门的委托,依法对工程质量进行强制性监督,并对委托部门负责。

(3)工程质量监督机构的主要任务:

1)根据政府主管部门的委托,受理建设工程项目的质量监督。

2)制定质量监督工作方案,确定负责该项工程的质量监督工程师和助理质量监督师。根据有关法律、法规和工程建设强制性标准,针对工程特点,明确监督的具体内容、监督方式。在方案中对地基基础、主体结构和其他涉及结构安全的重要部位和关键过程,作出实施监督的详细计划安排,并将质量监督工作方案通知建设、勘察、设计、施工、监理单位。

3)检查施工现场工程建设各方主体的质量行为;检查施工现场工程建设各方主体及有关人员的资质或资格;检查勘察、设计、施工、监理单位的质量管理体系和质量责任制落实情况;检查有关质量文件、技术资料是否齐全并符合规定。

4)检查建设工程实体质量。按照质量监督工作方案,对建设工程地基基础、主体结构和其他涉及安全的关键部位进行现场实地抽查,对用于工程的主要建筑材料、构配件的质量进行抽查。对地基基础分部、主体结构分部和其他涉及安全的分部工程的质量验收进行监督。

5)监督工程质量验收。监督建设单位组织的工程竣工验收的组织形式、验收程序以及在验收过程中提供的有关资料和形成的质量评定文件是否符合有关规定,实体质量是否存在严重缺陷,工程质量验收是否符合国家标准。

6)向委托部门报送工程质量监督报告。报告的内容应包括对地基基础和主体结构质量检查的结论,工程施工验收的程序、内容和质量检验评定是否符合有关规定,以及历次抽查该工程质量问题和处理情况等。

7)对预制建筑构件和混凝土的质量进行监督。

8)受委托部门委托按规定收取工程质量监督费。

9)政府主管部门委托的工程质量监督管理的其他工作。

3. 工程质量检测制度

(1)工程质量检测工作是对工程质量进行监督管理的重要手段之一。工程质量检测机构是对建设工程、建筑构件、制品及现场所有的有关建筑材料、设备质量进行检测的法定单位。在建设行政主管部门领导和标准化管理部门指导下开展检测工作,其出具的检测报告具有法定效力。法定的国家级检测机构出具的检测报告,在国内为最终裁定,在国外具有代表国家的性质。

(2)国家级检测机构的主要任务:

1)受国务院建设行政主管部门委托,对指定的国家重点工程进行检测复核,提出检测复核报告和建议。

2)受国家建设行政主管部门和国家标准部门委托,对建筑构件、制品及有关材料、设备及产品进行抽样检验。

(3)各省级、市(地区)级、县级检测机构的主要任务:

1)对本地区正在施工的建设工程所用的材料、混凝土、砂浆和建筑构件等进行随机抽样检测,向本地建设工程质量主管部门和质量监督部门提出抽样报告和建议。

2)受同级建设行政主管部门委托,对本省、市、县的建筑构件、制品进行抽样检测。对违反技术标准、失去质量控制的产品,检测单位有权提供主管部门停止其生产的证明,不合格产品不准出厂,已出厂的产品不得使用。

4. 工程质量保修制度

(1)建设工程质量保修制度是指建设工程在办理交工验收手续后,在规定的保修期限内,因勘察、设计、施工、材料等原因造成的质量问题,要由施工单位负责维修、更换,由责任单位负责赔偿损失。质量问题是指工程不符合国家工程建设强制性标准、设计文件以及合同中对质量的要求。建设工程承包单位在向建设单位提交工程竣工验收报告时,应向建设单位出具工程质量保修书,质量保修

书中应明确建设工程保修范围、保修期限和保修责任等。在正常使用条件下,建设工程的最低保修期限为:

1)基础设施工程、房屋建筑工程的地基基础和主体结构工程,为设计文件规定的该工程的合理使用年限;

2)屋面防水工程、有防水要求的卫生间、房间和外墙面的防渗漏,为 5 年;

3)供热与供冷系统,为 2 个采暖期、供冷期;

4)电气管线、给排水管道、设备安装和装修工程,为 2 年。其他项目的保修期由发包方与承包方约定。保修期自竣工验收合格之日起计算。

(2)建设工程在保修范围和保修期限内发生质量问题的施工单位应当履行保修义务。保修义务的承担和经济责任的承担应按下列原则处理:

1)施工单位未按国家有关标准、规范和设计要求施工,造成的质量问题,由施工单位负责返修并承担经济责任。

2)由于设计方面的原因造成的质量问题,先由施工单位负责维修,其经济责任按有关规定通过建设单位向设计单位索赔。

3)因建筑材料、构配件和设备不合格引起的质量问题,先由施工单位负责维修,其经济责任属于施工单位采购的,由施工单位承担经济责任;属于建设单位采购的,由建设单位承担经济责任。

4)因建设单位(含监理单位)错误管理造成的质量问题,先由施工单位负责维修,其经济责任由建设单位承担,如属监理单位责任,则由建设单位向监理单位索赔。

5)因使用单位使用不当造成的损坏问题,先由施工单位负责维修,其经济责任由使用单位自行负责。

6)因地震、洪水、台风等不可抗拒原因造成的损坏问题,先由施工单位负责维修,建设参与各方根据国家具体政策分担经济责任。

六、工程质量形成过程与影响因素分析

工程建设的不同阶段,对工程项目质量的形成起着不同的作用和影响,详见表 1-1。

表 1-1　工程建设各阶段对质量形成的作用与影响

工程建设阶段	责任主体	对质量形成的作用	对质量形成的影响
项目可行性研究	建设单位	1. 项目决策和设计的依据 2. 确定工程项目的质量要求,与投资目标性协调	直接影响项目的决策质量和设计质量

（续）

工程建设阶段	责任主体	对质量形成的作用	对质量形成的影响
项目决策	建设单位	1. 充分反映业主的意愿 2. 与地区环境相适应，做到投资、质量、进度三者协调统一	确定工程项目应达到的质量目标和水平
工程勘察、设计	勘察、设计单位 建设单位 监理单位	1. 工程的地质勘察是为建设场地的选择和工程的设计与施工提供地质资料依据 2. 工程设计使得质量目标和水平具体化 3. 工程设计为施工提供直接的依据	工程设计质量是决定工程质量的关键环节
工程施工	施工单位 监理单位 建设单位	将设计意图付诸实施，建成最终产品	决定了设计意图能否体现，是形成实体质量的决定性环节
工程竣工验收	施工单位 监理单位 建设单位	1. 考核项目质量是否达到设计要求 2. 考核项目是否符合决策阶段确定的质量目标和水平 3. 通过验收确保工程项目的质量	保证最终产品的质量

七、政府监督管理体制与职能

1. 监督管理体制

国务院建设行政主管部门对全国的建设工程质量实施统一监督管理。国务院铁路、交通、水利等有关部门按国务院规定的职责分工，负责对全国的有关专业建设工程质量的监督管理。县级以上地方人民政府建设行政主管部门对本行政区域内的建设工程质量实施监督管理。县级以上地方人民政府交通、水利等有关部门在各自职责范围内，负责本行政区域内的专业建设工程质量的监督管理。

国务院发展计划部门按照国务院规定的职责，组织稽查特派员，对国家出资的重大建设项目实施监督检查；国务院经济贸易主管部门按国务院规定的职责，对国家重大技术改造项目实施监督检查；国务院建设行政主管部门和国务院铁路、交通、水利等在有关专业部门、县级以上地方人民政府建设行政主管部门和其他有关部门，对有关建设工程质量的法律、法规和强制性标准执行情况加强监督检查。

县级以上政府建设行政主管部门和其他有关部门履行检查职责时，有权要求被检查的单位提供有关工程质量的文件和资料,有权进入被检查单位的施工现场进行检查,在检查中发现工程质量存在问题时,有权责令改正。

政府的工程质量监督管理具有权威性、强制性、综合性的特点。

2. 工程项目质量政府监督的职能

(1)为加强对建设工程质量的管理,我国《建筑法》及《建设工程质量管理条例》明确政府行政主管部门设立专门机构对建设工程质量行使监督职能,其目的是保证建设工程质量、保证建设工程的使用安全及环境质量。

(2)各级政府质量监督机构对建设工程质量监督的依据是国家、地方和各专业建设管理部门颁发的法律、法规及各类规范和强制性标准。

(3)政府对建设工程质量监督的职能包括两大方面:

1)监督工程建设的各方主体(包括建设单位、施工单位、材料设备供应单位、设计、勘察单位和监理单位等)的质量行为是否符合国家法律及各项制度的规定;

2)监督检查工程实体的施工质量,尤其是地基基础、主体结构、专业设备安装等涉及结构安全和使用功能的施工质量。

第二节　项目质量计划管理

1. 项目质量计划编制依据

(1)工程承包合同、设计图纸及相关文件;

(2)企业的质量管理体系文件及其对项目部的管理要求;

(3)国家和地方相关的法律、法规、技术标准、规范及有关施工操作规程;

(4)施工组织设计、专项施工方案。

2. 项目质量计划的主要内容

(1)编制依据;

(2)项目概况;

(3)质量目标和要求;

(4)质量管理组织和职责;

(5)人员、技术、施工机具等资源的需求和配置;

(6)场地、道路、水电、消防、临时设施规划;

(7)影响施工质量的因素分析及其控制措施;

(8)进度控制措施;

(9)施工质量检查、验收及其相关标准;

（10）突发事件的应急措施；

（11）对违规事件的报告和处理；

（12）应收集的信息及传递要求；

（13）与工程建设有关方的沟通方式；

（14）施工管理应形成的记录；

（15）质量管理和技术措施；

（16）施工企业质量管理的其他要求。

3. 项目质量计划的应用

施工企业在实际工作中，项目质量计划应用时应注意如下几点：

（1）对工艺标准和技术文件进行评审，并对操作人员上岗资格进行鉴定；

（2）对施工机具进行认可；

（3）定期或在人员、材料、工艺参数、设备发生变化时，重新进行确认。

（4）施工企业应对施工过程及进度进行标识，施工过程应具有可追溯性。

（5）施工企业应保持与工程建设有关方的沟通，按规定的职责、方式对相关信息进行管理。

（6）施工企业应建立施工过程中的质量管理记录。施工过程中的质量管理记录应包括：施工日记和专项施工记录、交底记录、上岗上岗培训记录和岗位资格证明、上岗机具和检验、测量及实验设备的管理记录、图纸的接收和发放、设计变更的有关记录、监督检查和整改、复查记录、质量管理相关文件以及工程项目质量管理策划结果中规定的其他记录等。

第三节　项目施工质量控制

一、工程施工质量控制基础知识

工程施工质量控制是指为达到质量要求所采取的作业技术和活动。

质量控制的目标就是确保产品的质量能满足顾客、法律法规等方面所提出的质量要求（如适用性、可靠性、安全性、经济性、外观质量与环境协调等）。质量控制的范围涉及产品质量形成全过程的各个环节，如设计过程、采购过程、生产过程、安装过程等。

质量控制的工作内容包括作业技术和活动，也就是包括专业技术和管理技术两个方面。围绕产品质量形成全过程的各个环节，对影响工作质量的人、机、料、法、环五大因素进行控制，并对质量活动的成果进行分阶段验证，以便及时发现问题，采取相应措施，防止不合格重复发生，尽可能地减少损失。因此，质量控制应贯彻预防为主与检验把关相结合的原则。必须对干什么、为何干、怎么干、谁来干、何时干、何地干作出规定,并对实际质量活动进行监控。

因为质量要求是随时间的进展而在不断更新,为了满足新的质量要求,就要注意质量控制的动态性,要随工艺、技术、材料、设备的不断改进,研究新的控制方法。

二、项目质量控制目标、任务及责任、义务

1. 项目质量控制的目标

建设工程项目质量控制的目标,就是实现由项目决策所决定的项目质量目标,使项目的适用性、安全性、耐久性、可靠性、经济性及与环境的协调性等方面满足建设单位需要并符合国家法律、行政法规和技术标准、规范的要求。项目的质量涵盖设计质量、材料质量、设备质量、施工质量和影响项目运行或运营的环境质量等,各项质量均应符合相关的技术规范和标准的规定,满足业主方的质量要求。

2. 项目质量控制的任务

工程项目质量控制的任务就是对项目的建设、勘察、设计、施工、监理单位的工程质量行为,以及涉及项目工程实体质量的设计质量、材料质量、设备质量、施工安装质量进行控制。

由于项目的质量目标最终是由项目工程实体的质量来体现,而项目工程实体的质量最终是通过施工作业过程直接形成的,设计质量、材料质量、设备质量往往也要在施工过程中进行检验,因此,施工质量控制是项目质量控制的重点。

3. 项目质量控制的责任、义务

《中华人民共和国建筑法》(以下简称《建筑法》)和《建设工程质量管理条例》(国务院令第 279 号)规定,建设工程项目的建设单位、勘察单位、设计单位、施工单位、工程监理单位都要依法对建设工程质量负责。

(1)建设单位的质量责任和义务

1)建设单位应当将工程发包给具有相应资质等级的单位,并不得将建设工程肢解发包。

2)建设单位应当依法对工程建设项目的勘察、设计、施工、监理以及与工程建设有关的重要设备、材料等的采购进行招标。

3)建设单位必须向有关的勘察、设计、施工、工程监理等单位提供与建设工程有关的原始资料。原始资料必须真实、准确、齐全。

4)建设工程发包单位不得迫使承包方以低于成本的价格竞标,不得任意压

缩合理工期;不得明示或者暗示设计单位或者施工单位违反工程建设强制性标准,降低建设工程质量。

5)建设单位应当将施工图设计文件报县级以上人民政府建设行政主管部门或者其他有关部门审查。施工图设计文件未经审查批准的,不得使用。

6)实行监理的建设工程,建设单位应当委托具有相应资质等级的工程监理单位进行监理。

7)建设单位在领取施工许可证或者开工报告前,应当按照国家有关规定办理工程质量监督手续。

8)按照合同约定,由建设单位采购建筑材料、建筑构配件和设备的,建设单位应当保证筑材料、建筑构配件和设备符合设计文件和合同要求。建设单位不得明示或者暗示施工单位使用不合格的建筑材料、建筑构配件和设备。

9)涉及建筑主体和承重结构变动的装修工程,建设单位应当在施工前委托原设计单位或者具有相应资质等级的设计单位提出设计方案;没有设计方案的,不得施工。房屋建筑使用者在装修过程中,不得擅自变动房屋建筑主体和承重结构。

10)建设单位收到建设工程竣工报告后,应当组织设计、施工、工程监理等有关单位进行竣工验收。建设工程经验收合格的,方可交付使用。

11)建设单位应当严格按照国家有关档案管理的规定,及时收集、整理建设项目各环节的文件资料,建立、健全建设项目档案,并在建设工程竣工验收后,及时向建设行政主管部门或者其他有关部门移交建设项目档案。

(2)勘察、设计单位的质量责任和义务

1)从事建设工程勘察、设计的单位应当依法取得相应等级的资质证书,在其资质等级许可的范围内承揽工程,并不得转包或者违法分包所承揽的工程。

2)勘察、设计单位必须按照工程建设强制性标准进行勘察、设计,并对其勘察、设计的质量负责。注册建筑师、注册结构工程师等注册执业人员应当在设计文件上签字,对设计文件负责。

3)勘察单位提供的地质、测量、水文等勘察成果必须真实、准确。

4)设计单位应当根据勘察成果文件进行建设工程设计。设计文件应当符合国家规定的设计深度要求,注明工程合理使用年限。

5)设计单位在设计文件中选用的建筑材料、建筑构配件和设备,应当注明规格、型号、性能等技术指标,其质量要求必须符合国家规定的标准。除有特殊要求的建筑材料、专用设备、工艺生产线等外,设计单位不得指定生产、供应商。

6)设计单位应当就审查合格的施工图设计文件向施工单位作出详细说明。

7)设计单位应当参与建设工程质量事故分析,并对因设计造成的质量事故,提出相应的技术处理方案。

(3)施工单位的质量责任和义务

1)施工单位应当依法取得相应等级的资质证书,在其资质等级许可的范围内承揽工程,并不得转包或者违法分包工程。

2)施工单位对建设工程的施工质量负责。施工单位应当建立质量责任制,确定工程项目的项目经理、技术负责人和施工管理负责人。建设工程实行总承包的,总承包单位应当对全部建设工程质量负责;建设工程勘察、设计、施工、设备采购的一项或者多项实行总承包的,总承包单位应当对其承包的建设工程或者采购的设备的质量负责。

3)总承包单位依法将建设工程分包给其他单位的,分包单位应当按照分包合同的约定对其分包工程的质量向总承包单位负责,总承包单位与分包单位对分包工程的质量承担连带责任。

4)施工单位必须按照工程设计图纸和施工技术标准施工,不得擅自修改工程设计,不得偷工减料。施工单位在施工过程中发现设计文件和图纸有差错的,应当及时提出意见和建议。

5)施工单位必须按照工程设计要求、施工技术标准和合同约定,对建筑材料、建筑构配件、设备和商品混凝土进行检验,检验应当有书面记录和专人签字;未经检验或者检验不合格的,不得使用。

6)施工单位必须建立、健全施工质量的检验制度,严格工序管理,作好隐蔽工程的质量检查和记录。隐蔽工程在隐蔽前,施工单位应当通知建设单位和建设工程质量监督机构。

7)施工人员对涉及结构安全的试块、试件以及有关材料,应当在建设单位或者工程监理单位监督下现场取样,并送具有相应资质等级的质量检测单位进行检测。

8)施工单位对施工中出现质量问题的建设工程或者竣工验收不合格的建设工程,应当负责返修。

9)施工单位应当建立、健全教育培训制度,加强对职工的教育培训;未经教育培训或者考核不合格的人员,不得上岗作业。

(4)工程监理单位的质量责任和义务

1)工程监理单位应当依法取得相应等级的资质证书,在其资质等级许可的范围内承担工程监理业务,并不得转让工程监理业务。

2)工程监理单位与被监理工程的施工承包单位以及建筑材料、建筑构配件和设备供应单位有隶属关系或者其他利害关系的,不得承担该项建设工程的监理业务。

3)工程监理单位应当依照法律、法规以及有关技术标准、设计文件和建设工程承包合同,代表建设单位对施工质量实施监理,并对施工质量承担监理责任。

4)工程监理单位应当选派具备相应资格的总监理工程师和监理工程师进驻施工现场。未经监理工程师签字,建筑材料、建筑构配件和设备不得在工程上使用或者安装,施工单位不得进行下一道工序的施工。未经总监理工程师签字,建设单位不拨付工程款,不进行竣工验收。

5)监理工程师应当按照工程监理规范的要求,采取旁站、巡视和平行检验等形式,对建设工程实施监理。

三、质量控制过程中应遵循的原则

对施工项目而言,质量控制就是为了确保合同、规范所规定的质量标准所采取的一系列检测、监控措施、手段和方法。在进行施工项目质量控制过程中,应遵循以下几点原则:

(1)坚持"质量第一,用户至上"。社会主义商品经营的原则是"质量第一,用户至上"。建筑产品作为一种特殊的商品,使用年限较长,是"百年大计",直接关系到人民生命财产的安全。所以,工程项目在施工中应自始至终地把"质量第一,用户至上"作为质量控制的基本原则。

(2)坚持"以人为核心"。人是质量的创造者,质量控制必须"以人为核心",把人作为控制的动力,调动人的积极性、创造性;增强人的责任感,树立"质量第一"观念;提高人的素质,避免人的失误;以人的工作质量保工序质量、促工程质量。

(3)坚持"以预防为主"。"以预防为主",就是要从对质量的事后检查把关,转向对质量的事前控制、事中控制;从对工程质量的检查,转向对工作质量的检查、对工序质量的检查、对中间工程的质量检查。这是确保施工项目的有效措施。

(4)坚持质量标准、严格检查,一切用数据说话。质量标准是评价工程质量的尺度,数据是质量控制的基础和依据。工程质量是否符合质量标准,必须通过严格检查,用数据说话。

(5)贯彻科学、公正、守法的职业规范。建筑施工企业的项目经理,在处理质量问题过程中,应尊重客观事实,尊重科学,正直、公正,不持偏见;遵纪、守法,杜绝不正之风;既要坚持原则、严格要求、秉公办事,又要谦虚谨慎、实事求是、以理服人、热情帮助。

四、施工项目质量控制的依据

施工阶段质量控制的依据,大体上有以下三类:

(1)共同性依据

国家及政府有关部门颁布的有关质量管理方面的法律、法规性文件如《建筑法》、《质量管理条例》等有关质量管理方面的法规性文件。

(2)专业技术性依据

有关质量检验与控制的专门技术法规性文件这类文件一般是针对不同行业、不同的质量控制对象而制定的技术法规性的文件,包括各种有关的标准、规范、规程或规定。技术标准有国际标准、国家标准、行业标准、地方标准和企业标准之分。它们是建立和维护正常的生产和工作秩序应遵守的准则,也是衡量工程、设备和材料质量的尺度。例如工程质量检验及验收标准,材料、半成品或构配件的技术检验和验收标准等。技术规程或规范,一般是执行技术标准,是为保证施工有序地进行而制定的行动准则,通常也与质量的形成有密切关系,应严格遵守概括说来,属于这类专门的技术法规性的依据主要有以下几类:

1)工程项目施工质量验收标准。这类标准主要是由国家或部统一制定的,用以作为检验和验收工程项目质量水平所依据的技术法规性文件。例如,评定建筑工程质量验收的《建筑工程施工质量验收统一标准》(GB 50300—2013)、《混凝土结构工程施工质量验收规范》(GB 50204—2002)等。

2)有关工程材料、半成品和构配件质量控制方面的专门技术法规性依据。

①有关材料及其制品质量的技术标准。例如水泥、木材及其制品、钢材、砖瓦、砌块、石材、石灰、砂、玻璃、陶瓷及其制品;涂料、保温及吸声材料、防水材料、塑料制品;建筑五金、电缆电线、绝缘材料以及其他材料或制品的质量标准。

②有关材料或半成品等的取样、试验等方面的技术标准或规程。例如木材的物理力学试验方法总则,钢材的机械及工艺试验取样法,水泥安定性检验方法等。

③有关材料验收、包装、标志方面的技术标准和规定。例如型钢的验收、包装、标志及质量证明书的一般规定;钢管验收、包装、标志及质量证明书的一般规定等。

3)控制施工作业活动质量的技术规程。例如电焊操作规程、砌砖操作规程、混凝土施工操作规程等。它们是为了保证施工作业活动质量在作业过程中应遵照执行的技术规程。

4)凡采用新工艺、新技术、新材料的工程,事先应进行试验,并应有权威性技术部门的技术鉴定书及有关的质量数据、指标,在此基础上制定有关的质量标准和施工工艺规程,以此作为判断与控制质量的依据。

(3)项目专用性依据

指本项目的工程建设合同、勘察设计文件、设计交底及图纸会审记录、设计修改和技术变更通知,以及相关会议记录和工程联系单等。

五、质量控制的措施

1. 以人的工作质量确保工程质量

工程质量是人(包括参与工程建设的组织者、指挥者和操作者)所创造的。人的政治思想素质、责任感、事业心、质量观、业务能力、技术水平等均直接影响工程质量。据统计资料表明,88%的质量安全事故都是由人的失误所造成。为此,我们对工程质量的控制始终"以人为本",狠抓人的工作质量,避免人的失误;充分调动人的积极性和创造性,发挥人的主导作用,增强人的质量观和责任感,使每个人牢牢树立"百年大计,质量第一"的思想,认真负责地搞好本职工作,以优秀的工作质量来创造优质的工程质量。

2. 严格控制投入品的质量

任何一项工程施工,均需投入大量的各种原材料、成品、半成品、构配件和机械设备;要采用不同的施工工艺和施工方法,这是构成工程质量的基础。投入品质量不符合要求,工程质量也就不可能符合标准,所以,严格控制投入品的质量,是确保工程质量的前提。为此,对投入品的订货、采购、检查、验收、取样、试验均应进行全面控制,从组织货源,优选供货厂家,直到使用认证,做到层层把关;对施工过程中所采用的施工方案要进行充分论证,要做到工艺先进、技术合理、环境协调,这样才有利于安全文明施工,有利于提高工程质量。

3. 全面控制施工过程,重点控制工序质量

任何一个工程项目都是由若干分项、分部工程所组成,要确保整个工程项目的质量,达到整体优化的目的,就必须全面控制施工过程,使每一个分项、分部工程都符合质量标准。而每一个分项、分部工程,又是通过一道道工序来完成。由此可见,工程质量是在工序中所创造的,为此,要确保工程质量就必须重点控制工序质量。对每一道工序质量都必须进行严格检查,当上一道工序质量不符合要求时,决不允许进入下一道工序施工。这样,只要每一道工序质量都符合要求,整个工程项目的质量就能得到保证。

4. 严把分项工程质量检验评定关

分项工程质量等级是分部工程、单位工程质量等级评定的基础;分项工程质量等级不符合标准,分部工程、单位工程的质量也不可能评为合格,而分项工程

质量等级评定正确与否,又直接影响分部工程和单位工程质量等级评定的真实性和可靠性。为此,在进行分项工程质量检验评定时,一定要坚持质量标准,严格检查,一切用数据说话,避免出现第一、第二判断错误。

5. 贯彻"以预防为主"的方针

"以预防为主",防患于未然,把质量问题消灭于萌芽之中,这是现代化管理的观念。

6. 严防系统性因素的质量变异

系统性因素,如使用不合格的材料、违反操作规程、混凝土达不到设计强度等级、机械设备发生故障等,必然会造成不合格产品或工程质量事故。系统性因素的特点是易于识别,易于消除,是可以避免的,只要我们增强质量观念,提高工作质量,精心施工,完全可以预防系统性因素引起的质量变异。为此,工程质量的控制,就是要把质量变异控制在偶然性因素引起的范围内,要严防或杜绝由系统性因素引起的质量变异,以免造成工程质量事故。

六、施工项目质量控制的阶段

为了加强对施工项目的质量管理,明确各施工阶段管理的重点,可把施工项目质量分为事前控制、事中控制和事后控制三个阶段(图1-2)。

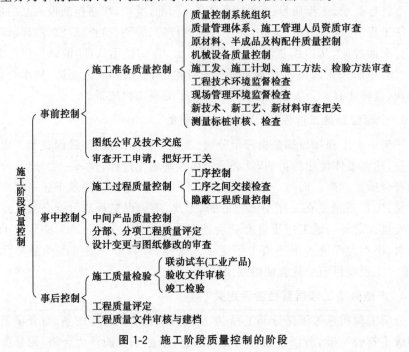

图 1-2 施工阶段质量控制的阶段

1. 事前控制

事前控制即对施工前准备阶段进行的质量控制。它是指在各工程对象正式施工活动开始前,对各项准备工作及影响质量的各因素和有关方面进行的质量控制。

(1)施工技术准备工作的质量控制应符合下列要求:

1)组织施工图纸审核及技术交底。

①应要求勘察设计单位按国家现行的有关规定、标准和合同规定,建立健全质量保证体系,完成符合质量要求的勘察设计工作。

②在图纸审核中,审核图纸资料是否齐全,标准尺寸有无矛盾及错误,供图计划是否满足组织施工的要求及所采取的保证措施是否得当。

③设计采用的有关数据及资料是否与施工条件相适应,能否保证施工质量和施工安全。

④进一步明确施工中具体的技术要求及应达到的质量标准。

2)核实资料。核实和补充对现场调查及收集的技术资料,应确保可靠性、准确性和完整性。

3)审查施工组织设计或施工方案。重点审查施工方法与机械选择、施工顺序、进度安排及平面布置等是否能保证组织连续施工,审查所采取的质量保证措施。

4)建立保证工程质量的必要试验设施。

(2)现场准备工作的质量控制应符合下列要求:

1)场地平整度和压实程度是否满足施工质量要求。

2)测量数据及水准点的埋设是否满足施工要求。

3)施工道路的布置及路况质量是否满足运输要求。

4)水、电、热及通信等的供应质量是否满足施工要求。

(3)材料设备供应工作的质量控制应符合下列要求:

1)材料设备供应程序与供应方式是否能保证施工顺利进行。

2)所供应的材料设备的质量是否符合国家有关法规、标准及合同规定的质量要求。设备应具有产品详细说明书及附图;进场的材料应检查验收,验规格、验数量、验品种、验质量,做到合格证、化验单与材料实际质量相符。

2. 事中控制

事中控制即对施工过程中进行的所有与施工有关方面的质量控制,也包括对施工过程中的中间产品(工序产品或分部、分项工程产品)的质量控制。

事中控制的策略是:全面控制施工过程,重点控制工序质量。其具体措施是:工序交接有检查;质量预控有对策;施工项目有方案;技术措施有交底;图纸会审有记录;配制材料有试验;隐蔽工程有验收;计量器具校正有复核;设计变更有手续;钢筋代换有制度;质量处理有复查;成品保护有措施;行使质控有否决;质量文件有档案(凡是与质量有关的技术文件,如水准、坐标位置、测量、放线记录,沉降、变形观测记录,图纸会审记录,材料合格证明、试验报告,施工记录,隐蔽工程记录,设计变更记录,调试、试压运行记录,试车运转记录,竣工图等都要编目建档)。

3. 事后控制

事后控制是指对通过施工过程所完成的具有独立功能和使用价值的最终产品(单位工程或整个建设项目)及其有关方面(例如质量文档)的质量进行控制。其具体工作内容如下:

(1)组织联动试车。

(2)准备竣工验收资料,组织自检和初步验收。

(3)按规定的质量评定标准和办法,对完成的分项、分部工程,单位工程进行质量评定。

(4)组织竣工验收,其标准是:

1)按设计文件规定的内容和合同规定的内容完成施工,质量达到国家质量标准,能满足生产和使用的要求。

2)主要生产工艺设备已安装配套,联动负荷试车合格,形成设计生产能力。

3)交工验收的建筑物要窗明、地净、水通、灯亮、气来、采暖通风设备运转正常。

4)交工验收的工程内净外洁,施工中的残余物料运离现场,灰坑填平,临时建(构)筑物拆除,2m 以内地坪整洁。

5)技术档案资料齐全。

七、施工工序质量管理

1. 工序质量管理的概念

工程项目的施工过程,是由一系列相互关联、相互制约的工序所构成的。工序质量是基础,直接影响工程项目的整体质量。要控制工程项目施工过程的质量,首先必须控制工序的质量。

工序质量是指施工中人、材料、机械、工艺方法和环境等对产品综合起作用的过程的质量,又称过程质量,它体现为产品质量。

工序质量包含两方面的内容:一是工序活动条件的质量;二是工序活动效果的质量。从质量管理的角度来看,这两者是互为关联的,一方面要管理工序活动条件的质量,即每道工序投入品的质量(即人、材料、机械、方法和环境的质量)是否符合要求;另一方面又要管理工序活动效果的质量,即每道工序施工完成的工程产品是否达到有关质量标准。

在进行工序质量管理时要着重于以下几方面的工作:

(1)确定工序质量控制工作计划。一方面要求对不同的工序活动制定专门的保证质量的技术措施,做出物料投入及活动顺序的专门规定;另一方面须规定质量控制工作流程、质量检验制度等。

(2)主动控制工序活动条件的质量。工序活动条件主要指影响质量的五大因素,即人、材料、机械设备、方法和环境等。

(3)及时检验工序活动效果的质量。主要是实行班组自检、互检、上下道工序交接检,特别是对隐蔽工程和分项(部)工程的质量检验。

(4)设置工序质量控制点(工序管理点),实行重点控制。工序质量控制点是针对影响质量的关键部位或薄弱环节而确定的重点控制对象。正确设置控制点并严格实施是进行工序质量控制的重点。

2. 工序质量控制点的设置

(1)工序质量控制点设置的原则

质量控制点设置的原则,是根据工程的重要程度(即质量特性值)对整个工程质量的影响程度来确定。为此,在设置质量控制点时,首先要对施工的工程对象进行全面分析、比较,以明确质量控制点;然后进一步分析所设置的质量控制点在施工中可能出现的质量问题或造成质量隐患的原因,针对隐患的原因,相应地提出对策措施予以预防。由此可见,设置质量控制点是对工程质量进行预控的有力措施。

质量控制点的涉及面较广,可能是结构复杂的某一工程项目,也可能是技术要求高、施工难度大的某一结构构件或分项、分部工程,也可能是影响质量关键的某一环节中的某一工序或若干工序。总之,无论是操作、材料、机械设备、施工顺序、技术参数、自然条件、工程环境等,均可作为质量控制点来设置,主要是视其对质量特征影响的大小及危害程度而定。

质量控制点一般设置在下列部位:

1)对工程质量形成过程产生直接影响的关键部位、工序、环节及隐蔽工程;

2)施工过程中的薄弱环节,或者质量不稳定的工序、部位或对象;

3)对下道工序有较大影响的上道工序;

4)采用新技术、新工艺、新材料的部位或环节;

5)施工质量无把握的、施工条件困难的或技术难度大的工序或环节;

6)用户反馈指出的和过去有过返工的不良工序。

(2)工序质量控制点设置实例

1)工序质量控制点设置见表 1-2。

表 1-2　工序质量控制点设置

编　号	名　　称	编　号	名　　称
基－1	防止深基础塌方	结－7	预应力张拉
基－2	钢筋混凝土桩垂直度控制	结－8	混凝土砂浆试块强度
基－3	砂垫层密实度	结－9	试块标准养护
基－4	独立基础钢筋绑扎	装－1	阳台地坪
结－1	高层建筑垂直度控制	装－2	层面地毡
结－2	楼面标高控制	装－3	门窗装修
结－3	木模板施工	装－4	细石混凝土地坪
结－4	墙体混凝土浇捣	装－5	木制品油漆
结－5	砖墙黏结率	装－6	水泥砂浆粉刷
结－6	混合结构内外墙同砌筑		

2)工序质量控制点的内容、要求见表 1-3～表 1-5。

表 1-3　工序质量控制点的内容要求(一)(基－4)

工序控制点名称	工作内容	执行人员	标　　准	检查工具	检查频次
独立基础钢筋绑扎	防止插筋偏位保护层达到规范要求	施工员质量员技术员	钢筋位置位移控制在±5mm,箍筋间距±10mm,搭接长度不少于35d,有垫块确保保护层20mm厚,混凝土浇捣时不能一次卸料	钢尺线锤目测	逐个检查

技术要求:

①在垫层上先弹线,经技术员复核验收后,才能绑扎钢筋。

②先扎底板及基础梁钢筋,最后扎柱头插铁钢筋。

③插筋露面处,固定环箍不少于 3 个。

④基础面与柱交接处,应固定牢中心线且位置正确,控制钢筋位置垂直以及保护层和中距位置。

⑤木工施工员、技术员要验收位置及标高。

⑥浇混凝土时,振捣要注意插筋位置,不得将振捣棒振偏钢筋,看模工注意钢筋位置。

⑦插筋露面、环箍大小、钢筋翻样要严格按图进行,不能任意改动。

⑧钢筋与基础相连部位,必要时用电焊固定。

表 1-4　工序质量控制点的内容要求(二)

工序控制点名称	工作内容	执行人员	标准	检查工具	检查频次
砖墙黏结率	砖墙砌筑黏结率达 80%以上	质量员施工员	按部颁标准,砖墙砌筑要求,执行每组 3 块砖,平均不低于 80%	百格网目测	每操作台班抽检 2 组

技术要求:

①严格执行规范,砖砌体砌筑砂浆稠度必须控制在 7～10cm。

②砂浆保水性良好(分层度不大于 2cm)。

③各种原料(砂、石灰膏、电石膏、粉煤粉等)精确度应控制在±5%误差内,有机塑化剂,如氯化盐早强剂等,精确度控制在±1%误差内,所有材料均需过磅计量。

④砂浆拌和时间不应少于 1.5min,使用时间不宜超过 2～3 小时。

⑤砖块要浇水湿润,含水率宜为 10%～15%(冬季施工另行考虑)。

⑥采用铺浆砌筑,铺浆长度不得超过 50cm。

⑦砌墙操作宜采用皮头缝,加泥刀压砖办法,增加砂浆与砖块黏结率。

表 1-5　工序质量控制点的内容要求(三)(装－1)

工序控制点名称	工作内容	执行人员	标准	检查工具	检查频次
阳台地坪施工	防止阳台地坪倒泛水及落水斗渗漏	施工员技术员质量员	建工局优良工程质量评定标准	水平尺找线板目测	阳台逐个检查

技术要求:

①阳台板吊装前应先检查板的搁置点,墙身处的标高是否平整。

②阳台板不论现浇或预制,在安装后要检查是否有倒泛水现象。

③预制阳台板底必须要坐灰,严禁生摆;坐灰时适当提高,没有落水斗一侧的板面提高 5mm。

④阳台找平找泛水时,用水平尺控制泛水坡度,并在墙身及栏板上弹好线,确保泛水基本正确。

⑤埋设落水斗前,必须先清理预留孔洞,预留孔表面过于光滑要凿毛。

⑥埋设时,要洒水湿润,四周用 1:2 水泥砂浆嵌密实。

⑦严禁粉阳台地坪与窝落水斗两道工序并做一次施工。

⑧阳台粉面完毕后,用水平尺检查其泛水,不符合要求时需要凿去,返工

重粉。

3. 工序质量检验

工序质量的检验,就是利用一定的方法和手段,对工序操作及其完成产品的质量进行实际而及时的测定、查看和检查,并将所测得的结果同该工序的操作规程及形成质量特性的技术标准进行比较,从而判断是否合格或是否优良。

工序质量的检验,也是对工序活动的效果进行评价。工序活动的效果,归根结底就是指通过每道工序所完成的工程项目质量或产品的质量如何,是否符合质量标准。

第四节　工程质量问题、质量事故及处理

一、工程质量问题的分类

1. 工程质量缺陷

工程质量缺陷是建筑工程施工质量中不符合规定要求的检验项或检验点,按其程度可分为严重缺陷和一般缺陷。严重缺陷是指对结构构件的受力性能或安装使用性能有决定性影响的缺陷;一般缺陷是指对结构构件的受力性能或安装使用性能无决定性影响的缺陷。

2. 工程质量通病

工程质量通病是指各类影响工程结构、使用功能和外形观感的常见性质量损伤。犹如"多发病"一样,故称质量通病,例如结构表面不平整、局部漏浆、管线不顺直等。

3. 工程质量事故

工程质量事故是指由于建设、勘察、设计、施工、监理等单位违反工程质量有关法律法规和工程建设标准,使工程产生结构安全、重要使用功能等方面的质量缺陷,造成人身伤亡或者重大经济损失的事故。

二、工程质量事故的分类

依据住房和城乡建设部《关于做好房屋建筑和市政基础设施工程质量事故报告和调查处理工作的通知》(建质[2010]111号)文件要求,按工程量事故造成的人员伤亡或者直接经济损失将工程质量事故分为四个等级:一般事故、较大事故、重大事故、特别重大事故,具体如下("以上"包括本数,"以下"不包括本数):

（1）特别重大事故，是指造成 30 人以上死亡，或者 100 人以上重伤，或者 1 亿元以上直接经济损失的事故；

（2）重大事故，是指造成 10 人以上 30 人以下死亡，或者 50 人以上 100 人以下重伤，或者 5000 万元以上 1 亿元以下直接经济损失的事故；

（3）较大事故，是指造成 3 人以上 10 人以下死亡，或者 10 人以上 50 人以下重伤，或者 1000 万元以上 5000 万元以下直接经济损失的事故；

（4）一般事故，是指造成 3 人以下死亡，或者 10 人以下重伤，或者 100 万元以上 1000 万元以下直接经济损失的事故。

三、施工项目质量问题分析处理的程序

施工项目质量问题分析、处理的程序，一般可按图 1-3 所示进行。

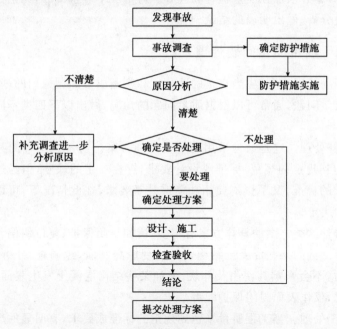

图 1-3　质量问题分析、处理程序图

事故发生后，应及时组织调查处理。调查的主要目的，是要确定事故的范围、性质、影响和原因等，通过调查为事故的分析与处理提供依据，一定要力求全面、准确、客观。调查结果要整理撰写成事故调查报告，其内容如下：

1）工程概况，重点介绍事故有关部分的工程情况；

2）事故情况，事故发生时间、性质、现状及发展变化的情况；

3）是否需要采取临时应急防护措施；

4）事故调查中的数据、资料；

5)事故原因的初步判断;

6)事故涉及人员与主要责任者的情况。

事故的原因分析,要建立在事故情况调查的基础上,避免情况不明就主观分析判断事故的原因。尤其是有些事故,其原因错综复杂,往往涉及勘察、设计、施工、材质、使用管理等几方面,只有对调查提供的数据、资料进行详细分析后,才能去伪存真,找到造成事故的主要原因。

事故的处理要建立在原因分析的基础上,对有些事故一时认识不清时,只要事故不致产生严重的恶化,可以继续观察一段时间,做进一步调查分析,不要急于求成,以免造成同一事故多次处理的不良后果。事故处理的基本要求是:安全可靠,不留隐患,满足建筑功能和使用要求,技术可行,经济合理,施工方便。在事故处理中,还必须加强质量检查和验收。对每一个质量事故,无论是否需要处理都要经过分析,做出明确的结论。

四、施工项目质量问题处理方案

质量问题处理方案,应当在正确地分析和判断质量问题原因的基础上进行。对于工程质量问题,通常可以根据质量问题的情况,做出以下四类不同性质的处理方案。

(1)修补处理。这是最常采用的一类处理方案。通常当工程的某些部分的质量虽未达到规定的规范、标准或设计要求,存在一定的缺陷,但经过修补后还可达到要求的标准,又不影响使用功能或外观要求,在此情况下,可以做出进行修补处理的决定。

属于修补这类方案的具体方案有很多,诸如封闭保护、复位纠偏、结构补强、表面处理等。例如某些混凝土结构表面出现蜂窝麻面,经调查、分析,该部位经修补处理后,不会影响其使用及外观;又如某些结构混凝土发生表面裂缝,根据其受力情况,仅作表面封闭保护即可。

(2)返工处理。当工程质量未达到规定的标准或要求,有明显的严重质量问题,对结构的使用和安全有重大影响,而又无法通过修补的办法纠正所出现的缺陷情况下,可以做出返工处理的决定。例如某防洪堤坝的填筑压实后,其压实土的干密度未达到规定的要求干密度值,核算将影响土体的稳定和抗渗要求,可以进行返工处理,即挖除不合格土,重新填筑;又如某工程预应力按混凝土规定张力系数为1.3,但实际仅为0.8,属于严重的质量缺陷,也无法修补,必须返工处理。

(3)限制使用。当工程质量问题按修补方案处理无法保证达到规定的使用要求和安全,而又无法返工处理的情况下,不得已时可以做出诸如结构卸荷或减荷以及限制使用的决定。

（4）不做处理。某些工程质量问题虽然不符合规定的要求或标准，但如果情况不严重，对工程或结构的使用及安全影响不大，经过分析、论证和慎重考虑后，也可做出不作专门处理的决定。可以不做处理的情况一般有以下几种：

1）不影响结构安全和使用要求者。例如有的建筑物出现放线定位偏差，若要纠正则会造成重大经济损失，若其偏差不大，不影响使用要求，在外观上也无明显影响，经分析论证后，可不做处理；又如某些隐蔽部位的混凝土表面裂缝，经检查分析，属于表面养护不够的干缩微裂，不影响使用及外观，也可不做处理。

2）有些不严重的质量问题，经过后续工序可以弥补的，例如混凝土的轻微蜂窝麻面或墙面，可通过后续的抹灰、喷涂或刷白等工序弥补，可以不对该缺陷进行专门处理。

3）出现的质量问题，经复核验算，仍能满足设计要求者。例如某一结构断面做小了，但复核后仍能满足设计的承载能力，可考虑不再处理。这种做法实际上是挖掘设计潜力或降低设计的安全系数，因此需要慎重处理。

五、施工项目质量问题处理的鉴定验收

质量问题处理是否达到预期的目的，是否留有隐患，需要通过检查验收来做出结论。事故处理质量检查验收，必须严格按施工验收规范中有关规定进行，必要时，还要通过实测、实量，荷载试验，取样试压，仪表检测等方法来获取可靠的数据。这样，才可能对事故做出明确的处理结论。

事故处理结论的内容有以下几种：

（1）事故已排除，可以继续施工。

（2）隐患已经消除，结构安全可靠。

（3）经修补处理后，完全满足使用要求。

（4）基本满足使用要求，但附有限制条件，如限制使用荷载，限制使用条件等。

（5）对耐久性影响的结论。

（6）对建筑外观影响的结论。

（7）对事故责任的结论等。

此外，对一时难以做出结论的事故，还应进一步提出观测检查的要求。

事故处理后，还必须提交完整的事故处理报告，其内容包括事故调查的原始资料、测试数据；事故的原因分析、论证；事故处理的依据；事故处理方案、方法及技术措施；检查验收记录；事故无须处理的论证；事故处理结论等。

第五节 项目质量管理体系

一、ISO9000 族系列标准的产生、构成

1. ISO9000 族标准的制定

国际标准化组织(ISO)是目前世界上最大的、最具权威性的国际标准化专门机构,是由 131 个国家标准化机构参加的世界性组织。它成立于 1947 年 2 月 23 日,它的前身是"国际标准化协会国际联合会"(简称 ISA)和"联合国标准化协会联合会"(简称 UNSCC)。ISO9000 族标准是由国际化组织(ISO)组织制定并颁布的国际标准。ISO 工作是通过约 2800 个技术机构来进行的,到 1999 年 10 月,ISO 标准总数已达到 12235 个,每年制订 1000 份标准化文件。ISO 为适应质量认证制度的实施,1971 年正式成立了认证委员会,1985 年改称合格评定委员会(CASCO),并决定单独建立质量保证技术委员会 TC176,专门研究质量保证领域内的标准化问题,并负责制定质量体系的国际标准。ISO9000 族标准的修订工作就是由 TCl76 下属的分委员会负责相应标准的修订。

2. ISO9000 族的构成

GB/T 19000 族标准可帮助各种类型和规模的组织建立并运行有效的质量管理体系。这些标准包括:

(1)GB/T 19000,表述质量管理体系基础知识并规定质量管理体系术语;

(2)GB/T 19001,规定质量管理体系要求,用于证实组织具有能力提供满足顾客要求和适用的法规要求的产品,目的在于增进顾客满意;

(3)GB/T 19004,提供考虑质量管理体系的有效性和效率两方面的指南。该标准的目的是改进组织业绩并达到顾客及其他相关方满意;

(4)GB/T 19011,提供质量和环境管理体系审核指南。

上述标准共同构成了一组密切相关的质量管理体系标准,在国内和国际贸易中促进相互理解。

二、建立和实施质量管理体系的方法步骤

建立和实施质量管理体系的方法步骤如下:

(1)确立顾客和其他相关方的需求和期望;

(2)建立组织的质量方针和质量目标;

(3)确定实现质量目标必需的过程和职责;

(4)确定和提供实现质量目标必需的资源;

(5)规定测量每个过程的有效性和效率的方法；

(6)应用这些测量方法确定每个过程的有效性和效率；

(7)确定防止不合格并消除其产生原因的措施；

(8)建立和应用持续改进质量管理体系的过程。

三、ISO9000∶2008 标准的质量管理原则

成功地领导和运作一个组织，需要采用系统和透明的方式进行管理。针对所有相关方的需求，实施并保持持续改进其业绩的管理体系，可使组织获得成功。质量管理是组织各项管理的内容之一。

本标准提出的八项质量管理原则被确定为最高管理者用于领导组织进行业绩改进的指导原则。

(1)以顾客为关注焦点

组织依存于顾客。因此，组织应当理解顾客当前和未来的需求，满足顾客要求并争取超越顾客期望。

(2)领导作用

领导者应确保组织的目的与方向的一致。他们应当创造并保持良好的内部环境，使员工能充分参与实现组织目标的活动。

(3)全员参与

各级人员都是组织之本，唯有其充分参与，才能使他们为组织的利益发挥其才干。

(4)过程方法

将活动和相关资源作为过程进行管理，可以更高效地得到期望的结果。

(5)管理的系统方法

将相互关联的过程作为体系来看待、理解和管理，有助于组织提高实现目标的有效性和效率。

(6)持续改进

持续改进总体业绩应当是组织的永恒目标。

(7)基于事实的决策方法

有效决策建立在数据和信息分析的基础上。

(8)与供方互利的关系

组织与供方相互依存，互利的关系可增强双方创造价值的能力。

上述八项质量管理原则形成了 GB/T19000 族质量管理体系标准的基础。

第二章 建筑工程施工质量验收

第一节 基 本 规 定

为全面执行建筑工程施工质量验收规范,在工程的开工准备、施工过程和质量验收中,应遵守以下各项基本规定。

一、施工现场质量管理

施工现场应备有与所承担施工项目相应的施工技术标准。除各专业工程质量验收规范外,尚应有控制质量,指导施工的工艺标准(工法)、操作规程等企业标准。企业制定的质量标准必须高于国家技术标准,以确保最终质量满足国家标准的规定。

健全的质量管理体系是执行国家技术法规和技术标准的有力保证,对建筑施工质量起着决定性的作用。施工现场应建立健全项目质量管理体系,其人员配备、机构设置、管理模式、运作机制等,是构建质量管理体系的要件,应有效地配置和建立。

施工现场应建立从材料采购、验收、储存、施工过程质量自检、互检、专检,隐蔽工程验收,涉及安全和功能的抽查检验等各项质量检验制度。这是控制施工质量的重要手段,通过各种质量检验,及时对施工质量水平进行测评,寻找质量缺陷和薄弱环节,制订措施,加以改进,使质量处于受控状态。施工单位应按表2-1"施工现场质量管理检查记录"的要求进行检查和填写,并经总监理工程师签署确认后方可开工。施工中尚应不断补充和完善。

表 2-1　施工现场质量管理检查记录　　　　开工日期:

工程名称		施工许可证号	
建设单位		项目负责人	
设计单位		项目负责人	
监理单位		总监理工程师	
施工单位	项目负责人		项目技术负责人

（续）

序号	项 目	主要内容
1	项目部质量管理体系	
2	现场质量责任制	
3	主要专业工种操作岗位证书	
4	分包单位管理制度	
5	图纸会审记录	
6	地质勘察资料	
7	施工技术标准	
8	施工组织设计、施工方案编制及审批	
9	物资采购管理制度	
10	施工设施和机械设备管理制度	
11	计量设备配备	
12	检测试验管理制度	
13	工程质量检查验收制度	
14		

自检结果：	检查结论：
施工单位项目负责人： 年 月 日	总监理工程师： 年 月 日

二、建筑施工质量控制

进入施工现场的建筑材料、构配件及建筑设备等，除应检查产品合格证书、出厂检验报告外，尚应对其规格、数量、型号、标准及外观质量进行检查，凡涉及安全、功能的产品，应按各专业工程质量验收规范规定的范围进行复验（试），复验合格并经监理工程师检查认可后方可使用。复验抽样样本的组批规则、取样数量和测试项目，除专业规范规定外，一般可按产品标准执行。

工序质量是施工过程质量控制的最小单位，是施工质量控制的基础。对工序质量控制应着重抓好"三个点"的控制：

（1）设立控制点，即将工艺流程中影响工序质量的所有节点作为质量控制点，按施工技术标准的要求，采取有效技术措施，使其在操作中能符合技术标准要求；

（2）设立检查点，即在所有控制点中找出比较重要又能进行检查的点，对其进行检查，以验证所采取的技术措施是否有效，有否失控，以便即时发现问题，及

时调整技术措施;

(3)设立停止点,即在施工操作完成一定数量或某一施工段时,在作业组或生产台班自行检查的基础上,由专职质量员做一次比较全面的检查,确认某一作业层面操作质量,是否达到有关质量控制指标的要求,对存在的薄弱环节和倾向性的问题及时加以纠正,为分项工程检验批的质量验收打下坚实基础。

在加强工艺质量控制的基础上,尚应加强相关专业工种之间的交接检验,形成验收记录,并取得监理工程师的检查认可,这是保证施工过程连续有序,施工质量全过程控制的重要环节。这种检查不仅是对前道工序质量合格与否所做的一次确认,同时也为后道工序的顺利开展提供了保证条件,促进了后道工序对前道工序的产品保护。通过检查形成记录,并经监理工程师的签署确认方有效。这样既保证了施工过程质量控制的延续性,又可将前道工序出现的质量问题消灭在后道工序施工之前,又能分清质量责任,避免不必要的质量纠纷产生。

三、施工质量验收基本依据

1. 质量验收的依据

(1)应符合《建筑工程施工质量验收统一标准》(GB 50300—2013)和相关"专业验收规范"的规定。

(2)应符合工程勘察、设计文件(含设计图纸、图集和设计变更单等)的要求。

(3)应符合政府和建设行政主管部门有关质量的规定。如上海市建委对特细砂、海砂、立窑水泥等制订了禁止、限制使用的规定等。

(4)应满足施工承包合同中有关质量的约定。如提高某些质量验收指标;对混凝土结构实体采用钻芯取样检测混凝土强度等。

2. 质量验收涉及的资格与资质要求

(1)参加质量验收的各方人员应具备规定的资格。这里的资格既是对验收人员的知识和实际经验上的要求,同时也是对其技术职务、执业资格上的要求。如单位工程观感检查人员,应具有丰富的经验;分部工程应由总监理工程师组织验收,不能由专业监理工程师替代等。

(2)承担见证取样检测及有关结构安全检测的单位,应为经过省级以上建设行政主管部门对其资质认可和质量技术监督部门已通过对其计量认证的质量检测单位。

3. 验收单位

验收均应在施工单位自行检查评定合格后,交由监理单位进行。

这样既分清了两者不同的质量责任,又明确了生产方处于主导地位该承担的首要质量责任。

四、工程质量验收

(1)工程质量验收均应在施工单位自检合格的基础上进行。

(2)隐蔽工程在隐蔽前应由施工单位通知监理单位进行验收,并应形成验收文件,验收合格后方可继续施工。这是对难以再现部位和节点质量所设的一个停止点,应重点检查,共同确认,并宜留下影像资料作证。

(3)涉及结构安全的试块、试件及有关材料,应在监理单位或建设单位人员的见证下,由施工单位试验人员在现场取样,送至有相应资质的检测单位进行测试。进行见证取样送检的比例不得低于检测数量的30%,交通便捷地区比例可高些,如上海地区规定为100%。

对涉及结构安全和使用功能的重要分部工程,应按专业规范的规定进行抽样检测。以此来验证和保证房屋建筑工程的安全性和功能性,完善了质量验收的手段,提高了验收工作准确性。

(4)检验批的质量应按主控项目和一般项目进行验收进一步明确了检验批验收的基本范围和要求。

(5)工程的观感质量应由验收人员通过现场检查,并应共同确认。强调了观感质量检查应在施工现场进行,并且不能由一个人说了算,而应共同确认。

(6)检验批抽样样本

检验批抽样样本应随机抽取,满足分布均匀、具有代表性的要求,抽样数量应符合有关专业验收规范的规定。当采用计数抽样时,最小抽样数量应符合表2-2的要求。明显不合格的个体可不纳入检验批,但应进行处理,使其满足有关专业验收规范的规定,对处理的情况应予以记录并重新验收。

表 2-2 检验批最小抽样数量

检验批的容量	最小抽样数量	检验批的容量	最小抽样数量
2～15	2	151～280	13
16～25	3	281～500	20
26～90	5	501～1200	32
91～150	8	1201～3200	50

(7)计量抽样的错判概率 α 和漏判概率 β 可按下列规定采取:

1)主控项目:对应于合格质量水平的 α 和 β 均不宜超过5%;

2)一般项目:对应于合格质量水平的 α 不宜超过5%,β 不宜超过10%。

五、资料

工程质量控制资料应齐全完整。当部分资料缺失时，应委托有资质的检测机构按有关标准进行相应的实体检验或抽样试验。

第二节 质量验收的划分

建筑工程施工质量验收应划分为单位工程、分部工程、分项工程和检验批。

一、单位工程划分的原则

具备独立施工条件并能形成独立使用功能的建筑物及构筑物为一个单位工程，通常由结构、建筑与建筑设备安装工程共同组成。如一幢公寓楼、一栋厂房、一座泵房等，均应单独为一个单位工程。

建筑规模较大的单位工程，可将其能形成独立使用功能的部分划为一个子单位工程。这对于满足建设单位早日投入使用，提早发挥投资效益，适应市场需要是十分有益的。如一个单位工程由塔楼与裙房组成，可根据建设方的需要，将塔楼与裙房划分为两个单位工程，分别进行质量验收，按序办理竣工备案手续。子单位工程的划分应在开工前预先确定，并在施工组织设计中具体划定，并应采取技术措施，既要确保后验收的子单位工程顺利进行施工，又能保证先验收的子单位工程的使用功能达到设计的要求，并满足使用的安全。

一个单位工程中，子单位工程不宜划分得过多，对于建设方没有分期投入使用要求的较大规模工程，不应划分子单位工程。

室外工程可按表 2-3 进行划分。

表 2-3 室外工程划分

单位工程	子单位工程	分 部 工 程
室外设施	道路	路基、基层、面层、广场与停车场、人行道、人行地道、挡土墙、附属构筑物
	边坡	土石方、挡土墙、支护
附属建筑及室外环境	附属建筑	车棚、围墙、大门、挡土墙
	室外环境	建筑小品、亭台、水景、连廊、花坛、场坪绿化、景观桥

二、分部工程划分的原则

（1）分部工程的划分应按专业性质、工程部位确定。建筑与结构工程划分为地基与基础、主体结构、建筑装饰装修（含门窗、地面工程）和建筑屋面等 4 个分部。地基与基础分部包括房屋相对标高±0.000 以下的地基、基础、地下防水及基坑支护工程，其中有地下室的工程其首层地面以下的结构工程属于地基与基础分部工程；地下室内的砌体工程等可纳入主体结构分部，地面、门窗、轻质隔墙、吊顶、抹灰工程等应纳入建筑装饰装修工程。

建筑设备安装工程划分为建筑给排水及采暖、建筑电气、智能建筑、通风与空调及电梯等 5 个分部。

（2）当分部工程较大或较复杂时，可按材料种类、施工特点、施工程序、专业系统及类别等划分为若干个子分部工程，如建筑屋面分部可划分为卷材防水、涂膜防水、刚性防水、瓦、隔热屋面等 5 个子分部。当分部工程中仅采用一种防水屋面形式时可不再划分子分部工程。建筑工程的分部工程、分项工程可按表 2-4进行划分。

表 2-4　建筑工程分部工程、分项工程划分

序号	分部工程	子分部工程	分项工程
1	地基与基础	地基	素土、灰土地基，砂和砂石地基，土工合成材料地基，粉煤灰地基，强夯地基，注浆地基，预压地基，砂石桩复合地基，高压旋喷注浆地基，水泥土搅拌桩地基，土和灰土挤密桩复合地基，水泥粉煤灰碎石桩复合地基，夯实水泥土桩复合地基
		基础	无筋扩展基础，钢筋混凝土扩展基础，筏形与箱形基础，钢结构基础，钢管混凝土结构基础，型钢混凝土结构基础，钢筋混凝土预制桩基础，混浆护壁成孔灌注桩基础，干作业成孔桩基础，长螺旋钻孔灌注桩基础，沉管灌注桩基础，钢桩基础，锚杆静压桩基础，岩石锚杆基础，沉井与沉箱基础
		基坑支护	灌注桩排桩围护墙，板桩围护墙，咬合桩围护墙，型钢水泥土搅拌墙，土钉墙，地下连续墙，水泥土重力式挡墙，内支撑，锚杆，与主体结构相结合的基抗支护
		地下水控制	降水与排水，回灌
		土方	土方开挖，土方回填，场地平整
		边坡	喷锚支护，挡土墙，边坡开挖
		地下防水	主体结构防水，细部构造防水，特殊施工法结构防水，排水，注浆

（续）

序号	分部工程	子分部工程	分 项 工 程
2	主体结构	混凝土结构	模板,钢筋,混凝土,预应力,现浇结构,装配式结构
		砌体结构	砖砌体,混凝土小型空心砌块砌体,石砌体,配筋砌体,填充墙砌体
		钢结构	钢结构焊接,紧固件连接,钢零部件加工,钢构件组装及预拼装,单层钢结构安装,多层及高层钢结构安装,钢管结构安装,预应力钢索和膜结构,压型金属板,防腐涂料涂装,防火涂料涂装
		钢管混凝土结构	构件现场拼装,构件安装,钢管焊接,构件连接,钢管内钢筋骨架,混凝土
		型钢混凝土结构	型钢焊接,紧固件连接,型钢与钢筋连接,型钢构件组装及预拼装,型钢安装,模板,混凝土
		铝合金结构	铝合金焊接,紧固件连接,铝合金零部件加工,铝合金构件组装,铝合金构件预拼装,铝合金框架结构安装,铝合金空间网格结构安装,铝合金面板,铝合金幕墙结构安装,防腐处理
		木结构	方木与原木结构,胶合木结构,轻型木结构,木结构的防护
3	建筑装饰装修	建筑地面	基层铺设,整体面层铺设,板块面层铺设,木、竹面层铺设
		抹灰	一般抹灰,保温层薄抹灰,装饰抹灰,清水砌体勾缝
		外墙防水	外墙砂浆防水,涂膜防水,透气膜防水
		门窗	木门窗安装,金属门窗安装,塑料门窗安装,特种门安装,门窗玻璃安装
		吊顶	整体面层吊顶,板块面层吊顶,格栅吊顶
		轻质隔墙	板材隔墙,骨架隔墙,活动隔墙,玻璃隔墙
		饰面板	石板安装,陶瓷板安装,木板安装,金属板安装,塑料板安装
		饰面砖	外墙饰面砖粘贴,内墙饰面砖粘贴
		幕墙	玻璃幕墙安装,金属幕墙安装,石材幕墙安装,陶板幕墙安装
		涂饰	水性涂料涂饰,溶剂型涂料涂饰,美术涂饰
		裱糊与软包	裱糊,软包
		细部	橱柜制作与安装,窗帘盒和窗台制作与安装,门窗套制作与安装,护栏和扶手制作与安装,花饰制作与安装
4	屋面	基层与保护	找坡层和找平层,隔汽层,隔离层,保护层
		保温与隔热	板状材料保温层,纤维材料保温层,喷涂硬泡聚氨酯保温层,现浇泡沫混凝土保温层,种植隔热层,架空隔热层,蓄水隔热层
		防水与密封	卷材防水层,涂膜防水层,复合防水层,接缝密封防水
		瓦面与板面	烧结瓦和混凝土瓦铺装,沥青瓦铺装,金属板铺装,玻璃采光顶铺装
		细部构造	檐口,檐沟和天沟,女儿墙和山墙,水落口,变形缝,伸出屋面管道,屋面出入口,反梁过水孔,设施基座,屋脊,屋顶窗

（续）

序号	分部工程	子分部工程	分项工程
5	建筑给水排水及供暖	室内给水系统	给水管道及配件安装,给水设备安装,室内消火栓系统安装,消防喷淋系统安装,防腐,绝热,管道冲洗、消毒,试验与调试
		室内排水系统	排水管道及配件安装,雨水管道及配件安装,防腐,试验与调试
		室内热水系统	管道及配件安装,铺助设备安装,防腐,绝热,试验与调试
		卫生器具	卫生器具安装,卫生器具给水配件安装,卫生器具排水管道安装,试验与调试
		室内供暖系统	管道及配件安装,辅助设备安装,散热器安装,低温热水地板辐射供暖系统安装,电加热供暖系统安装,燃气红外辐射供暖系统安装,热风供暖系统安装,热计量及调控装置安装,试验与调试,防腐,绝热
		室外给水管网	给水管安装,室外消火栓系统安装,试验与调试
		室外排水管网	排水管道安装,排水管沟与井池,试验与调试
		室外供热管网	管道及配件安装,系统水压试验,土建结构,防腐,绝热,试验与调试
		建筑饮用水供应系统	管道及配件安装,水处理设备及控制设施安装,防腐,绝热,试验与调试
		建筑中水系统及雨水利用系统	建筑中水系统、雨水利用系统管道及配件安装,水处理设备及控制设施安装,防腐,绝热,试验与调试
		游泳池及公共浴水系统	管道及配件系统安装,水处理设备及控制设备安装,防腐,绝热,试验与调式
		水景喷泉系统	管道系统及配件安装,防腐,绝热,试验与调试
		热源及辅助设备	锅炉安装,辅助设备及管道安装,安全附件安装,换热站安装,防腐,绝热,试验与调试
		监测与控制仪表	检测仪器及仪表安装,试验与调式
6	通风与空调	送风系统	风管与配件制作,部件制作同,风管系统安装,风机与空气处理设备安装,风管与设备防腐,旋流风口、岗位送风口、织物(布)风管安装,系统调试
		排风系统	风管与配件制作,部件制作,风管系统安装,风机与空气处理设备安装,风管与设备防腐,吸气罩及其他空气处理设备安装,厨房、卫生间排风系统安装,系统调试
		防排烟系统	风管与配件制作,部件制作,风管系统安装,风机与空气处理设备安装,风管与设备防腐,排烟风阀(口)、常闭正压风口、防火风管安装,系统调试
		除尘系统	风管与配件制作,部件制作,风管系统安装,风机与空气处理设备安装,风管与设备防腐,除尘器与排污设备安装,吸尘罩安装,高温风管绝热,系统调试

（续）

序号	分部工程	子分部工程	分 项 工 程
6	通风与空调	舒适性空调系统	风管与配件制作，部件制作，风管系统安装，风机与空气处理设备安装，风管与设备防腐，组合式空调机组安装，消声器、静电除尘器、换热器、紫外线灭菌器等设备安装，风机盘管、变风量与定风量送风装置、射流喷口等末端设备安装，风管与设备绝热，系统调试
		恒温恒湿空调系统	风管与配件制作，部件制作，风管系统安装，风机与空气处理设备安装，风管与设备防腐，组合式空调机组安装，电加热器、加温器等设备安装，精密空调组安装，风管与设备绝热，系统调试
		净化空调系统	风管与配件制作，部件制作，风管系统安装，风机与空气处理设备安装，风管与设备防腐，净化空调机组安装，消声器、静电除尘器、换热器、紫外线灭菌器等设备安装，中、高效过滤器及风机过滤器单元等末端设备清洗与安装，洁净度测试，风管与设备绝热，系统调试
		地下人防通风系统	风管配件制作，部件制作，风管系统安装，风机与空气处理设备安装，风管与设备防腐，过滤吸收器、防爆波活门、防爆超压热气活门等专用设备安装，系统调试
		真空吸尘系统	风管与配件制作，部件制作，风管系统安装，风机与空气处理设备安装，风管与设备防腐，管道安装，快速接口安装，风机与滤尘设备安装，系统压力试验及调试
		冷凝水系统	管道系统及部件安装，水泵及附属设备安装，管道冲洗，管道、设备防腐，板式热交换器、辐射板及辐射供热、供冷地埋管，热泵机组设备安装，管道、设备绝热，系统压力试验及调试
		空调（冷、热）水系统	管道系统及部件安装，水泵及附属设备安装，管道冲洗，管道、设备防腐，冷却塔与水处理设备安装，防冻伴热设备安装，管道、设备绝热，系统压力试验及调试
		冷却水系统	管道系统及部件安装，水泵及附属设备安装，管道冲洗，管道、设备防腐，系统灌水渗漏及排放试验，管道、设备绝热
		土壤源热泵换热系统	管道系统及部件安装，水泵及附属设备安装，管道冲洗，管道、设备防腐，埋地换热系统与管网安装，管道、设备绝热，系统压力试验及调试
		水源热泵换热系统	管道系统及部件安装，水泵及附属设备安装，管道冲洗，管道、设备防腐，地表水源换热管及管网安装，除垢设备安装，管道、设备绝热，系统压力试验及调试
		蓄能系统	管道系统及部件安装，水泵及附属设备安装，管道冲洗，管道、设备防腐，蓄水罐与蓄冰槽、罐安装，管道、设备绝热，系统压力试验及调试
		压缩式制冷（热）设备系统	制冷机组及附属设备安装，管道、设备防腐，制冷剂管道及部件安装，制冷剂灌注，管道、设备绝热，系统压力试验及调试

（续）

序号	分部工程	子分部工程	分 项 工 程
6	通风与空调	吸收式制冷设备系统	制冷机组及附属设备安装,管道、设备防腐,系统真空试验,溴化锂溶液加灌,蒸汽管道系统安装,燃气或燃油设备安装,管道、设备绝热,试验及调试
		多联机(热泵)空调系统	室外机组安装,室内机组安装,制冷剂管路连接及控制开关安装,风管安装,冷凝水管道安装,制冷剂灌注,系统压力试验及调试
		太阳能供暖空调系统	太阳能集热器安装,其他辅助能源、换热设备安装,蓄能水箱、管道及配件安装,防腐,绝热,低温热水地板辐射采暖系统安装,系统压力试验及调试
		设备自控系统	温度、压力与流量传感器安装,执行机构安装调试,防排烟系统功能测试,自动控制及系统智能控制软件调试
7	建筑电气	室外电气	变压器、箱式变电所安装,成套配电柜、控制柜(屏、台)和动力、照明配电箱(盘)及控制柜安装,梯架、支架、托盘和槽盒安装,导管敷设,电缆敷设,管内穿线和槽盒内敷线,电缆头制作,导线连接和线路绝缘测试,普通灯具安装,专用灯具安装,建筑照明通试运行,接地装置安装
		变配电室	变压器、箱式变电所安装,成套配电柜、控制柜(屏、台)和动力、照明配电箱(签署)安装,母线槽安装,梯架、支架、托盘和槽盒安装,电缆敷设,电缆头制作、导线连接和线路绝缘测试,接地装置安装,接地干线敷设
		供电干线	电气设备试验和试运行,母线槽安装,梯架、支架、托盘和槽盒安装,导管敷设,电缆敷设,管内穿线和槽盒内敷线,电缆头制作、导一连接和线路绝缘测试,接地干线敷设
		电气动力	成套配电柜、控制柜(屏、台)和动力配电箱(盘)安装,电动机、电加热器及电动执行机构检查连线,电气设备试验和试运行,梯架、支架、托盘和槽盒安装,导管敷设,电缆敷设,管内穿线和槽盒内敷线,电缆头制作、导线连接和线路绝缘测试
		电气照明	成套配电柜、控制柜(屏、台)和照明配电箱(盘)安装,梯架、支架、托盘和槽盒安装,导管敷设,管内穿线和槽盒敷线,塑料护套线直敷布线,钢索配线,电缆头制作、导线连接和线路绝缘测试,普通灯具安装,专用灯具安装,开关、插座、风扇安装,建筑照明通电试运行
		备用和不间断电源	成套配电柜、控制柜(屏、台)和动力、照明配电箱(盘)安装,柴油发电机组安装,不间断电源装置及应急电源装置安装,母线槽安装,导管敷设,电缆敷设,管内穿和槽盒内敷线,电缆头制作、导线连接和线路绝缘测试,接地装置安装
		防雷及接地	接地装置安装,防雷引下线及接闪器安装,建筑物等电位连接,浪涌保护器安装

（续）

序号	分部工程	子分部工程	分 项 工 程
8	智能建筑	智能化集成系统	设备安装,软件安装,接口及系统调试,试运行
		信息接入系统	安装场地检查
		用户电话交换系统	线缆敷设,设备安装,软件安装,接口及系统调试,试运行
		信息网络系统	计算机网络设备安装,计算机网络软件安装,网络安全设备安装,网络安全软件安装,系统调试,试运行
		综合布线系统	梯架、托盘、槽盒和导管安装,线缆敷设,机柜、机架、配线架安装,信息插座安装,链路或信道测试,软件安装,系统调试,试运行
		移动通信室内信号覆盖系统	安装场地检查
		卫生通信系统	安装场地检查
		有线电视及卫星电视接收系统	梯架、托盘、槽盒和导管安装,线缆敷设,设备安装,软件安装,系统调试,试运行
		公共广播系统	梯架、托盘、槽盒和导管安装,线缆敷设,设备安装,软件安装,系统调试,试运行
		信息导引及发布系统	梯架、托盘、槽盒和导管安装,线缆敷设,显示设备安装,机房设备安装,软件安装,系统调试,试运行
		时钟系统	梯架、托盘、槽盒和导管安装,线缆敷设,设备安装,软件安装,系统调试,试运行
		信息化应用系统	梯架、托盘、槽盒和导管安装,线缆敷设,设备安装,软件安装,系统调试,试运行
		建筑设备监控系统	梯架、托盘、槽盒和导管安装,线缆敷设,传感器安装,执行器安装,控制器、箱安装,中央管理工作站和操作分站设备安装,软件安装,系统调试,试运行
		火灾自动报警系统	梯架、托盘、槽盒和导管安装,线缆敷设,探测器类设备安装,控制器类设备安装,其他设备安装,软件安装,系统调试,试运行
		安全技术防范系统	梯架、托盘、槽盒和导管安装,线缆敷设,设备安装,软件安装,系统调试,试运行
		应急响应系统	设备安装,软件安装,系统调试,试运行
		机房	供配电系统,防雷与接地系统,空气调节,给水排水系统,综合布线系统,监控与安全防范系统,消防系统,室内装饰装修,电磁屏蔽,系统调试,试运行
		防雷与接地	接地装置,接地线,等电位联接,屏蔽设施,电涌保护器,线缆敷设,系统调试,试运行

（续）

序号	分部工程	子分部工程	分 项 工 程
9	建筑节能	围护系统节能	墙体节能，幕墙节能，门窗节能，屋面节能，地面节能
		供暖空调设备及管网节能	供暖节能，通风与空调设备节能，空调与供暖系统冷热源节能，空调与供暖系统管网节能
		电气动力节能	配电节能，照明节能
		监控系统节能	监测系统节能，控制系统节能
		可再生能源	地源热泵系统节能，太阳能光热系统节能，太阳能光伏节能
10	电梯	电力驱动的曳引式或强制式电梯	设备进场验收，土建交接检验，驱动主机，导轨，门系统，轿厢，对重，安全部件，悬挂装置，随行电缆，补偿装置，电气装置，整体安装验收
		液压电梯	设备进场验收，土建交接检验，液压系统，导轨，门系统，桥厢，对重，安全部件，悬挂装置，随行电缆，电气装置，整体安装验收
		自动扶梯、自动人行道	设备进场验收，土建交接检验，整机安装验收

（3）分项工程、检验批的划分原则

1）分项工程应按主要工种、材料、施工工艺、设备类别等进行划分，如模板、钢筋、混凝土分项工程是按工种进行划分的。

检验批可根据施工、质量控制和专业验收的需要，按工程量、楼层、施工段、变形缝进行划分。

2）分项工程划分成检验批进行验收有助于及时纠正施工中出现的质量问题，确保工程质量，也符合施工实际需要。多层及高层建筑工程中主体结构分部的分项工程可按楼层或施工段来划分检验批，单层建筑工程中的分项工程可按变形缝等划分检验批；地基与基础分部工程中的分项工程一般划分为一个检验批，有地下层的基础工程可按不同地下层划分检验批；屋面分部工程中的分项工程，不同楼层屋面可划分为不同的检验批；其他分部工程的分项工程，可按楼层或一定数量划分检验批；对于工程量较少的分项工程可统一划分为一个检验批。安装工程一般按一个设计系统或设备组别划分为一个检验批。室外工程统一划分为一个检验批。散水、台阶、明沟等含在地面检验批中。

地基基础中的土石方，基坑支护子分部工程及混凝土工程中的模板工程，虽不构成建筑工程实体，但它是建筑工程施工不可缺少的重要环节和必要条件，其施工质量如何，不仅关系到能否施工和施工安全，也关系到建筑工程质量，因此将其列入施工验收内容。

第三节　隐蔽工程验收

一、隐蔽工程验收程序和组织

隐蔽工程是指在下道工序施工后将被覆盖或掩盖，不易进行质量检查的工程。

施工过程中，隐蔽工程在隐蔽前，施工单位应按照有关标准、规范和设计图纸的要求自检合格后，填写隐蔽工程验收记录（有关监理验收记录及结论不填写）和隐蔽工程报审、报验表等表格，向项目监理机构（建设单位）进行申请验收。项目专业监理工程师（建设单位项目专业技术负责人）组织施工单位项目专业质量（技术）负责人等严格按设计图纸和有关标准、规范进行验收；对施工单位所报资料进行审查，组织相关人员到验收现场进行实体检查、验收，同时应留有照片、影像等资料。对验收不合格的工程，专业监理工程师（建设单位项目专业技术负责人）应要求施工单位进行整改，自检合格后予以复查；对验收合格的工程，专业监理工程师（建设单位项目专业技术负责人）应签认隐蔽工程验收记录和隐蔽工程报审、报验表，准予进行下一道工序施工。

二、隐蔽工程验收资料

建筑工程隐蔽工程验收资料主要包括隐蔽工程验收记录（因各省市资料规程规定不同，可能会设计通用或专用的隐蔽工程验收记录表式）（参见表2-5）、隐蔽工程报审、报验表（参见表2-6）等资料。各项资料的填写、现场工程实体的检查验收、责任单位及责任人的签章应做到与工程施工同步形成，符合隐蔽工程验收程序和组织的规定，整理、组卷（含案卷封面、卷内目录、资料部分、备考表及封底）符合相关要求。

表 2-5　隐蔽工程验收记录(通用)

工程名称		编号		
隐检项目		隐检日期		
隐检部位	层	轴线		标高

隐检依据：施工图号_____，设计变更/洽商/技术核定单(编号_____)及有关国家现行标准等。
主要材料名称及规范/型号：_____

隐检内容：

（续）

检查结论：					
□同意隐蔽□不同意隐蔽,修改后复查					

复查结论：					
复查人：			复查日期：		

签字栏	施工单位		专业技术负责人	专业质检员	专业工长
	监理或建设单位			专业工程师	

表 2-6 _____ 报审、报验表

工程名称：_____　　　　　　　　编号：_____

致_____（项目监理机构）

　我方已完成_____工作,经自检合格,请予以审查或验收。

附件:□隐蔽工程质量检验资料

　　　□检验批质量检验资料

　　　□分项工程质量检验资料

　　　□施工试验室证明资料

　　　□其他

施工项目经理部(盖章)_____

项目经理或项目技术负责人(签字)_____

年　　月　　日

审查或验收意见：

项目监理机构(盖章)_____

专业监理工程师(签字)_____

年　　月　　日

注:本表一式二份,项目监理机构、施工单位各一份。

第四节　建筑工程过程质量验收

一、检验批质量验收合格的规定

检验批是构成建筑工程质量验收的最小单位,是判定单位工程质量合格的基础。检验批质量合格应符合下列规定:

1. 主控项目和一般项目的质量经抽样检验合格

(1)主控项目是指对检验批质量有决定性影响的检验项目。它反映了该检验批所属分项工程的重要技术性能要求。主控项目中所有子项必须全部符合各专业验收规范规定的质量指标,方能判定该主控项目质量合格。反之,只要其中某一子项甚至某一抽查样本检验后达不到要求,即可判定该检验批质量为不合格,则该检验批拒收。换言之,主控项目中某一子项甚至某一抽查样本的检查结果为不合格时,即行使对检验批质量的否决权。

主控项目涉及的内容如下:

1)建筑材料、构配件及建筑设备的技术性能及进场复验要求。

2)涉及结构安全、使用功能的检测、抽查项目,如试块的强度、挠度、承载力、外窗的三性要求等。

3)任一抽查样本的缺陷都可能会造成致命影响。须严格控制的项目,如桩的位移、钢结构的轴线、电气设备的接地电阻等。

(2)一般项目的质量经抽样检验合格。一般项目是指除主控项目以外,对检验批质量有影响的检验项目,当其中缺陷(指超过规定质量指标的缺陷)的数量超过规定的比例,或样本的缺陷程度超过规定的限度后,对检验批质量会产生影响。它反映了该检验批所属分项工程的一般技术性能要求。一般项目的合格判定条件:抽查样本的80%及以上(个别项目为90%以上,如混凝土规范中梁、板构件上部纵向受力钢筋保护厚度等)符合各专业验收规范规定的质量指标,其余样本的缺陷通常不超过规定允许偏差的1.5倍(个别规范规定为1.2倍,如钢结构验收规范等)。具体应根据各专业验收规范的规定执行。

当采用计数抽样时,合格点率应符合有关专业验收规范的规定,且不得存在严重缺陷。对于计数抽样的一般项目,正常检验一次抽样可按表2-7判定,正常检验二次抽样可按表2-8判定。抽样方案应在抽样前确定。

样本容量在表2-7或表2-8给出的数值之间时,合格判定数可通过插值并四舍五入取整确定。

表 2-7 一般项目正常检验一次抽样判定

样本容量	合格判定数	不合格判定数	样本容量	合格判定数	不合格判定数
5	1	2	32	7	8
8	2	3	50	10	11
13	3	4	80	14	15
20	5	6	125	21	22

表 2-8 一般项目正常检验二次抽样判定

抽样次数	样本容量	合格判定数	不合格判定数	抽样次数	样本容量	合格判定数	不合格判定数
(1)	3	0	2	(1)	20	3	6
(2)	6	1	2	(2)	40	9	10
(1)	5	0	3	(1)	32	5	9
(2)	10	3	4	(2)	64	12	13
(1)	8	1	3	(1)	50	7	11
(2)	16	4	5	(2)	100	18	19
(1)	13	2	5	(1)	80	11	16
(2)	26	6	7	(2)	160	26	27

2. 具有完整的施工操作依据和质量检查记录

检验批施工操作依据的技术标准应符合设计、验收规范的要求。采用企业标准的不能低于国家、行业标准。有关质量检查的内容、数据、评定,由施工单位项目专业质量检查员填写,检验批验收记录及结论由监理单位监理工程师填写完整。

3. 检验批质量验收结论

如前述 1、2 两项均符合要求,该检验批质量方能判定合格。若其中一项不符合要求,该检验批质量则不得判定为合格。

检验批质量验收记录应按表 2-9 的格式填写。

表 2-9　检验批质量验收记录

　　　　　检验批质量验收记录　　　　编号：_____

工程名称										
分项工程名称				验收部位						
施工总承包单位			项目经理				专业工长			
专业承包单位			项目经理				施工班组长			
施工执行标准名称及编号										

	施工质量验收规范的规定		施工、分包单位检查记录							监理（建设）单位验收记录
主控项目	1									
	2									
	3									
	4									
	5									
	6									
	7									
	8									
一般项目	1									
	2									
	3									
	4									

施工、分包单位检查结果	项目专业质量检查员　　　　　　　　　　　　　　年　　月　　日
监理（建设）单位验收结论	专业监理工程师 （建设单位项目专业技术负责人）：　　　　　　　年　　月　　日

二、分项工程质量验收合格的规定

　　分项工程是由所含性质、内容一样的检验批汇集而成，是在检验批的基础上进行验收的，实际上是一个汇总统计的过程，并无新的内容和要求，但验收时应注意：

（1）应核对检验批的部位是否全部覆盖分项工程的全部范围，有无缺漏部位未被验收。

（2）检验批验收记录的内容及签字人是否正确、齐全。

（3）分项工程质量验收可按表 2-10 的要求填写。

表 2-10　分项工程质量验收记录

　　　　　分项工程质量验收记录　　　编号：　　　

单位（子单位）工程名称			分部（子分部）工程名称		
分项工程数量			检验批数量		
施工单位			项目负责人		项目技术负责人
分包单位			分包单位项目负责人		分包内容
序号	检验批名称	检验批容量	部位/区段	施工单位检查结果	监理单位验收结论
1					
2					
3					
4					
5					
6					
7					
8					
9					
10					
11					
12					
13					
14					
15					

说明：

施工单位检查结果	项目专业技术负责人： 　　　年　月　日
监理单位验收结论	专业监理工程师： 　　　年　月　日

分项工程质量合格应符合下列规定：

(1)分项工程所含检验批的质量均应验收合格。

(2)分项工程所含的检验批的质量验收记录应完整。

三、分部工程质量验收合格的规定

1. 分部工程的验收

分部工程仅含一个子分部时，应在分项工程质量验收基础上，直接对分部工程进行验收；当分部工程含两个及两个以上子分部工程时，则应在分项工程质量验收的基础上，先对子分部工程分别进行验收，再将子分部工程汇总成分部工程。

分部工程质量验收应在施工单位检查评定的基础上进行，勘察、设计单位应在有关的分部工程验收表上签署验收意见，监理单位总监理工程师应填写验收意见，并给出"合格"或"不合格"的结论。有关分部工程质量验收应按表 2-11 的要求填写。

2. 分部工程质量验收合格应符合的规定

(1)分部工程所含分项工程质量均应验收合格。

1)分部工程所含各分项工程施工均已完成。

2)所含各分项工程划分正确。

3)所含各分项工程均按规定通过了合格质量验收。

4)所含各分项工程验收记录表内容完整，填写正确，收集齐全。

(2)质量控制资料应完整。

质量控制资料完善是工程质量合格的重要条件，在分部工程质量验收时，应根据各专业工程质量验收规范中对分部或子分部工程质量控制资料所作的具体规定，进行系统检查，着重检查资料的齐全，项目的完整，内容的准确和签署的规范。另外在资料检查时，尚应注意以下几点：

1)有些龄期要求较长的检测资料，在分项工程验收时，尚不能及时提供，应在分部(子分部)工程验收时进行补查，如基础混凝土(有时按 60d 龄期强度设计)或主体结构后浇带混凝土施工等。

2)对在施工中质量不符合要求的检验批、分项工程按有关规定进行处理后的资料归档审核。

3)对于建筑材料的复验范围，各专业验收规范都作了具体规定，检验时按产品标准规定的组批规则、抽样数量、检验项目进行，但有的规范另有不同要求，这一点在质量控制资料核查时需引起注意。

表 2-11　分部工程验收记录

_____分部工程质量验收记录　　　编号_____

单位(子单位) 工程名称			分部(子分部) 工程名称			分项工程 数量		
施工单位			项目负责人			技术(质量) 负责人		
分包单位			分包单位 负责人			分包内容		
序号	检验批 名称	检验批 容量	部位/ 区段	施工单位 检查结果			监理单位 验收结论	
1								
2								
3								
4								
5								
6								
7								
8								
质量控制资料								
安全和功能检验结果								
观感质量检验结果								
综合 验收 结论								

施工单位:	勘察单位:	设计单位:	监理单位:
项目负责人:	项目负责人:	项目负责人:	总监理工程师:
年　月　日	年　月　日	年　月　日	年　月　日

（3）有关安全、节能、环境保护和主要使用功能的抽样检验结果应符合相应规定。

（4）观感质量验收应符合要求。

观感质量验收系指在分部所含的分项工程完成后，在前三项检查的基础上，对已完工部分工程的质量,采用目测、触摸和简单量测等方法,所进行的一种宏观检查方式。由于其检查的内容和质量指标已包含在各个分项工程内,所以对分部工程进行观感质量检查和验收,并不增加新的项目,只不过是转换一下视角,采用一种更直观、便捷、快速的方法,对工程质量从外观上作一次重复的、扩大的、全面的检查,这是由建筑施工特点所决定的,也是十分必要的。

1)尽管其所包含的分项工程原来都经过检查与验收,但随着时间的推移,气候的变化,荷载的递增等,可能会出现质量变异情况,如材料裂缝、建筑物的渗漏、变形等。

2)弥补受抽样方案局限造成的检查数量不足和后续施工部位(如施工洞、井架洞、脚手架洞等)原先检查不到的缺憾,扩大了检查面。

3)通过对专业分包工程的质量验收和评价,分清了质量责任,可减少质量纠纷,既促进了专业分包队伍技术素质的提高,又增强了后续施工对产品的保护意识。

观感质量验收并不给出"合格"或"不合格"的结论,而是给出"好"、"一般"或"差"的总体评价,所谓"一般"是指经观感质量检查能符合验收规范的要求;所谓"好"是指在质量符合验收规范的基础上,能达到精致、流畅、匀净的要求,精度控制好;所谓"差"是指勉强达到验收规范的要求,但质量不够稳定,离散性较大,给人以粗疏的印象。观感质量验收若发现有影响安全、功能的缺陷,有超过偏差限值,或明显影响观感效果的缺陷,则应处理后再进行验收。

四、单位工程质量验收合格的规定

单位工程未划分子单位工程时,应在分部工程质量验收的基础上,直接对单位工程进行验收;当单位工程划分为若干子单位工程时,则应在分部工程质量验收的基础上,先对子单位工程进行验收,再将子单位工程汇总成单位工程。

单位工程质量验收合格应符合下列规定。

1. 单位工程所含分部工程的质量均应验收合格

(1)设计文件和承包合同所规定的工程已全部完成。

(2)各分部工程划分正确。

(3)各分部工程均按规定通过了合格质量验收。

(4)各分部工程验收记录表内容完整,填写正确,收集齐全。

2. 质量控制资料应完整

质量控制资料完整是指所收集的资料,能反映工程所采用的建筑材料、构配件和建筑设备的质量技术性能,施工质量控制和技术管理状况,涉及结构安全和使用功能的施工试验和抽样检测结果,及建设参与各方参加质量验收的原始依据、客观记录、真实数据和执行见证等资料，能确保工程结构安全和使用功能，满足设计要求，让人放心。它是评价工程质量的主要依据，是印证各方各级质量责任的证明，也是工程竣工交付使用的"合格证"与"出厂检验报告"。

尽管质量控制资料在分部工程质量验收时已检查过，但某些资料由于受试验龄期的影响，或受系统测试的需要等，难以在分部验收时到位。单位工程验收时，对所有分部工程资料的系统性和完整性，进行一次全面的核查，是十分必要的，只不过不再像以前那样进行微观检查，而是在全面梳理的基础上，重点检查有否需要拾遗补缺的，从而达到完整无缺的要求。

质量控制资料核查的具体内容按表 2-12 要求进行，从该表及各专业验收规范的要求来看，与原验评标准相比有两个明显变化：其一，对建筑材料、构配件及建筑设备合格证书的要求，几乎涉及所有建筑材料、成品和半成品，不管是用于结构还是非结构工程中。其二，对于涉及结构安全和影响使用安全、使用功能的建材的进场复验，也从原来的几种增到几十种，几乎囊括了主要的建筑材料、建筑构配件和设备，既有结构和建筑设备，又有装饰工程的。涉及结构安全的试块、试件及有关材料，还应按规定进行见证取样送样检测。具体哪些建筑材料需进行，由于专业验收规范涉及的分项工程在单位工程中所处地位的重要性不一样，故对需作复验的材料种类、组批量、抽样的频率、试验的项目等规定是不统一的，检查时应注意以下几点：

（1）不同规范或同一规范对同一种材料的不同要求

1）用于混凝土结构工程的砂应进行复验，用于砌筑砂浆、抹灰工程的砂未作规定。

2）砌体规范对用于承重砌体的块材要求进行复验，对填充墙未作规定。

3）钢结构规范中对用于建筑结构安全等级为一级，大跨度钢结构中主要受力构件以及板厚 40mm 及以上且设计有 Z 向性能要求的钢材，或进口（无商检报告）、混批、质量有疑义的钢材及设计有复验要求的，应进行复验，其他当设计无要求时可不复验等。

（2）材料的取样批量要求

材料取样单位一般按照相关产品标准中检验规则规定的批量抽取，但个别验收规范有突破。如水泥应根据水泥厂的年生产能力进行编号后，按每一编号为一取样单位。但混凝土验收规范却规定：袋装水泥以不超过 200t 为一取样单位，散装水泥以不超过 500t 为一取样单位。

（3）材料的抽样频率要求

材料的抽样频率，一般按照相关产品标准的规定抽样试验 1 组，但砌体验收规范对用于多层以上建筑基础和底层的小砌块抽样数量，规定不应少于 2 组。

（4）材料的检验项目要求

材料进场复验时究竟要对哪些项目进行检验，就全国范围来讲没有一个权威而又统一的标准，有的地区以产品标准中的出厂检验项目为依据；也有以产品标准中的主要技术要求为依据，成为普遍的规矩。但一些地区对某些材料的检验项目因意见不统一而引起纠纷，为此验收规范对部分材料作了明确。但鉴于同一种材料用途不一，导致专业验收规范对检验项目做出了不同的规定，如水泥的检验项目：混凝土、砌体规范规定为"强度"和"安定性"两项；装饰规范对饰面板（砖）粘贴工程还增加"凝结时间"项目，而对抹灰工程仅规定为"凝结时间"、"安定性"两项等。

（5）特殊规定

对无黏结预应力筋的涂包质量，一般情况应作复验，但当有工程经验，并经观察认为质量有保证，可不作复验。又如对预应力张拉孔道灌浆水泥和外加剂，当用量较少，且有近期该产品的检验报告，可不进行复验等。

单位（子单位）工程质量控制资料的检查应在施工单位自查的基础上进行，施工单位应在表 2-12 填上资料的份数，监理单位应填上核查意见，总监理工程师应给出质量控制资料"完整"或"不完整"的结论。

表 2-12 单位工程质量控制资料核查记录

工程名称				施工单位				
序号	项目	资料名称		份数	施工单位		监理单位	
					核查意见	核查人	核查意见	核查人
1	建筑与结构	图纸会审记录、设计变更通知单、工程洽商记录						
		工程定位测量、放线记录						
		原材料出厂合格证书及进场检验、试验报告						
		施工试验报告及见证检测报告						
		隐蔽工程验收记录						
		施工记录						
		地基、基础、主体结构检验及抽样检测资料						
		分项、分部工程质量验收记录						
		工程质量事故调查处理资料						
		新技术论证、备案及施工记录						

（续）

序号	项目	资 料 名 称	份数	施工单位		监理单位	
				核查意见	核查人	核查意见	核查人
2	给水排水与供暖	图纸会审记录、设计变更通知单、工程洽商记录					
		原材料出厂合格证书及进场检验、试验报告					
		管道、设备强度试验，严密性试验记录					
		隐蔽工程验收记录					
		系统清洗、灌水、通水、通球试验记录					
		施工记录					
		分项、分部工程质量验收记录					
		新技术论证、备案及施工记录					
3	通风与空调	图纸会审记录、设计变更通知单、工程洽商记录					
		原材料出厂合格证书及进场检验、试验报告					
		制冷、空调、水管道强度试验、严密性试验记录					
		隐蔽工程验收记录					
		制冷设备运行调试记录					
		通风、空调系统调试记录					
		施工记录					
		分项、分部工程质量验收记录					
		新技术论证、备案及施工记录					
4	建筑电气	图纸会审记录、设计变更通知单、工程洽商记录					
		原材料出厂合格证书及进场检验、试验报告					
		设备调试记录					
		接地、绝缘电组测试记录					
		隐蔽工程验收记录					
		施工记录					
		分项、分部工程质量验收记录					
		新技术论证、备案及施工记录					

（续）

序号	项目	资 料 名 称	份数	施工单位		监理单位	
				核查意见	核查人	核查意见	核查人
5	智能建筑	图纸会审记录、设计变更通知单、工程洽商记录					
		原材料出厂合格证书及进场检验、试验报告					
		隐蔽工程验收记录					
		施工记录					
		系统功能测定及设备调试记录					
		系统技术、操作和维护手册					
		系统管理、操作人员培训记录					
		系统检测报告					
		分项、分部工程质量验收记录					
		新技术论证、备案及施工记录					
6	建筑节能	图纸会审记录、设计变更通知单、工程洽商记录					
		原材料出厂合格证书及进场检验、试验报告					
		隐蔽工程验收记录					
		施工记录					
		外墙、外窗节能检验报告					
		设备系统节能检测报告					
		分项、分部工程质量验收记录					
		新技术论证、备案及施工记录					
7	给水排水与供暖	图纸会审记录、设计变更通知单、工程洽商记录					
		原材料出厂合格证书及进场检验、试验报告					
		隐蔽工程验收记录					
		施工记录					
		接地、绝缘电阻试验记录					
		负荷试验、安全装置检查记录					
		分项、分部工程质量验收记录					
		新技术论证、备案及施工记录					

（续）

结论：

施工单位项目负责人：　　　　　　　　总监理工程师：
　　　　　　　　年　月　日　　　　　　　　　　　　　年　月　日

3. 所含分部工程中有关安全和功能的检验资料应完整

前项检查是对所有涉及单位工程验收的全部质量控制资料进行的普查，本项检查则是在其基础上对其中涉及安全、节能、环境保护和主要使用功能的检验资料所作的一次重点抽查，体现了新的验收规范对涉及安全、节能、环境保护和主要使用功能方面的强化作用，这些检测资料直接反映了房屋建筑物、附属构筑物及其建筑设备的技术性能，其他规定的试验、检测资料共同构成建筑产品一份"形式"检验报告。检查的内容按表要求进行。其中大部分项目在施工过程中或分部工程验收时已作了测试，但也有部分要待单位工程全部完工后才能做，如建筑物的节能、保温测试、室内环境检测、照明全负荷试验、空调系统的温度测试等；有的项目即使原来在分部工程验收时已做了测试，但随着荷载的增加引起的变化，这些检测项目需循序渐进，连续进行，如建筑物沉降及垂直测量，电梯运行记录等。所以在单位工程验收时对这些检测资料进行核查，并不是简单的重复检查，而是对原有检测资料所作的一次延续性的补充、修正和完善，是整个"形式"检验的一个组成部分。单位工程安全和功能检测资料核查表 2-13 中的份数应由施工单位填写，总监理工程师应逐一进行核查，尤其对检测的依据、结论、方法和签署情况应认真审核，并在表上填写核查意见，给出"完整"或"不完整"的结论。

4. 主要使用功能的抽查结果应符合相关专业验收规范的规定

上述第 3 项中的检测资料与第 2 项质量控制资料中的检测资料共同构成了一份完整的建筑产品"形式"检验报告，本项对主要建筑功能项目进行抽样检查，则是建筑产品在竣工交付使用以前所作的最后一次质量检验，即相当于产品的"出厂"检验。这项检查是在施工单位自查全部合格基础上，由参加验收的各方人员商定，由监理单位实施抽查。可选择其中在当地容易发生质量问题或施工单位质量控制比较薄弱的项目和部位进行抽查。其中涉及应由有资质检测单位检查的项目，监理单位应委托检测，其余项目可由自己进行实体检查，施工单位应予配合。至于抽样方案，可根据现场施工质量控制等级、施工质量总体水平和监理监控的效果进行选择。房屋建筑功能质量由于关系到用户切身利益，是用户最为关心的，检查时应从严把握。对于查出的影响使用功能的质量问题，必须全数整改,达到各专业验收规范的要求。对于检查中发现的倾向性质量问题,则应调整抽样方案,或扩大抽样样本数量,甚至采用全数检查方案。

功能抽查的项目,不应超出表 2-13 规定的范围,合同另有约定的不受其限制。

主要功能抽查完成后,总监理工程师应在表 2-13 上填写抽查意见,并给出"符合"或"不符合"验收规范的结论。

表 2-13　单位工程安全和功能检验资料核查及主要功能抽查记录

工程名称				施工单位			
序号	项目	安全和功能检查项目		份数	核查意见	抽查结果	核查(抽查)人
1	建筑与结构	地基承载力检验报告					
		桩基承载力检验报告					
		混凝土强度试验报告					
		砂浆强度试验报告					
		主体结构尺寸、位置抽查记录					
		建筑物垂直度、标高、全高测量记录					
		屋面淋水或蓄水试验记录					
		地下室渗漏水检测记录					
		有防水要求的地面蓄水试验记录					
		抽气(风)道检查记录					
		外窗气密性、水密性、耐风压检测报告					
		幕墙气密性、水密性、耐风压检测报告					
		建筑物沉降观测测量记录					
		节能、保温测试记录					
		室内环境检测报告					
		土壤氡气浓度检测报告					
2	给水排水与供暖	给水管道通水试验记录					
		暖气管道、散热器压力试验记录					
		卫生器具满水试验记录					
		消防管道、燃气管道压力试验记录					
		排水干管通球试验记录					
		锅炉试运行、安全阀及报警联动测试记录					

（续）

工程名称			施工单位			
3	通风与空调	通风、空调系统试运行记录				
		风量、温度测试记录				
		空气能量回收装置测试记录				
		洁净室洁净度测试记录				
		制冷机组试运行调试记录				
4	建筑电气	建筑照明通电试运行记录				
		灯具固定装置及悬吊装置的载荷强度试验记录				
		绝缘电组测试记录				
		剩余电流动作保护器测试记录				
		应急电源装置应急持续供电记录				
		接地电阻测试记录				
		接地故障回路阻抗测试记录				
5	智能建筑	系统试运行记录				
		系统电源及接地检测报告				
		系统接地检测报告				
6	建筑节能	外墙节能构造检查记录或热工性能检验报告				
		设备系统节能性检查记录				
7	电梯	运行记录				
		安全装置检测报告				

结论：

施工单位项目负责人： 总监理工程师：

　　　　　　　　年　月　日　　　　　　　　　　　　　年　月　日

注：抽查项目由验收组协商确定。

5. 观感质量验收应符合要求

　　单位工程观感质量验收与主要功能项目的抽查一样，相当于商品的"出厂"检验，故其重要性是显而易见的。其检查的要求、方法与分部工程相同（见本节"三、"相关内容），其检查内容在表2-14中具体列出。凡在工程上出现的项目，均应进行检查，并逐项填写"好"、"一般"或"差"的质量评价。为了减少受检查人员个人主观因素的影响,观感检查应至少 3 人共同参加,共同确定。

　　观感质量验收不单纯是对工程外表质量进行检查,同时也是对部分使用功能和使用安全所作的一次宏观检查。如门窗启闭是否灵活,关闭是否严密,即属于使用功能;又如室内顶棚抹灰层的空鼓、楼梯踏步高差过大等,涉及使用的安全,在检查时应加以关注。检查中发现有影响使用功能和使用安全的缺陷,或不符合验收规范要求的缺陷,应进行处理后再进行验收。

　　观感质量检查应在施工单位自查的基础上进行,总监理工程师在表 2-14 中填写观感质量综合评价后,并给出"符合"与"不符合"要求的检查结论。

表 2-14　单位工程观感质量检查记录

工程名称			施工单位			
序号		项　　目	抽查质量状况			质量评价
1	建筑与结构	主体结构外观	共检查　点,好　点,一般　点,差　点			
		室外墙面	共检查　点,好　点,一般　点,差　点			
		变形缝、雨水管	共检查　点,好　点,一般　点,差　点			
		屋面	共检查　点,好　点,一般　点,差　点			
		室内墙面	共检查　点,好　点,一般　点,差　点			
		室内顶棚	共检查　点,好　点,一般　点,差　点			
		室内地面	共检查　点,好　点,一般　点,差　点			
		楼梯、踏步、护拦	共检查　点,好　点,一般　点,差　点			
		门窗	共检查　点,好　点,一般　点,差　点			
		雨罩、台阶、坡道、散水	共检查　点,好　点,一般　点,差　点			
2	给水排水与供暖	管道接口、坡度、支架	共检查　点,好　点,一般　点,差　点			
		卫生器具、支架、阀门	共检查　点,好　点,一般　点,差　点			
		检查口、扫除口、地漏	共检查　点,好　点,一般　点,差　点			
		散热器、支架	共检查　点,好　点,一般　点,差　点			
3	通风与空调	风管、支架	共检查　点,好　点,一般　点,差　点			
		风口、风阀	共检查　点,好　点,一般　点,差　点			
		风机、空调设备	共检查　点,好　点,一般　点,差　点			
		管道、阀门、支架	共检查　点,好　点,一般　点,差　点			
		水泵、冷却塔	共检查　点,好　点,一般　点,差　点			
		绝热	共检查　点,好　点,一般　点,差　点			

（续）

| 工程名称 | | | 施工单位 | | | | | | |

序号	项目	检查项目	检查记录						
4	建筑电气	配电箱、盘、板、接线盒	共检查 点,好 点,一般 点,差 点						
		设备器具、开关、插座	共检查 点,好 点,一般 点,差 点						
		防雷、接地、防火	共检查 点,好 点,一般 点,差 点						
5	智能建筑	机房设备安装及布局	共检查 点,好 点,一般 点,差 点						
		现场设备安装	共检查 点,好 点,一般 点,差 点						
6	电梯	运行、平层、开关门	共检查 点,好 点,一般 点,差 点						
		层门、信号系统	共检查 点,好 点,一般 点,差 点						
		机房	共检查 点,好 点,一般 点,差 点						
	观感质量综合评价								

结论：

施工单位项目负责人：　　　　　　　　　　　　　总监理工程师：

　　　　　　　　　年　月　日　　　　　　　　　　　　　　年　月　日

单位工程质量验收完成后,按表 2-15 要求填写工程质量验收记录,其中:验收记录由施工单位填写;验收结论由监理单位填写;综合验收结论由参加验收各方共同商定,建设单位填写,并应对工程质量是否符合设计和规范要求及总体质量水平作出评价。

表 2-15　单位工程质量竣工验收记录

工程名称		结构类型		层数/建筑面积	
施工单位		技术负责人		开工日期	
项目负责人		项目技术负责人		完工日期	
序号	项目	验收记录		验收结论	
1	分部工程验收	共 分部,经查符合设计及标准规定 分部			
2	质量控制资料核查	共 项,经核查符合规定 项			
3	安全和使用功能核查及抽查结果	共核查 项,符合规定 项,共抽查 项,符合规定 项,经返工处理符合规定 项。			

（续）

工程名称		结构类型		层数/建筑面积	
4	观感质量验收	共抽查 项,达到"好"和"一般"的 项,经返修处理符合要求的 项			
	综合验收结论				
参加验收单位	建设单位	监理单位	施工单位	设计单位	勘察单位
	（公章） 项目负责人： 年 月 日	（公章） 项目负责人： 年 月 日	（公章） 项目负责人： 年 月 日	（公章） 项目负责人： 年 月 日	（公章） 项目负责人： 年 月 日

注:单位工程验收时,验收签字人员应由相应单位的法人代表书面授权。

五、质量不符合要求时的处理规定

1. 经返工重做或更返修的检验批,应重新进行验收

返工重做是指对该检验批的全部或局部推倒重来,或更换设备、器具等的处理,处理或更换后,应重新按程序进行验收。如某住宅楼一层砌砖,验收时发现砖的强度等级为 MU5,达不到设计要求的 MU10,推倒后重新使用 MU10 砖砌筑,其砖砌体工程的质量应重新按程序进行验收。

重新验收质量时,要对该检验批重新抽样、检查和验收,并重新填写检验批质量验收记录表。

2. 经有资质的检测单位检测鉴定能够达到设计要求的检验批,应予以验收

这种情况多数是指留置的试块失去代表性,或因故缺少试块的情况,以及试块试验报告缺少某项有关主要内容,也包括对试块或试验结果有怀疑时,经有资质的检测机构对工程进行检测测试。其测试结果证明,该检验批的工程质量能够达到设计图纸要求,这种情况应按正常情况予以验收。

3. 经有资质的检测单位检测鉴定达不到设计要求,但经原设计单位核算认可能够满足结构安全和使用功能的检验批,可予以验收

这种情况是指某项质量指标达不到设计图纸的要求,如留置的试块失去代表性,或是因故缺少试块以及试验报告有缺陷,不能有效证明该项工程的质量情况,或是对该试验报告有怀疑时,要求对工程实体质量进行检测。经有资质的检测单位检测鉴定达不到设计图纸要求,但差距不是太大。同时经原设计单位进行验算,认为仍可满足结构安全和使用功能,可不进行加固补强。如原设计计算

混凝土强度为 27MPa,选用了 C30 混凝土。同一验收批中共有 8 组试块,8 组试块混凝土立方体抗压强度的理论均值达到混凝土强度评定要求,其中 1 组强度不满足最小值要求,经检测结果为 28MPa,设计单位认可能满足结构安全,并出具正式的认可证明,有注册结构工程师签字,加盖单位公章,由设计单位承担责任。因为设计责任就是设计单位负责,出具认可证明,也在其质量责任范围内,故可予以验收。

以上三种情况都应视为符合验收规范规定的质量合格的工程。只是管理上出现了一些不正常的情况,使资料证明不了工程实体质量,经过检测或设计验收,满足了设计要求,给予通过验收是符合验收规范规定的。

4. 经返修或加固处理的分项、分部工程,虽改变外形尺寸但仍能满足安全使用要求,可按技术处理方案和协商文件的要求予以验收

这种情况是指某项质量指标达不到设计图纸的要求,经有资质的检测单位检测鉴定也未达到设计图纸要求,设计单位经过验算,的确达不到原设计要求。经分析,找出了事故原因,分清了质量责任,同时经过建设单位、施工单位、设计单位、监理单位等协商,同意进行加固补强,协商好加固费用的处理、加固后的验收等事宜。由原设计单位出具加固技术方案,虽然改变了建筑构件的外形尺寸,或留下永久性缺陷,包括改变工程的用途在内,按协商文件进行验收,这是有条件的验收,由责任方承担经济损失或赔偿等。这种情况实际是工程质量达不到验收规范的合格规定,应属不合格工程的范畴。但根据《建设工程质量管理条例》的第 24 条、第 32 条等对不合格工程的处理规定,经过技术处理(包括加固补强),最后能达到保证安全和使用功能,也是可以通过验收的。这是为了减少社会财富不必要的损失,出了质量事故的工程不能都推倒报废,只要能保证结构安全和使用功能,仍作为特殊情况进行验收,是属于让步接收的做法,不属于违反《建筑工程质量管理条例》的范围,但其有关技术处理和协商文件应在质量控制资料核查记录表和单位工程质量竣工验收记录表中载明。

5. 通过返修或加固处理仍不能满足安全使用要求的分部工程及单位工程,严禁验收

这种情况通常是指不可修复,或采取措施后仍不能满足设计要求。这种情况应坚决返工重做,严禁验收。

第五节　建筑工程竣工质量验收

项目竣工质量验收是施工质量控制的最后一个环节,是对施工过程质量控制成果的全面检验,是从终端把关方面进行质量控制。未经验收或验收不合格的工程,不得交付使用。

一、竣工质量验收的依据

工程项目竣工质量验收的依据有:

(1)国家相关法律法规和建设主管部门颁布的管理条例和办法;

(2)工程施工质量验收统一标准;

(3)专业工程施工质量验收规范;

(4)批准的设计文件、施工图纸及说明书;

(5)工程施工承包合同;

(6)其他相关文件。

二、竣工质量验收的要求

建筑工程施工质量应按下列要求进行验收:

(1)建筑工程施工质量应符合本标准和相关专业验收规范的规定;

(2)建筑工程施工应符合工程勘察、设计文件的要求;

(3)参加工程施工质量验收的各方人员应具备规定的资格;

(4)工程质量的验收均应在施工单位自行检查评定的基础上进行;

(5)隐蔽工程在隐蔽前应由施工单位通知有关单位进行验收,并应形成验收文件;

(6)涉及结构安全的试块、试件以及有关材料,应按规定进行见证取样检测;

(7)检验批的质量应按主控项目和一般项目验收;

(8)对涉及结构安全和使用功能的重要分部工程应进行抽样检测;

(9)承担见证取样检测及有关结构安全检测的单位应具有相应资质;

(10)工程的观感质量应由验收人员通过现场检查,并应共同确认。

三、竣工质量验收的标准

单位工程是工程项目竣工质量验收的基本对象。单位(子单位)工程质量验收合格应符合下列规定:

(1)单位(子单位)工程所含分部(子分部)工程的质量均应验收合格;

(2)质量控制资料应完整;

(3)单位(子单位)工程所含分部工程有关安全和功能的检验资料应完整;

(4)主要功能项目的抽查结果应符合相关专业质量验收规范的规定;

(5)观感质量验收应符合要求。

四、竣工验收备案

我国实行建设工程竣工验收备案制度。新建、扩建和改建的各类房屋建筑工程和市政基础设施工程的竣工验收，均应按《建设工程质量管理条例》规定进行备案。

(1)建设单位应当自建设工程竣工验收合格之日起15日内，将建设工程竣工验收报告和规划、公安消防、环保等部门出具的认可文件或准许使用文件，报建设行政主管部门或者其他相关部门备案。

(2)备案部门在收到备案文件资料后的15日内，对文件资料进行审查，符合要求的工程，在验收备案表上加盖"竣工验收备案专用章"，并将一份送建设单位存档。如审查中发现建设单位在竣工验收过程中，有违反国家有关建设工程质量管理规定行为的，责令停止使用，重新组织竣工验收。

(3)建设单位有下列行为之一的，责令改正，处以工程合同价款百分之二以上百分之四以下的罚款；造成损失的依法承担赔偿责任：

1)未组织竣工验收，擅自交付使用的；

2)验收不合格，擅自交付使用的；

3)对不合格的建设工程按照合格工程验收的。

第六节　建筑工程质量验收的程序和组织

(1)验收的顺序：首先验收检验批、或者是分项工程，再验收分部工程、最后验收单位工程。

(2)验收的程序和组织

1)检验批应由专业监理工程师组织施工单位项目专业质量检查员、专业工长等进行验收。

2)分项工程应由专业监理工程师组织施工单位项目专业技术负责人等进行验收。

检验批和分项工程是建筑工程施工质量基础，因此，所有检验批和分项工程均应由监理工程师或建设单位项目技术负责人组织验收。验收前，施工单位先填好"检验批和分项工程的验收记录"(有关监理记录和结论不填)，并由项目专业质量检验员和项目专业技术负责人分别在检验批和分项工程质量检验记录中相关栏目中签字，然后由监理工程师组织，严格按规定程序进行验收。

3)分部工程应由总监理工程师组织施工单位项目负责人和项目技术负责人等进行验收。

由于地基基础、主体结构技术性能要求严格、技术性强,关系到整个工程的安全,因此勘察、设计单位项目负责人和施工单位技术、质量部门负责人应参加地基与基础分部工程的验收。设计单位项目负责人和施工单位技术、质量部门负责人应参加主体结构、节能分部工程的验收。

4)单位工程中的分包工程完工后,分包单位应对所承包的工程项目进行自检,并应按本标准规定的程序进行验收。验收时,总包单位应派人参加。分包单位应将所分包工程的质量控制资料整理完整,并移交给总包单位。

5)单位工程完工后,施工单位应组织有关人员进行自检。总监理工程师应组织各专业监理工程师对工程质量进行竣工预验收。存在施工质量问题时,应由施工单位整改。整改完毕后,由施工单位向建设单位提交工程竣工报告,申请工程竣工验收。

6)建设单位收到工程竣工报告后,应由建设单位项目负责人组织监理、施工、设计、勘察等单位项目负责人进行单位工程验收。

建设单位应在工程竣工验收前 7 个工作日前将验收时间、地点、验收组名单书面通知该工程的工程质量监督机构。建设单位组织竣工验收会议。正式验收过程的主要工作有:

①建设、勘察、设计、施工、监理单位分别汇报工程合同履约情况及工程施工各环节施工满足设计要求,质量符合法律、法规和强制性标准的情况。

②检查审核设计、勘察、施工、监理单位的工程档案资料及质量验收资料。

③实地检查工程外观质量,对工程的使用功能进行抽查。

④对工程施工质量管理各环节工作、对工程实体质量及质保资料情况进行全面评价,形成经验收组人员共同确认签署的工程竣工验收意见。

⑤竣工验收合格,建设单位应及时提出工程竣工验收报告,验收报告应附有工程施工许可证、设计文件审查意见、质量检测功能性试验资料、工程质量保修书等法规所规定的其他文件。

⑥工程质量监督机构应对工程竣工验收工作进行监督。

第三章 地基基础工程

第一节 基本规定

(1) 地基基础工程施工前,必须具备完备的地质勘察资料及工程附近管线、建筑物、构筑物和其他公共设施的构造情况,必要时应作施工勘察和调查以确保工程质量及临近建筑的安全。

(2) 施工单位必须具备相应专业资质,并应建立完善的质量管理体系和质量检验制度。

(3) 从事地基基础工程检测及见证试验的单位,必须具备省级以上(含省、自治区、直辖市)建设行政主管部门颁发的资质证书和计量行政主管部门颁发的计量认证合格证书。

(4) 地基基础工程是分部工程,如有必要,根据现行国家标准《建筑工程施工质量验收统一标准》(GB 50300—2013)规定,可再划分为若干个子分部工程。

(5) 施工过程中出现异常情况时,应停止施工,由监理或建设单位组织勘察、设计、施工等有关单位共同分析情况,解决问题,消除质量隐患,并应形成文件资料。

(6) 建筑物的地基变形允许值,按表 3-1 规定采用。对表中未包括的建筑物,其地基变形允许值应根据上部结构对地基变形的适应能力和使用上的要求确定。

表 3-1 建筑物地基变形允许值

变形特征		地基土类别	
		中、低压缩性土	高压缩性土
砌体承重结构基础的局部倾斜		0.002	0.003
工业与民用建筑相邻柱基的沉降差	框架结构	0.002l	0.003l
	砌体墙填充的边排柱	0.0007l	0.001l
	当基础不均匀沉降时不产生附加应力的结构	0.005l	0.005l
单层排架结构(柱架为 6m)柱基的沉降量/mm		(120)	200

（续）

变形特征		地基土类别	
		中、低压缩性土	高压缩性土
桥式吊车轨面的倾斜 （按不调整轨道考虑）	纵向	0.004	
	横向	0.003	
多层和高层 建筑的整体倾斜	$H_g \leqslant 24$	0.004	
	$24 < H_g \leqslant 60$	0.003	
	$60 < H_g \leqslant 100$	0.0025	
	$H_g > 100$	0.002	
体型简单的高层建筑基础的平均沉降量（mm）		200	
高耸结构 基础的倾斜	$H_g \leqslant 20$	0.008	
	$20 < H_g \leqslant 50$	0.006	
	$50 < H_g \leqslant 100$	0.005	
	$100 < H_g \leqslant 150$	0.004	
	$150 < H_g \leqslant 200$	0.003	
	$200 < H_g \leqslant 250$	0.002	
高耸结构基础的 沉降量（mm）	$H_g \leqslant 100$	400	
	$100 < H_g \leqslant 200$	300	
	$200 < H_g \leqslant 250$	200	

注：①本表数值为建筑物地基实际最终变形允许值；

②有括号者仅适用于中压缩性土；

③l 为相邻柱基的中心距离（mm）；H_g 为自室外地面起算的建筑物高度（m）；

④倾斜指基础倾斜方向两端点的沉降差与其距离的比值；

⑤局部倾斜指砌体承重结构沿纵向6～10m内基础两点的沉长差与其距离的比值。

（7）新建、扩建的民用建筑工程设计前，必须进行建筑场地土壤中氡浓度的测定，并提供相应的检测报告。

第二节 地 基 工 程

一、一般规定

（1）建筑物地基的施工应具备下述资料：

1）岩土工程勘察资料、上部结构及基础设计资料等；

2）临近建筑物、地下工程、周边道路及有关管线等情况；

3)根据工程的要求和采用天然地基存在的主要问题,确定地基处理的目的和处理后要求达到的各项技术经济指标等;

(2)砂、石子、水泥、钢材、石灰、粉煤灰等原材料的质量、检验项目、批量和检验方法,应符合国家现行标准的规定。

(3)地基施工结束,宜在一个间歇期后进行质量评定及验收,间歇期由设计确定。

(4)地基加固工程,应在正式施工前进行试验段施工,论证设定的施工参数及加固效果。为验证加固效果所进行的载荷试验,其施加载荷应不低于设计载荷的2倍。

(5)对灰土地基、砂和砂石地基、土工合成材料地基、粉煤灰地基、注浆地基、预压地基,其竣工后的结果(地基强度或承载力)必须达到设计要求的标准。

(6)对水泥土搅拌桩复合地基、高压喷射注浆桩复合地基、砂桩地基、振冲桩复合地基、土和灰土挤密桩复合地基、水泥粉煤灰碎石桩复合地基及夯实水泥土桩复合地基,其承载力检验,数量为总数的0.5%~1%,但应不少于3处。有单桩强度检验要求时,数量为总数的0.5%~1%,但不应少于3根。

(7)除本条第(5)、(6)两项指定的主控项目外,其他主控项目及一般项目可随意抽查,但复合地基中的水泥土搅拌桩、高压喷射注浆桩、土和灰土挤密桩、水泥粉煤灰碎石桩及夯实水泥土桩至少应抽查20%。

二、素土、灰土地基

1. 材料控制要点

(1)土料。采用就地挖出的黏性土及塑性指数大于4的粉土,土内不得含有松软杂质或使用耕植土;土料须过筛,其颗粒不应大于15mm。

(2)石灰。应用Ⅲ级以上新鲜的块灰,含氧化钙、氧化镁愈高愈好,使用前1~2d清解并过筛,其颗粒不得大于5mm,且不应夹有未熟化的生石灰块粒及其他杂质,也不得含有过多的水分。

2. 施工及质量控制要点

(1)铺设前应检查基槽,待合格后方可施工。

(2)灰土的体积比配合应满足一般规定,一般说来,体积比为3:7或2:8。

(3)灰土施工时,应适当控制其含水量,以手握成团,两指轻捏能碎为宜,如土料水分过多或不足时,可以晾干或洒水润湿。灰土应拌和均匀,颜色一致,拌好应及时铺设夯实。铺土厚度按表3-2规定。厚度用样桩控制,每层灰土夯打遍数,应根据设计的干土质量密度在现场试验确定。

表 3-2　灰土最大虚铺厚度

序号	夯实机具种类	重量(t)	虚铺厚度(mm)	备注
1	石灰、木夯	0.04~0.06	200~250	人力送夯,落距 400~500mm,一夯压半夯,夯实后约 80~100mm 厚
2	轻型夯实机械	0.12~0.4	200~250	蛙式夯机、柴油打夯机,夯实后约 100~150mm 厚
3	压路机	6~10	200~250	双轮

(4)在地下水位以下的基槽、基坑内施工时,应先采取排水措施,在无水情况下施工。应注意在夯实后的灰土三天内不得受水浸泡。

(5)灰土分段施工时,不得在墙角、柱墩及承重窗间墙下接缝,上下相邻两层灰土的接缝间距不得小于 500mm,接缝处的灰土应充分夯实。

(6)灰土打完后,应及时进行基础施工,并随时准备回填土。否则,须做临时遮盖,防止日晒雨淋。如刚打完毕或还未打完夯实的灰土,突然受雨淋浸泡,则须将积水及松软土除去并补填夯实;稍微受到浸湿的灰土,可以在晾干后再补夯。

(7)冬季施工时,应采取有效的防冻措施,不得采用冻域含有冻土的土块作灰土地基的材料。

(8)质量检查可用环刀取样测量土质量密度,按设计要求或不少于表 3-3 规定。

表 3-3　灰土质量标准

项　　次	土料种类	灰土最小干土质量密度(g/cm³)
1	粉土	1.55~1.60
2	粉质黏土	1.50~1.55
3	黏土	1.45~1.50

(9)确定贯入度时,应先进行现场试验。

3. 施工质量验收

灰土地基质量检验的主控项目、一般项目及检验方法见表 3-3、3-4。

表 3-4　灰土地基质量验收评定标准

项目	序号	检查项目	允许偏差或允许值			检查方法
			单位	数值		
				合格	优良	
主控项目	1	地基承载力	设计要求			按规定的方法
	2	配合比	设计要求			检查拌和时的体积比或重量比
	3	压实系数	设计要求			现场实测

（续）

项目	序号	检查项目	允许偏差或允许值			检查方法
			单位	数值		
				合格	优良	
一般项目	1	砂石料有机质含量	％	≤5		焙烧法
	2	砂石料含泥量	％	≤5		水洗法
	3	石料粒径	mm	≤100		筛分法
	4	含水量(与最优含水量比较)	％	±2		烘干法
	5	分层厚度(与设计要求比较)	mm	±50	±40	水准仪
	6	顶面标高	mm	—	±15	水准仪
	7	表面平整度	mm	—	20	拉线或使用2m靠尺板

三、砂和砂石地基

1. 材料控制要点

（1）砂。使用颗粒级配良好、质地坚硬的中砂或粗砂,当用细砂、粉砂时,应掺加粒径20～50mm的卵石(或碎石),但要分布均匀。砂中不得含有杂草、树根等有机杂质,含泥量应小于5％,兼作排水垫层时,含泥量不得超过3％。

（2）砂石。用自然级配的砂石(或卵石、碎石)混合物,粒径应在50mm以下,其含量应在50％以内,不得含有植物残体、垃圾等杂物,含泥量小于5％。

2. 施工及质量控制要点

（1）铺设前应先验槽,清除基底表面浮土,淤泥杂物,地基槽底如有孔洞、沟、井、墓穴应先填实,基底无积水。槽应有一定坡度,防止振捣时塌方。

（2）砂石级配应根据设计要求或现场实验确定,拌和应均匀,然后再行铺夯填实。捣实方法,可选用振实或夯实等方法。

（3）由于垫层标高不尽相同,施工时应分段施工,接头处应做成斜坡或阶梯搭接,并按先深后浅的顺序施工,搭接处,每层应错开0.5～1.0m,并注意充分捣实。

（4）砂石地基应分层铺垫、分层夯实。每层铺设厚度、捣实方法可参照表3-5的规定选用。每铺好一层垫层,经干密度检验后方可进行上一层施工。

（5）当地下水位较高或在饱和软土地基上铺设砂和砂石时,应加强基坑内侧及外侧的排水工作,防止砂石垫层由于浸泡水过多,引起流失,保持基坑边坡稳,或采取降低地下水位措施,使地下水位降低到基坑低500mm以下。

（6）当采用水撼法或插振法施工时,以振捣棒幅半径的1.75倍为间距

(一般为 400～500mm)插入振捣,依次振实,以不再冒气泡为准,直至完成;同时应采取措施做到有控制地注水和排水。垫层接头应重复振捣,插入式振动棒振完所留孔洞应用砂填实;在振动首层的垫层时,不得将振动棒插入原土层或基槽边部,以避免使泥土混入砂垫层而降低砂垫层的强度。

(7)垫层铺设完毕,应立即进行下道工序的施工,严禁人员及车辆在砂石层面上行走,必要时应在垫层上铺板行走。

(8)冬季施时,应注意防止砂石内水分冻结,须采取相应的防冻措施。

表 3-5　砂和砂石地基每层铺筑厚度及最优含水量

序号	压实方法	每层铺筑厚度(mm)	施工时的最优含水量(%)	施工说明	备注
1	平振法	200～250	15～20	用平板式振捣器往复振捣	不宜使用干细砂或含泥量较大的砂所铺筑的砂地基
2	插振法	振捣器插入深度	饱和	(1)用插入式振捣器 (2)插入点间距可根据机械振幅大小决定 (3)不应插至下卧黏性土层 (4)插入振捣完毕后,所留的孔洞,应用砂填实	不宜使用细砂或含泥量较大的砂所铺筑的砂地基
3	水撼法	250	饱和	(1)注水高度应超过每次铺筑面层 (2)用钢叉摇撼捣实插入点间距为100mm (3)钢叉分四齿,齿的间距80mm,长30mm,木柄长90mm	在湿陷性黄土、膨胀土、细砂地基上不宜使用
4	夯实法	150～200	8～12	(1)用木夯或机械夯 (2)木夯重 40kg、落距 400～500mm (3)一夯压半夯全面夯实	适用于砂石垫层
5	碾压法	250～350	8～12	6～12t 压路机往复碾压	适用于大面积施工的砂和砂石地基

注:在地下水位以下的地基其最下层的铺筑厚度可比此表增加 50mm。

3. 施工质量验收

砂和砂石地基质量检验的主控项目、一般项目及检验方法见表 3-6。

表 3-6　砂及砂石地基质量检验评定标准

项目	序号	检查项目	允许偏差或允许值			检查方法
			单位	数值		
				合格	优良	
主控项目	1	地基承载力	设计要求			按规定的方法
	2	配合比	设计要求			检查拌和时的体积比或重量比
	3	压实系数	设计要求			现场实测
一般项目	1	砂石料有机质含量	%	≤5		焙烧法
	2	砂石料含泥量	%	≤5		水洗法
	3	石料粒径	mm	≤100		筛分法
	4	含水量(与最优含水量比较)	%	±2		烘干法
	5	分层厚度(与设计要求比较)	mm	±50	±40	水准仪
	6	顶面标高	mm	—	±15	水准仪
	7	表面平整度	mm	—	20	拉线或使用2m靠尺板

四、土工合成材料地基

1. 材料控制要点

参见本章第二节"二、素土、灰土地基"的相关内容。

2. 施工及质量控制要点

(1)铺设土工合成材料(土工合成材料有机织土工织物、土工网、土工垫、土工格室等),土层表面应均匀、坚实、平整;铺设后要避免长时间曝晒,端头应固定牢固。采用搭接法,搭接长度宜为 300～1000mm,搭接长度要根据基底的强度大小选择。采用胶结法搭接长度不宜小于 100mm,连接强度在主要受力方向不低于所采用材料的抗拉强度。

(2)多层铺设土工合成材料时,层间应填中、粗砂或细碎石,以增加地基内摩阻力。土石料宜分层压实。

3. 施工质量验收

土工合成材料地基质量检验的主控项目、一般项目及检验方法见表 3-7。

表 3-7　土工合成材料地基质量检验评定标准

项目	序号	检查项目	允许偏差或允许值			检查方法
			单位	数值		
				合格	优良	
主控项目	1	土工合成材料强度	%	≤5		置于夹具上做拉伸实验（结果与设计标准相比）
	2	土工合成材料延伸率	%	≤5		置于夹具上做拉伸实验（结果与设计标准相比）
	3	地基承载力	设计要求			按规定的方法
一般项目	1	土工合成材料搭接长度	mm	≥300		用钢尺量
	2	土石料有机质含量	%	≤5		焙烧法
	3	层面平整度	mm	≤20		用 2m 靠尺
	4	每层铺设厚度	mm	±25	±20	水准仪
	5	顶面标高	mm	—	±15	水准仪

五、粉煤灰地基

1. 材料控制要点

（1）粉煤灰具有很好的力学特性，可以用来作为地基的一种材料，其力学特征有：

1）强度指标和压缩性指标：内摩擦角 $\varphi = 23° \sim 30°$，黏聚力 $C = 5M \sim 30MPa$，压缩模量 $E_s = 8 \sim 20MPa$，渗透系数 $k = 9 \times 10^{-5} \sim 2 \times 10^{-4}$。

2）压力扩散角，$11.6kN/m^3$。

（2）粉煤灰可选用湿排灰，调湿灰和干排灰，且不得含有植物，垃圾和有机物杂质。

（3）粉煤灰选用时应使硅铝化合物含量越高越好。

（4）粉煤灰粒径应控制在 $0.001 \sim 2.0mm$ 之间。

（5）含水量应控制在 $31\% \pm 4\%$ 范围内，且还应防止被污染。

（6）烧失量不应大于 12%。

（7）现场测试时，压实系数 $\lambda_c = 0.90 \sim 0.95$ 时，承载力可达到 $120 \sim 200MPa$，$\lambda_c > 0.95$ 时可抗地震液化。

2. 施工及质量控制要点

（1）铺设前应先验槽，清除地基底面垃圾杂物。

（2）粉煤灰铺设含水量应控制在最佳含水量（ω_{OP}）$\pm 2\%$ 范围内；如含水量过

大时,需摊铺沥干后再碾压。粉煤灰铺设后,应于当天压完;如压实时含水量过低,呈松散状态,则应洒水湿润再碾压密实,洒水的水质不得含有油质,pH 值应为 6～9。

(3)垫层应分层铺设与碾压,分层厚度,压实遍数等施工参数应根据机具种类,功能大小,设计要求通过实验确定铺设厚度用机动夯为 200～300mm,夯完后厚度为 150～200mm,用压路机铺设厚度为 300～400mm,压实后为 250mm 左右。对小面积基坑、槽垫层,可用人工分层摊铺,用平板振动器和蛙式打夯机压实,每次振(夯)板应重叠 1/2～1/3 板,往复压实由二侧或四周向中间进行,夯实不少于 3 遍。大面积垫层应用推土机摊铺,先用推土机预压 2 遍,然后用 8t 压路机碾压,施工时压轮重叠 1/2～1/3 轮宽,往复碾压,一般碾压 4～6 遍。

(4)粉煤灰垫层在地下水位施工时须先采取排水降水措施,不能在饱和状态或浸水状态下施工,更不能用水沉法施工。

(5)在软弱地基上填筑粉煤灰垫层时,应先铺设 20cm 的中、粗砂或高炉干渣,以免下卧软土层表面受到扰动,同时有利于下卧的软土层的排水固结,并一切断毛细水的上升。

(6)夯实或碾压时,如出现"橡皮土"现象,应暂停压实,可采取将垫层开槽、翻松、晾晒或换灰等方法处理。

(7)每层铺完经检测合格后,应及时铺筑上层,以防干燥、松散、起尘、污染环境,延伸率不小于 3％为合格。

3. 施工质量验收

(1)施工前应检查粉煤灰材料,并对基槽清底状况、地质条件予以检验。

(2)施工过程中应检查铺筑厚度、碾压遍数、施工含水量控制、搭接区碾压程度、压实系数等。

优良:在合格的基础上,粉煤灰应搅拌均匀,分层留槎位置、方法正确,其表面平整、无松散、顶面标高准确。

(3)施工结束后,应检验地基的承载力。

(4)粉煤灰地基质量检验评定标准应符合表 3-8 的规定。

表 3-8　粉煤灰地基质量检验评定标准

项目	序号	检查项目	允许偏差或允许值			检查方法
			单位	数值		
				合格	优良	
主控项目	1	压实系数	设计要求			现场实测
	2	地基承载力	设计要求			按规定方法

（续）

项目	序号	检查项目	允许偏差或允许值			检查方法
			单位	数值		
				合格	优良	
一般项目	1	粉煤灰粒径	mm	0.001～2.00		过筛
	2	氧化铝及二氧化硅含量	%	≥70		试验室化学 分析
	3	烧失量	%	≤12		试验室烧结法
	4	每层铺筑厚度	mm	±50	±40	水准仪
	5	每层铺筑厚度	mm	±2		取样后试验室确定
	6	顶面标高	mm	—	±15	水准仪
	7	表面平整度	mm	—	20	拉线或使用 2m 靠尺板

六、强夯地基

1. 材料控制要点

（1）强夯地基

1）夯锤：一般多采用圆形，因为圆形锤夯土易于重合。锤的底面积大小取决于表面土质：对砂土一般为 3～4m²；对黏性土不宜小于 6m²。锤重一般为 8、10、12、16、25、30t 等。锤中常设置多个上下贯通的直径 60～200mm 的排气孔，以利于夯击时空气排出和减小起锤时的吸力。

2）起重设备

①一般采用起重能力为 15、30、50t 的履带式起重机或其他起重设备（如专用三脚架或龙门架等）。起重设备起吊提升高度必须符合夯锤强夯的要求。采用自动脱钩夯锤装置，起重能力应大于 1.5 倍锤重。

②脱钩装置要有足够的强度，使用灵活，同时可保证每次夯击落距相同。

③起重机的起重能力不足时，可采取在臂杆上加支杆，以加大起重能力。

（2）重锤夯实地基

1）夯锤

①夯锤形状宜采用截头圆锥体。锥底直径一般为 1.13～1.5m。混凝土强度采用 C18。

②夯锤重量一般为 1.5～3t，锤重与底面积的关系应符合锤重在底面上的单位静压力 0.15M～0.2MPa。

2)起重机械

①可采用履带式起重机、打桩机、装有摩擦绞车的挖土机等。

②起重设备直接用钢索悬吊夯锤时,起重能力应大于锤重量的三倍,采用脱钩夯锤时,起重能力应大于锤重量 1.5 倍。

2. 施工及质量控制要点

(1)机具

夯锤的锤底面积大小应依据表面土质的情况而定。对于砂土,与锤底面积一般取 $3\sim4m^2$,黏性土一般不宜小于 $6m^2$。锤底静压力值要依据土的颗粒直径确定,细颗粒土取小值。

夯锤底面宜对称,并设置若干个与其顶面贯通的排气孔,以减少夯击时空气阻力。

起重机宜采用自行式履带起重机,并有自动脱钩装置。

(2)夯击控制

1)平整场地后标出夯点位置,测量场地高程。

2)夯击前为避免对邻近设施产生影响(影响范围 $10\sim15m$),必要时采取相应的防振或隔振措施。由邻近建筑物开始夯击逐渐向远处移动。加固顺序:先深后浅。

3)如无经验,宜试夯取得施工参数后再正式施工。夯击遍数一般为 $2\sim5$ 遍。对透水性差、含水量高的土层,前后两遍夯击要有 $2\sim4$ 周的间歇期。

4)强夯范围应大于建筑物基础范围。夯点超出需加固的范围为加固深度过 $1/2\sim1/3$,且不小于 $3m$。

5)雨季施工,注意排水。

6)强夯法的有效加固深度,可按下列经验公式:

$$H\approx R\cdot(QH)\cdot1/2$$

式中:H——有效加固深度(m);

　　R——经验系数,一般取 $0.4\sim0.7$;

　　Q——锤重(t);

　　H——落距(m)。

7)夯击次数,按试夯夯击次数和沉量关系曲线确定。

最后两击平均夯沉量不大于 $50mm$,单击夯击能量较大时,沉量不大于 $100mm$;夯坑周围不应出现过大的隆起。

8)质量检验应在夯后留有两周的间歇期进行。

3. 施工质量验收

强夯地基质量的主控项目、一般项目及检验方法见表 3-9。

表 3-9　强夯地基质量检验标准

项目	序号	检查项目	允许偏差或允许值		检验方法
			单位	数值	
主控项目	1	地基强度	设计要求		按规定方法
	2	地基承载力	设计要求		
一般项目	1	夯锤落距	mm	±30	钢索设标志
	2	锤重	kg	±100	称量
	3	夯击遍数及顺序	设计要求		计数法
	4	夯点间距	mm	±50	用钢尺量
	5	夯击范围(超出基础范围距离)	设计要求		
	6	前后两遍间歇时间	设计要求		

七、注浆地基

1. 材料控制要点

(1)水泥。按设计规定的品种、强度等级,查验出厂质保书或按批号抽样送检,检查试验报告。

(2)注浆用砂。粒径<2.5mm,细度模数<2.0,含泥量及有机物含量<3%,同产地同规格每 300~600t 为一验收批,检查送样试验报告。

(3)注浆用黏土。塑性指数>14,黏粒含量>25%,含砂量<5%,有机物含量<3%,决定取土部位后取样试验,检查送样试验报告。

(4)粉煤灰。细度不大于同时使用的水泥细度,烧失量不小于 3%,决定取某厂粉煤灰后取样送检,检查送检样品试验报告。

(5)水玻璃。模数在 2.5~3.3 之间,按进货批现场随机抽样送检,检查送检试验报告。

(6)其他化学浆液。化学浆液性能指标按设计要求,查出厂质保书或抽样送检试验报告。

2. 施工及质量控制要点

(1)浆液。为确保注浆加固地基的效果,施工前应进行室内浆液配比试验,以确定浆液配方。浆液组成的材料性能应符合设计要求。常用浆液类型见表 3-10。

(2)注浆。对化学注浆加固的施工顺序宜按以下规定进行:

表 3-10 常用浆液类型

浆 液		浆 液 类 型
粒状浆液 （悬液）	不稳定粒状浆液	水泥浆
		水泥砂浆
	稳定粒状浆液	黏土浆
		水泥黏土浆
化学浆液 （溶液）	无机浆液	硅酸盐
	有机浆液	环氧树脂类
		甲基丙烯酸酯类
		丙烯酰胺类
		木质素类
		其他

1）加固渗透系数相同的土层应自上而下进行。

2）如土的渗透系数随深度而增大，应自下而上进行。

3）如相邻土层的土质不同，应首先加固渗透系数大的土层。

检查时，如发现施工顺序与此有异，应及时制止，以确保工程质量。

4）注浆结束后，应检查注浆体强度、承载力等。检查孔数为总数的 2%～5%，不合格率大于或等于 20%，应进行二次注浆。

5）注浆质量检验时间：砂土、黄土注浆后 15d 进行；黏性土注浆后 60d 进行。

3. 施工质量验收

（1）施工前应掌握有关技术文件（注浆点位置、浆液配比、注浆施工技术参数）。浆液组成材料的性能应符合设计要求，注浆设备应确保正常运转。

（2）施工中应经常抽查浆液的配比及主要性能指标，注浆的顺序、注浆过程中的压力控制等。

（3）施工结束后，应检查注浆体强度、承载力等。检查孔数为总量的 2%～5%，不合格率大于或等于 20% 时应进行二次注浆。检验应在注浆 15d（砂土、黄土）或 60d（黏性土）进行。

（4）注浆地基质量检验评定标准应符合表 3-11 的规定。

八、预压地基

1. 材料控制要点

（1）竖向排水体材料

1)普通砂井。中、粗砂含泥量不大于3%。

表3-11　注浆地基质量检验评定标准

项目	序号	检查项目			允许偏差或允许值			检查方法
					单位	数值		
						合格	优良	
主控项目	1	原材料检验	水泥		设计要求			查产品合格证书或抽样送检
			注浆用砂	粒径	mm	<2.5		试验室试验
				细度模数		<2.0		
				含泥量及有机物含量	%	<3		
			注浆用黏土	塑性指数	%	>14		试验室试验
				黏粒含量		>25		
				含砂量		<5		
				有机物含量		<3		
			粉煤灰	细度		不粗于同时使用的水泥		试验室试验
				烧失量	%	<3		
			水玻璃:模数		2.5~3.3			抽样送检
			其他化学浆液		设计要求			查产品合格证书或抽样送检
一般项目	1	各种注浆材料称量误差			%	<3		抽查
	2	注浆孔位			mm	±20	±15	用钢尺量
	3	注浆孔深			mm	±100	±80	量测注浆管长度
	4	注浆压力(与设计参数比)			%	±10	±8	检查压力表数

2)袋装砂井。装砂袋编织材料要求有良好的透水、透气性,一定的耐腐蚀、抗老化性能,装砂不易漏失,应有足够的抗拉强度,能承受袋内装砂自重和弯曲产生的拉力。一般选用聚丙烯编织布、玻璃丝纤维布、黄麻布、再生布等。

3)打设砂井孔的钢管内径宜略大于砂井直径,以减少施工过程中对地基土的扰动。

4)塑料排水板。要求滤网膜渗透性好,与黏土接触后,滤网膜渗透系数不低于中粗砂,排水沟槽输水畅通,不因受土压力作用而减小。

(2)真空预压密封膜。采用抗老化性能好、韧性好、抗穿刺能力强的不透气材料。

（3）堆载材料。一般以散料为主，如土、砂、石子、砖、石块等；大型油罐、水池地基，以充水对地基实施预压。

2. 施工及质量控制要点

（1）堆载预压法

1）预压荷载的大小应根据设计要求确定。一般可取与建筑物基底的压力相等，堆载的范围应大于建筑物基础外缘的范围。

2）普通砂井直径可取 300～500mm，间距按 n＝6～8 选用（n 为一根砂井的有效排水圆柱体直径与砂井直径之比）；袋装砂井直径可取 700～1000mm，间距按 n＝15～20 选用。

3）深厚的压缩土层，砂井深度应根据在限定的预压时间内消除的变形量确定。

4）堆载预压应分级堆载，以确定预压效果并避免坍滑事故。一般每天沉降速率控制在 10～15mm，边桩位移率控制 4～7mm，孔隙水压力增量不超过预压荷载增量的 60%。

（2）真空预压法

1）密封膜热合时，宜采用双热合缝的平搭接，搭接宽度应大于 15mm；

2）密封膜宜铺设三层，膜周边可采用挖沟埋膜，平铺并用黏土覆盖压边、围埝沟内及膜上覆水等方法进行密封。

3）真空预压的面积要大于建筑物基础外缘的范围。真空预压的抽气设备宜采用射流真空泵。

4）真空预压的真空度可一次抽气至最大，当连续 5d 实测沉降每天小于 2mm 或固结度大于或等于 80%，或符合设计要求，可停止抽气。

5）地基土渗透性强时，应设置黏土密封墙。黏土密封墙宜采用双排搅拌桩，搅拌桩直径不宜小于 700mm；当搅拌桩深度小于 15m 时，搭接宽度不宜小于 200mm；当搅拌桩深度大于 15m 时，搭接宽度不宜小于 300mm；搅拌桩成桩搅拌应均匀，黏土密封墙的渗透系数应满足设计要求。

（3）降水预压。降水预压控制沉降可参考真空预压真空度的有关参数。

（4）施工结束后的检验。应检查地基土的强度及要求达到的其他物理力学指标。重要建筑物地基应做承载力检验。

3. 施工质量验收

预压地基质量检验的主控项目、一般项目及检验方法见表 3-12。

表 3-12　预压地基和塑料排水带质量检验评定标准

项目	序号	检查项目	允许偏差或允许值			检查方法
			单位	数值		
				合格	优良	
主控项目	1	预压载荷	%	≤2		水准仪
	2	固结度(与设计要求比)	%	≤2		根据设计要求采用不同的方法
	3	承载力或其他性能指标	设计要求			按规定的方法
一般项目	1	沉降速率(与控制值比)	%	±10		水准仪
	2	砂井与塑料排水带位置	mm	±100	±80	用钢尺量
	3	砂井与塑料排水带插入深度	mm	±200	±150	插入时用经纬仪检查
	4	插入塑料排水带时的回带长度	mm	≤500	±400	用钢尺量
	5	塑料排水带或砂井高出砂垫层距离	mm	≥200		用钢尺量
	6	插入塑料排水带的回带根数	%	≤5		目测

九、砂石桩复合地基

1. 材料控制要点

碎石、卵石、角砾、圆砾、砾砂、粗砂、中砂或石屑等硬质材料。

2. 施工及质量控制要点

(1)沉管施工

1)饱和黏性土地基上对变形控制不严的工程及以处理砂土液化为目的的工程,可采用沉管施工工艺。

2)沉管施工导致地面松动或隆起时,砂石桩施工标高应比基础底面高 0.5～1m。

3)砂石桩的施工顺序,对砂土地基宜从外围或两侧向中间进行,对黏性土地基宜从中间向外围或隔排施工,以挤密为主的砂石桩同一排应间隔进行;在已有建(构)筑物邻近施工时,应背离建(构)筑物方向进行。

4)砂石桩沉管工艺有振动沉管法(简称振动法)和锤击沉管法(简称锤击法)两种。桩尖可采用混凝土预制桩尖或活瓣桩尖。将钢管沉至设计深度后,从进料口往桩管内灌入砂石,边振动边缓慢拔出桩管(锤击沉管采用边拔管边人工敲打管壁），或在振动拔管的过程中，每拔 0.5m 高停拔，振动 20～30s，或将桩管压下然后再拔，以便将落入桩孔内的砂石压实成桩，并可使桩径扩大。

5）施工前应进行成桩挤密试验，桩数不少于 3 根，振动法应根据沉管和挤密情况，确定填砂量、提升速度、每次提升高度、挤压次数和时间、电机工作电流等，作为控制质量标准，以保证挤密均匀和桩身的连续性。

6）灌料时，砂石含水量应加以控制，对饱和土层，砂可采用饱和状态；对非饱和土或杂填土，或能形成直立的桩孔壁的土层，含水量可采用 7％～9％。

7）对灌料不足的砂石桩可采用全复打灌料。当采用局部复打灌料时，其复打深度应超过软塑土层底面 1m 以上。复打时，管壁上的泥土应清除干净，前后两次沉管的轴线应一致。

（2）取土施工

1）该方法仅适用于微膨胀性土、黏性土、无地下水的粉土及层厚不超过 1.5m 的砂土地基。

2）成孔机就位，桩位偏差不大于 50mm。

3）卷扬机提起取土器至一定高度，松开离合开关使取土器自由下落，然后提起取土器取出泥土。

4）用不低于 10kN 的柱锤夯底，然后灌入砂石料，每灌入 0.5m 厚用锤夯实。

（3）施工质量验收

砂石桩地基的质量检验标准应符合表 3-13 的规定。

表 3-13 砂石桩地基的质量检验标准

项目	序号	检查项目	允许偏差或允许值		检查方法
			单位	数值	
主控项目	1	灌砂量	％	≥95	实际用砂量与计算体积比
	2	地基强度	设计要求		按规定方法
	3	地基承载力	设计要求		按规定方法
一般项目	1	砂料的含泥量	％	≤3	试验室测定
	2	砂料的有机质含量	％	≤5	焙烧法
	3	桩位	mm	≤50	用钢尺量
	4	砂桩标高	mm	±150	水准仪
	5	垂直度	％	≤1.5	经纬仪检查桩管垂直度

十、高压喷射注浆地基

1. 材料控制要点

(1)水泥。一般采用强度等级不低于 42.5 级的普通硅酸盐水泥。不得使用过期或有结块水泥。

(2)水。宜用自来水或无污染自然水。

(3)抗离析外加剂。采用陶土或膨润粉。

(4)水灰比。采用 0.7~1.0 较妥。

(5)高压喷射注浆地基 1m 桩长喷射桩水泥用量见表 3-14。

表 3-14　1m 桩长喷射桩水泥用量表

桩径 （mm）	桩长 （m）	强度等级为 42.5 级 普通硅酸盐水泥单位用量	喷射施工方法		
			单管法	二重管法	三重管法
φ600	1	kg/m	200~250	200~500	—
φ800	1	kg/m	300~350	300~350	—
φ900	1	kg/m	350~400（新）	350~400	—
φ1000	1	kg/m	400~450（新）	400~450（新）	700~800
φ1200	1	kg/m	—	500~600（新）	800~900
φ1400	1	kg/m	—	700~800（新）	900~1000

2. 施工及质量控制要点

高压喷射注浆地基，可采用单管法（单独喷出水泥浆工艺）、二重管法（同时喷出高压空气和水泥浆工艺）或三管法（同时喷出高压水、高压空气及水泥浆工艺）。

(1)用料及压力的确定。高压喷射注浆工艺宜采用普通硅酸盐水泥，强度等级不得低于 42.5。根据施工需要，可加入适量的外加剂（速凝剂、悬浮剂、防冻剂等）。水灰比取值为 1.0~1.5。水泥的用量及压力可通过试验确定。

(2)钻机就位后，钻孔要对准孔位中心、钻杆轴线垂直于钻孔中心位置，倾斜度不得大于 1.5%。

(3)喷射使用的喷嘴直径、排量、提升速度等参数根据试验确定。

(4)喷射注浆过程中，如发生异常或故障，应停止作业，以防桩体中断，如发现浆液喷射不足，达不到设计要求，应复桩。

(5)为保证邻孔的质量，宜采用间隔跳打法施工，一般孔间距宜大于 1.5m。

(6)质量检验宜在 28d 的间歇期后进行，如不做承载力或强度检验，间歇期可适当缩短。

3. 施工质量验收

高压喷射地基质量检验的主控项目、一般项目及检验方法见表 3-15。

表 3-15　高压喷射注浆地基质量检验评定标准

项目	序号	检查项目	允许偏差或允许值			检查方法
			单位	数值		
				合格	优良	
主控项目	1	水泥及外掺剂质量	符合出厂要求			在产品合格证书或抽样送检
	2	用水泥用量	设计要求			查看流量表及水泥浆水灰比
	3	桩体强度或完整性检验	设计要求			按规定的方法
	4	地基承载力	设计要求			按规定的方法
一般项目	1	钻孔位置	mm	≤50	≤40	用钢尺量
	2	钻孔垂直度	%	≤1.5		经纬仪测钻杆或实测
	3	孔深	mm	±200		用钢尺量
	4	注浆压力	按设定参数指标			查看压力表
	5	桩体搭接	mm	>200		用钢尺量
	6	桩体直径	mm	≤50		开挖后用钢尺量
	7	桩身中心允许偏差	≤0.2D			开挖后桩顶下 500mm 处用钢尺量,D 为桩径

十一、水泥土搅拌桩地基

1. 材料控制要点

(1)水泥。强度等级 42.5 级以上新鲜普通硅酸盐水泥。

(2)外掺剂要求

1)早强剂选用三乙醇胺、氯化钙、碳酸钠或水玻璃等材料,掺入量宜分别取水泥重的 0.05%、2%、0.5%、2%。

2)减水剂可选用木质素磺酸钙,其掺入量宜取水泥重量的 0.2%。

3)石膏有缓凝和早强作用,其掺入量宜取水泥重量的 2%。

2. 施工及质量控制要点

(1)检查水泥外掺剂和土体是否符合要求。

（2）调整好搅拌机、灰浆泵、拌浆机等设备。

（3）施工现场事先应予平整，必须清除地上、地下一切障碍物。潮湿和场地低洼时应抽水和清淤，分层夯实回填黏性土料，不得回填杂填土或生活垃圾。

（4）作为承重水泥土搅拌桩施工时，设计停浆（灰）面应高出基础底面标高500mm，在开挖基坑时，应将该施工质量较差段用手工挖除，以防止发生桩顶与挖土机械碰撞断裂现象。

（5）为保证水泥土搅拌桩的垂直度，要注意起吊搅拌设备的平整度和导向架的垂直度，水泥土搅拌桩的垂直度控制在1.5％范围内，桩位布置偏差不得大于50mm，桩径偏差不得大于0.04D（D为桩径）。

（6）每天上班开机前，应先量测搅拌头刀片直径是否达到700mm，搅拌刀片有磨损时应及时加焊，防止桩径偏小。

（7）预搅下沉时不宜冲水，当遇到较硬土层下沉太慢时，方可适当冲水，但应用缩小浆液水灰比或增加掺入浆液等方法来弥补冲水对桩身强度的影响。

（8）施工时因故停浆，应将搅拌头下沉至停浆点以下0.5m处，待恢复供浆时再喷浆提升。若停机3h以上，应拆卸输浆管路，清洗干净，防止恢复施工时堵管。

（9）壁状加固时桩与桩的搭接长度宜200mm，搭接时间不大于24h，如因特殊原因超过24h时，应对最后一根桩先进行空钻留出榫头以待下一个桩搭接；如间隔时间过长，与下一根桩无法搭接时，应在设计和业主方认可后，采取局部补桩或注浆措施。

（10）拌浆、输浆、搅拌等均应有专人记录，桩深记录误差不得大于100mm，时间记录误差不得大于5s。

3. 施工质量验收

水泥搅拌桩地基质量检验的主控项目、一般项目及检验方法见表3-16。

表3-16　水泥搅拌桩地基质量检验评定标准

项目	序号	检查项目	允许偏差或允许值			检查方法
			单位	数值		
				合格	优良	
主控项目	1	水泥及外掺剂质量	设计要求			检查产品合格证书或抽样送检
	2	水泥用量	参数指标			查看流量计
	3	桩体强度	设计要求			按规定的方法
	4	地基承载力	设计要求			按规定的方法

（续）

项目	序号	检查项目	允许偏差或允许值			检查方法
			单位	数值		
				合格	优良	
一般项目	1	机头提升速度	m/min	≤0.5		量机头上升距离及时间
	2	桩底标高	mm	±200		测机头深度
	3	桩顶标高	mm	+100 −50	+100 −40	水准仪（最上部500mm 不计入）
	4	桩位偏差	mm	<50	<40	用钢尺量
	5	桩径		<0.04D		用钢尺量，D为桩径
	6	垂直度	%	≤1.5		经纬仪
	7	搭接	mm	>200		用钢尺量

十二、土和灰土挤密桩复合地基

1. 材料控制要点

（1）土桩和灰土桩所用的土，一般采用素土，但不得含有机杂质，使用前应过筛，其粒径不得大于20mm。

（2）灰土桩所用的熟石灰应过筛，其粒径不得大于5mm。熟石灰中不得夹有未熟化的生石灰块，也不得含有过多的水分。

2. 施工及质量控制要点

土与灰土挤密桩地基，适用于处理地下水位以上的地基，处理深度一般为5～6m。

（1）施工前应在现场进行成孔。成孔应先外排后里排，同排应间隔1～2孔。成孔后应及时回填夯实。用压实系数控制夯实质量（素土回填压实系数不应小于0.95，灰土回填压实系数不应小于0.97）。

（2）桩孔回填前，应先夯实孔底。填料分层灌入，分层夯实。分层填料的厚度、夯击次数通过试验确定。

（3）施工过程中，控制填料的含水量（如含水率超过最佳含水率±3%时，要进行晾干或洒水湿润处理）。

（4）施工结束后，应检验成桩的质量及地基承载力。

3. 施工质量验收

土和灰土挤密桩复合地基质量检验的主控项目、一般项目及检验方法见

表 3-17。

表 3-17　土和灰土挤密桩地基质量检验评定标准

项目	序号	检查项目	允许偏差或允许值			检查方法
			单位	数值		
				合格	优良	
主控项目	1	桩体及桩间土干密度	设计要求			现场取样检查
	2	桩长	mm	+500		测桩管长度或垂球测孔深
	3	地基承载力	设计要求			按规定的方法
	4	桩径	mm	−20		用钢尺量
一般项目	1	土料有机质含量	%	≤5		试验室焙烧法
	2	石灰粒径	mm	≤5		筛分法
	3	桩位偏差	满堂布桩≤0.40D 条基布桩≤0.25D	满堂布桩≤0.30D 条基布桩≤0.20D		用钢尺量,D 为桩径
	4	垂直度	%	≤1.5		用经纬仪测桩管

十三、水泥粉煤灰碎石桩地基

1. 材料控制要点

(1)水泥。宜采用 42.5 级普通硅酸盐水泥。

(2)粉煤灰。用Ⅲ级粉煤灰,同粉煤灰地基材料要求。

(3)碎石。采用粒径 20～50mm,松散密度 1.39t/m³,杂质含量小于 5%。

(4)石屑。用粒径 2.5～10mm,松散密度 1.47t/m³,杂质含量小于 5%。

(5)混合材料配合比。根据拟加固地基场地的地质情况及加固后要求达到的承载力而定。水泥粉煤灰、碎石混合料的配合比相当于抗压强度为 C1.2～C7 的低强度素混凝土,密度大于 2.0t/m³,掺加最佳石屑率(石屑量与碎石和石屑总量之比)约 25%左右情况下,当 W/C(水灰比)为 1.01～1.47,F/C(粉煤灰与水泥重量之比)为 1.02～1.65,混凝土抗压强度大约在 8.8～14.2MPa 之间。

2. 施工及质量控制要点

(1)施工中应检查桩身混合料的配合比、坍落度和提拔钻杆速度(或提拔套管速度)、成孔深度、混合料灌入量等。

提拔钻杆(或套管)的速度必须与泵入混合料的速度相配,否则容易产生缩颈或断桩。

提升速度:砂性土、砂质黏土、黏土中提拔速度为 1.2～1.5m/min,淤泥质土中适当放慢。

(2)桩顶标高应高出设计标高 500mm。

(3)用沉管法成孔时,应防止新施工桩对已成桩产生挤桩。

(4)桩体强度应在符合试验荷载条件时进行,一般间歇期 14～28d 后进行。

3. 施工质量验收

水泥粉煤灰碎石地基质量检验的主控项目、一般项目及检验方法见表 3-18。

表 3-18　水泥粉煤灰碎石桩复合地基质量检验评定标准

项目	序号	检 查 项 目	允许偏差或允许值			检 查 方 法
			单位	数值		
				合格	优良	
主控项目	1	原材料	设计要求			查产品合格证书或抽样送检
	2	桩径	mm	−20		用钢尺量或计算填料量
	3	桩身强度	设计要求			查 28d 试验强度
	4	地基承载力	设计要求			按规定的办法
一般项目	1	桩身完整性	按桩基检测技术规范			按桩基检测技术规范
	2	桩位偏差	满堂布桩≤0.40D 条基布桩≤0.25D	满堂布桩≤0.30D 条基布桩≤0.20D		用钢尺量,D 为桩径
	3	桩垂直度	%	≤1.5		用经纬仪测桩管
	4	桩长	mm	+100		测桩管长度或垂球测孔深
	5	褥垫层夯填度		≤0.9		用钢尺量

十四、夯实水泥桩复合地基

1. 材料控制要点

夯实水泥土的强度等级在 C1～C5 之间,其变形模量远大于土的变形模量,因此也类似水泥粉煤灰碎石桩复合地基一样设置褥垫层,以调整基底压力分布,使荷载通过垫层传到桩和桩间土上,保证桩间土承载力的发挥。

施工时宜选用强度等级为 42.5 级以上的普通硅酸盐水泥,土料的选用同土和灰土挤密桩地基的相关内容。

2. 施工及质量控制要点

(1)水泥及夯实用的土料应符合设计要求。

(2)施工过程中应检查孔位、孔深、孔径。

(3)控制水泥与土料的配合比、土料最优含水量。

(4)投入混合料分层厚度及夯击次数由试验确定。一般分层厚度 20～25mm,夯击 3～4 遍。

(5)承载力检验一般为单桩载荷试验,对重要、大型工程应进行复合地基载荷试验。

3. 施工质量验收

夯实水泥土桩复合地基质量检验的主控项目、一般项目及检验方法见表 3-19。

表 3-19　夯实水泥土桩复合地基质量检验评定标准

项目	序号	检查项目	允许偏差或允许值			检查方法
			单位	数值		
				合格	优良	
主控项目	1	桩径	mm	－20	－15	用钢尺量
	2	桩长	mm	＋500	＋400	测桩孔深度
	3	桩体干密度	设计要求			现场取样检查
	4	地基承载力	设计要求			按规定的方法
一般项目	1	土料有机质含量	％	≤5		焙烧法
	2	含水量(与最优含水量比)	％	±2		烘干法
	3	土料粒径	mm	≤20		筛分法
	4	水泥质量	设计要求			查产品质量合格证书或抽样送检
	5	桩位偏差	满堂布桩≤0.40D 条基布桩≤0.25D	满堂布桩≤0.30D 条基布桩≤0.20D		用钢尺量,D 为桩径
	6	桩孔垂直度	％	≤1.5		用经纬仪测桩管
	7	褥垫层夯填度	≤0.9			用钢尺量

注:见表 3-18。

第三节 基　　础

一、一般规定

（1）无筋扩展基础是基础的一种做法，指由砖、毛石、混凝土或毛石混凝土、灰土和三合土等材料组成的墙下条形基础或柱下独立基础。无筋扩展基础适用于多层民用建筑和轻型厂房。刚性基础也称为无筋扩展基础。

1）刚性基础可适用于六层和六层以下（三合土基础不宜超过四层）的民用建筑和墙承重的轻型厂房。砂土地基上的刚性基础可适用于八层房屋。

2）刚性基础的截面形式有矩形、阶梯形、锥形等（图 3-1）。

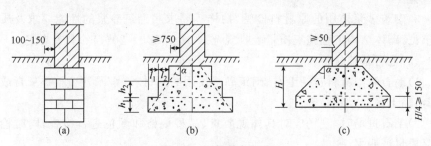

图 3-1　刚性基础形式

(a)矩形；(b)阶梯形；(c)锥形

h/l—对带形基础为 1.35～1.75；对独立基础为 1.56～2.0。

（2）筏形基础由钢筋混凝土底板、梁等组成，适用于有地下室或地基承载力较低而上部荷载很大时采用。分梁板式和平板式两类，前者用于荷载较大情况，后者一般在荷载不大、柱网较均匀且间距较小的情况下采用。

（3）箱形基础是由钢筋混凝土底板、顶板、外墙及一定数量的内隔墙构成封闭的箱体，基础中部可在内隔墙开门洞作地下室。适用于作软弱地基上的面积较小、平面形状简单、荷载较大或上部结构分布不均的高层重型建筑物的基础及对沉降有严格要求的设备基础或特殊构筑物。箱形基础，当底板厚≥300mm时，设双层筋（上下各一层，每层有受力钢筋及分布钢筋，下层筋分布筋在下，主筋在上；上层筋主筋在下，分布筋在上）；当板厚小于 300mm 时，设单层双向筋。

（4）沉井的施工可采用砖、石、钢、混凝土、钢筋混凝土等。工业建筑中应用最多的为钢筋混凝土沉井，其平面形状有圆形、方形、矩形及多边形等。圆形沉井制作简易，易于控制下沉位置，受力（土压、水压）性能较好，使用最多。冶金建筑中，由于工艺要求，以采用对称截面的矩形沉井居多，由一个或多个井孔组成。沉井断面形式有圆柱形、圆柱形带台阶、圆台形、阶梯形等。为减少下沉摩阻力，刃脚外缘常设 200～300mm 的间隙,井壁表面作成 1/100 坡度。

二、无筋扩展基础

1. 材料控制要点

(1)砖基础材料

1)砖基础材料,包括烧结普通砖(或烧结多孔砖、蒸压灰砂砖、粉煤灰砖等)、砌筑砂浆使用的原材料(水泥、中砂、石灰膏或电石膏)等。

2)砖的品种、强度等级应符合设计要求,并应规格一致。进场时,现场应对其外观质量和尺寸进行检查,同时检查其合格证或送试验室进行检验。

砖检验的内容包括外观质量、尺寸偏差和强度检验,蒸压灰砂砖还应进行颜色检验。

3)砌筑砂浆使用的原材料检验、抽样等要求和砌筑砂浆的性能要求及质量要求见《砌体结构工程施工质量验收规范》(GB 50203—2011)的有关规定。

(2)毛石基础材料

1)毛石基础材料包括毛石、砌筑砂浆使用的原材料(水泥、中砂、石灰膏或电石膏、黏土膏、外加剂)等。

2)毛石进场时,现场应对其外观质量、品种规格和颜色进行检查,同时检查产品质量证明书。

毛石应呈块状,中部厚度不宜大于 150mm,其尺寸高宽一般在 200～300mm,长在 300～400mm 之间为宜,毛石的抗压强度等级不低于 MU20。石材表面洁净,无水锈、泥垢等杂质。

3)砌筑砂浆使用的原材料检验、抽样等要求和砌筑砂浆的性能要求及质量要求见《砌体结构工程施工质量验收规范》(GB 50203—2011)的有关规定。

2. 施工及质量控制要点

(1)砖基础

1)砖基础砌筑前,基础垫层表面应清扫干净,洒水湿润。砖提前 1～2d 浇水湿润,不得随浇随砌,对烧结普通砖、多孔砖含水率宜为 10%～15%;对灰砂砖、粉煤灰砖含水率宜为 8%～12%。现场检验砖含水率的简易方法采用断砖法,当砖截面四周融水深度为 15～20mm 时,视为符合要求的适宜含水率。

2)地基有软弱黏性土、液化土、新近填土或严重不均匀土层时,宜增设基础圈梁,当设计无要求时,其截面高度不应小于 180mm,配筋不应少于 4φ12。

变形缝的墙角应按直角要求砌筑,先砌的墙要把舌头灰刮尽;后砌的墙可采用缩口灰,掉入缝内的杂物应随时清理。

3)安装管沟和洞口过梁其型号、标高必须正确,底灰饱满;如坐灰超过

20mm 厚，用细石混凝土铺垫，两端搭墙长度应一致。

4)多孔砖砌体应上下错缝、内外搭砌，宜采用一顺一丁或梅花丁的砌筑形式。砖柱不得采用包心砌法。多孔砖砌体采用铺浆法砌筑时，铺浆长度不得超过 500mm。多孔砖砌体水平灰缝和竖向灰缝宽度可为 10mm，但不应小于 8mm，也不应大于 12mm。

(2)毛石基础

1)毛石基础宜分皮卧砌，各皮石块间应利用毛石自然形状经敲打修整，使能与先砌毛石基础基本吻合、搭砌紧密；毛石应上下错缝，内外搭砌，不得采用先砌外面石块后中间填心的砌筑方法，石块间较大的空隙应先填塞砂浆后用碎石嵌实，不得采用先塞碎石后塞砂浆或干填碎石的方法。

2)毛石基础的每皮毛石内每隔 2m 左右设置一块拉结石。拉结石宽度：如基础宽度等于或小于 400mm，拉结石宽度应与基础宽度相等；如基础宽度大于 400mm，可用两块拉结石内外搭接，搭接长度不应小于 150mm，且其中一块长度不应小于基础宽度的 2/3。

3)阶梯形毛石基础，上阶的石块应至少压砌下阶石块的 1/2，相邻阶梯毛石应相互错缝搭接。毛石基础最上一皮，宜选用较大的平毛石砌筑。转角处、交接处和洞口处也应选用平毛石砌筑。

4)有高低台的毛石基础，应从低处砌起，并由高台向低台搭接，搭接长度不小于基础高度。

5)毛石基础转角处和交接处应同时砌筑，如不能同时砌又必须留槎时，应留成斜槎，斜槎长度应不小于斜槎高度，斜槎面上毛石不应找平，继续砌时应将斜槎面清理干净，浇水湿润。

三、筏形与箱形基础

1. 筏型基础施工及质量控制要点

(1)如地下水位过高，应采用人工降低地下水位至基底不小于 500mm，保证在无水情况下进行土方开挖和筏形基础施工。

(2)土方开挖完成后应立即对基坑进行封闭，防止水浸和暴露，并应及时进行地下结构施工。基坑土方开挖应严格按设计要求进行，不得超挖。基坑周边超载，不得超过设计载荷限制条件。

(3)筏形基础施工，可根据结构情况、施工条件以及进度要求等确定施工方案。一般有两种方法：

1)先在垫层上绑扎底板、梁的钢筋和柱子的锚固插筋，先灌筑底板混凝土，待达到 1.2N/mm² 强度后，再在底板上支梁模板，继续灌筑梁部分混凝土。

2）采取底板和梁模板一次同时支好，混凝土一次同时灌筑完成，梁侧模采用钢支架支承，并固定牢固。

（4）底板及墙体混凝土应一次连续浇灌完成，如必须留置施工缝，应保证梁位置和柱插筋位置的正确。

（5）水平施工缝浇灌混凝土前，应将其表面浮浆和杂物清除，先铺净浆，再铺30～50mm厚的1∶1水泥砂浆或涂刷混凝土界面剂处理，并及时浇灌混凝土。

（6）防水混凝土拌合物在运输后如出现离析，必须进行二次搅拌。当坍落度损失后不能满足施工要求时，应加入原水灰比的水泥浆或二次掺加减水剂进行搅拌，严禁直接加水。

（7）裂缝宽度不得大于 0.2mm，并不得贯通。

2. 箱型基础施工及质量控制要点

（1）如有地下水，在开挖前应设置井点降水，且降至设计底板以下 500mm后，方可进行底板施工。

（2）箱形基础的施工缝是防水薄弱部位之一，必须按设计规定施工。底板的混凝土应连续浇灌。墙体水平施工缝应留在高出底板表面不少于 300mm 处，距穿墙孔洞边缘不少于 300mm，并避免设在墙板承受弯矩和剪力最大的部位。

施工缝的断面可做成不同形状。如为平口缝时可用大于 200mm 宽（上下边适当向外弯折）、2～4mm 厚钢板止水带（接缝处应满焊严密）或采用其他性能可靠的止水带（图 3-2）。

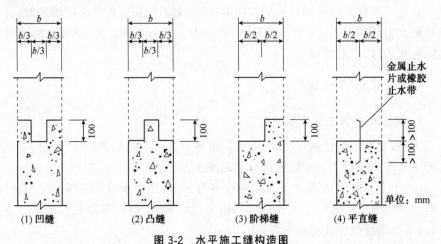

图 3-2　水平施工缝构造图

（3）各种预埋件、预埋套管在安装前，应与设计标高、位置及预埋管件的尺寸进行核对。

（4）在预埋件较多较密的情况下，可采用许多预埋件共用一块止水钢板的做法。施工时应注意将铁件及止水钢板周围的混凝土浇捣密实。

（5）在管道穿过外墙处，预埋套管应加焊止水环，止水环应与套管满焊严密。安装穿墙管道时，先将管道穿过预埋套管，并予以临时固定，然后一端用封口钢板将套管及穿墙管焊牢，再从另一端将套管与穿墙管之间的缝隙用防水油膏、封嵌后，再用封口钢板封堵严密。

在群管穿墙处预留孔洞，洞口四周预埋角钢固定在混凝土中，封口钢板焊在角钢上，周边满焊严密，然后将群管逐根穿过两端封口钢板上的预留孔，再将每根管与封口钢板沿周边焊接严密（焊接时宜采用对称方法或间隔时间施焊，以防封口钢板变形），从封口钢板上的灌注孔向孔洞内灌注沥青玛𢉟脂，灌满后将孔洞焊接封严。

（6）外墙体支模时应使用防水型对拉片。如使用对拉螺栓，中间部位一定要加焊止水环且在螺栓两侧加胶垫。拆模后应在迎水面徐刷防水涂料。

（7）外墙抗渗混凝土应连续浇灌完毕，在非指定预留施工缝处，严禁留置任意不合理的接缝。内墙、顶板宜连续浇灌完毕。

（8）对大体积的底板混凝土（厚度大于1000mm），应采取分层浇灌的方法。每层浇注厚度应根据工程实际情况确定，一般不宜大于300mm，且宜采用斜面式薄层浇捣，利用自然流淌形式斜坡，并应采取有效措施防止混凝土将钢筋推离设计位置。

四、岩石锚杆基础

1. 材料控制要点

（1）水泥砂浆宜采用中细砂，粒径不应大于2.5mm，使用前应过筛；配合比宜为1∶1～1∶2（重量比），水灰比宜为0.38～0.45；

（2）细石混凝土的强度等级不应低于C30。

2. 施工及质量控制要点

（1）达到设计要求标高和外形，对于表面为土层、易风化的页岩、泥岩等，可在表面浇一层60～100mm厚混凝土垫层。

（2）成孔质量应符合表3-20的要求：

表 3-20　岩石锚杆成孔允许偏差表

序号	检查项目	允许偏差	序号	检查项目	允许偏差
1	锚杆孔距	±100mm	4	钻孔深度	0～100mm
2	成孔直径	±1mm	5	安放锚筋孔底残余岩土沉渣	0～100mm
3	钻孔偏斜率	1%			

（3）锚杆安放应符合以下要求：

1)锚杆应安装对中支架,使锚杆底部悬空 100mm。

2)锚杆下放时应顺直,不应损坏防腐层及应力量测元件。

3)下放锚杆后向孔底投入砾石,长度为 100～200mm。

(4)锚杆灌注质量

1)砂浆灌注时,应自下而上连续浇注,砂浆应在初凝前用完。

2)混凝土灌注时,应分层灌注和捣固均匀,并注意保护测量元件和防腐层。

3)一次灌浆体强度达到 5MPa 后进行二次高压注浆,注浆应采用纯水泥浆,水灰比 0.4～0.5;注浆后应加护盖养护,浆体达到 70%强度以上方可进行后续结构施工。

4)应留置浆体强度检验用的试块,每根一组,每组不少于 3 个试块。

五、沉井与沉箱基础

1. 施工及质量控制要点

(1)沉井是下沉结构,必须掌握确凿的地质资料,钻孔可按下述要求进行:

1)面积在 200m² 以下(包括 200m²)的沉井(箱),应有一个钻孔(可布置在中心位置)。

2)面积在 200m 以上的沉井(箱),在四角(圆形为相互垂直的两直径端点)应各布置一个钻孔。

3)特大沉井(箱)可根据具体情况增加钻孔。

4)钻孔底标高应深于沉井的终沉标高。

5)每座沉井(箱)应有一个钻孔提供土的各项物理力学指标、地下水位和地下水含量资料。

(2)沉井(箱)的施工应由具有专业施工经验的单位承担。

(3)沉井采用排水封底,应确保终沉时,井内不发生管涌、涌土及沉井止沉稳定。如不能保证时,应采用水下封底。

(4)沉井施工除应符合《建筑地基与基础工程施工质量验收规范》(GB 50202—2002)规定外,尚应符合现行国家标准《混凝土结构工程施工质量验收规范》(GB 50204—2002)及《地下防水工程施工质量验收规范》(GB 50208—2011)的规定。混凝土浇注前,应对模板尺寸、预埋件位置、模板的密封性进行检验。拆模后应检查浇注质量(外观及强度),符合要求后方可下沉。浮运沉井尚需做起浮可能性检查。下沉过程中应对下沉偏差做过程控制检查。下沉后的接高应对地基强度、沉井的稳定做检查。封底结束后,应对底板的结构(有无裂缝)及渗漏做检查。有关渗漏验收标准应符合现行国家标准《地下防水工程施工质量验收规范》(GB 50208—2011)的规定。

2. 施工质量验收

沉井(箱)的质量检验标准应符合表 3-21 的要求。

表 3-21　沉井(箱)的质量检验标准

项目	序号	检 查 项 目		允许偏差或允许值		检 查 方 法
				单位	数值	
主控项目	1	混凝土强度		满足设计要求(下沉前必须达到70%设计强度)		查试件记录或抽样送检
	2	封底前,沉井(箱)的下沉稳定		mm/8h	<10	水准仪
	3	封底结束后的位置	刃脚平均标高(与设计标高比)	mm	<100	水准仪
			刃脚平面中心线位移		<1%H	经纬仪,H 为下沉总深度,H<10m 时,控制在100mm 之内
			四角中任何两角的底面高差		<1%l	水准仪,l 为两角的距离,但不超过 300mm,l<10mm 时,控制在100mm 之内
一般项目	1	钢材、对接钢筋、水泥、骨料等原材料检查		符合设计要求		查出厂质保书或抽样送检
	2	结构体外观		无裂缝,无风窝、空洞,不露筋		直观
	3	平面尺寸	长与宽	%	±0.5	用钢尺量,最大控制在100mm 之内
			曲线部分半径	%	±0.5	用钢尺量,最大控制在50mm 之内
			两对角线差	%	<1.0	用钢尺量
			预埋件	mm	≤20	用钢尺量
	4	下沉过程中的偏差	高差	%	1.5~2.0	水准仪,但最大不超过 1m
			平面轴线		<1.5%H	经纬仪,H 为下沉深度,最大应控制在 300mm 之内,此数值不包括高差引起的中线位移
	5	封底混凝土坍落度		mm	180~220	坍落度测定器

注:主控项目 3 的三项偏差可同时存在,下沉总深度,系指下沉前后刃脚之高差

第四节　基坑支护工程

一、一般规定

(1)在基坑(槽)或管沟工程等开挖施工中,现场不宜进行放坡开挖,当可能对邻近建(构)筑物、地下管线、永久性道路产生危害时,应对基坑(槽)、管沟进行支护后再开挖。

(2)基坑(槽)、管沟开挖前应做好下述工作:

1)应根据支护结构形式、挖深、地质条件、施工方法、周围环境、工期、气候和地面载荷等资料制定施工方案、环境保护措施、监测方案,经审批后方可施工。

2)应对降水、排水措施进行设计,系统应经检查和试运转,一切正常时方可开始施工。

3)有关围护结构的施工质量验收可按本章相关内容的规定执行,验收合格后方可进行土方开挖。

(3)土方开挖的顺序、方法必须与设计工况相一致,并遵循"开槽支撑,先撑后挖,分层开挖,严禁超挖"的原则。

(4)基坑(槽)、管沟的挖土应分层进行。在施工过程中基坑(槽)、管沟边堆置土方不应超过设计荷载,挖方时不应碰撞或损伤支护结构、防水设施。

(5)基坑(槽)、管沟土方施工中应对支护结构、周围环境进行观察和监测,如出现异常情况应及时处理,待恢复正常后方可继续施工。

基坑(槽)、管沟土方工程验收必须以确保支护结构安全和周围环境安全为前提。当设计有指标时,以设计要求为依据,如无设计指标时应按表3-22的规定执行。

(6)基坑(槽)、管沟开挖至设计标高后,应对坑底进行保护,验槽合格后,方可进行垫层施工。对特大型基坑,宜分区分块挖至设计标高,分区分块及时浇筑垫层。

表3-22　基坑变形的监控值(单位:cm)

基坑类别	围护结构墙顶位移监控值	围护结构墙体最大位移监控值	地面最大沉降监控值
一级基坑	3	5	3
二级基坑	6	8	6

（续）

基坑类别	围护结构墙 顶位移监控值	围护结构墙体 最大位移监控值	地面最大 沉降监控值
三级基坑	8	10	10

注：①符合下列情况之一，为一级基坑：

1）重要工程或支护结构做主体结构的一部分；

2）开挖深度大于10mm；

3）与临近建筑物、重要设施的距离在开挖深度以内的基坑；

4）基坑范围内有历史文物、近代优秀建筑、重要管线等需严加保护的基坑。

②三级基坑为开挖深度小于7m，且周围环境无特别要求时的基坑。

③除一级和三级外的基坑属二级基坑。

④当周围已有的设施有特殊要求时，尚应符合这些要求。

二、灌注桩排桩围护墙、板桩围护墙

1. 材料控制要点

（1）水泥。水泥宜采强度等级不低于42.5的硅酸盐水泥、普通硅酸盐水泥。其质量必须符合国家现行标准《通用硅酸盐水泥》（GB 175—2007）的规定。

（2）粗、细骨料。粗、细骨料的质量应符合国家现行标准《普通混凝土用砂、石质量及检验方法标准》（JGJ 52—2006）的规定。

（3）外加剂。可根据需要掺加速凝剂、早强剂、减水剂等外加剂。掺入量应通过试验确定。

（4）外掺料。可酌情使用外掺料。

（5）水。混凝土拌合用水应符合《混凝土拌合用水标准》（JGJ 63—2006）的有关规定。

（6）钢材

1）钢筋。钢筋进场时应检查产品合格证，出厂检验报告（质量证明书）和进场复验报告。出厂合格证应由钢厂质检部门提供或供销部门转抄，试验报告应有法定检测单位提供。钢筋进场后应进行外观检查，内容包括直径、标牌、外形、长度、劈裂、弯曲、裂痕、锈蚀等项目，如发现有异常现象时（包括在加工过程中有脆断、焊接性能不良或力学性能显著不正常时）应拒绝使用。

2）型钢。型钢应满足有关标准要求。

2. 施工及质量控制要点

（1）灌注桩排桩围护墙

1）钻进时如严重塌孔，孔内有大量的泥土时，需回填砂重新钻孔或往孔内倒少量土粉或石灰粉,将泥中的水分吸干后清出。如遇有含石块较多的土层,或含水量较大的软塑黏土层时,应注意避免钻杆晃动引起孔径扩大,致使孔壁附着扰动土和孔底增加回落土。

2)清孔后应用测绳或手提灯测量和观察孔深及虚土厚度。虚土厚度等于钻深与孔深之差值,一般不应大于 100mm。

3)桩位偏差、轴线和垂直轴线方向均不宜超过设计规定。垂直度偏差不宜大于 1%。

4)灌注桩排桩墙成孔,应保证孔壁的稳定性。

5)成桩长度应满足设计的桩嵌固长度的要求。

6)桩顶标高应满足设计标高的要求。

7)冠梁施工前,应将支护桩桩顶凿除清理干净,桩顶出露的钢筋长度应达到设计长度要求。

8)灌注桩混凝土浇注时应间隔施工,并应在混凝土浇筑完毕不少于 24h 后方可施工相邻的桩。

(2)板桩围护墙支护工程

1)打入大于 10m 深的槽钢板桩时,应选用屏风式打入法操作,将 10～20 根钢板桩成排插入导架内,呈屏风状,然后施打。此法不易使板桩发生屈曲、扭转、倾斜和墙面凹凸,打入精度高,易实现封闭合拢,避免板桩之间漏泥冒水的事故。

2)在钢板桩转角和封闭施工时,应按实丈量值加工异形转角桩或采用封闭的方法和措施。常用 U 形钢板桩的异形板桩。

3)接长钢板桩时,接头应尽量错开,错开长度大于 1m,接桩间隔设置。钢板桩的接头应牢固。

4)混凝土板桩排墙支护工程

①矩形截面两侧有阴、阳榫的钢筋混凝土板桩,第一根桩打到一定深度(以桩能不依靠桩架自己站立不倾倒为度),桩尖必须平直,垂直入土,接着打第二、第三根。打桩顺序应依次逐块进行,并使桩尖斜面指向打桩前进方向,使板桩更紧密连接,确保桩榫间缝不大于 25mm。另外在打入板桩时,要注意使榫口互相咬合,以便使其更好地结合成一个整体减少桩顶位移,使其充分发挥其挡土、截水作用。

②打桩前确定好轴线内外两条控制线的间距,间距等于桩宽加 100mm,把板桩位差控制在 100mm 之内。

③控制线范围内,宜挖一条深 0.5～0.8m 的沟槽,打桩时用一台经纬仪放置在轴线顶端,使桩垂直度控制在 1% 之内。

3. 施工质量验收

(1)钢板桩均为工厂成品、新桩可按出厂标准检验。重复使用的钢板桩质量应符合表 3-23 规定。

表 3-23 重复使用的钢板桩检验标准

序号	检查项目	允许偏差或允许值		检验方法
		单位	数值	
1	桩垂直度	％	＜1	用钢尺量
2	桩身弯曲度	mm	＜2％L	用钢尺量(L 为桩长)
3	齿槽平直度及光滑度	无电焊渣或毛刺		用 1m 长的桩段做通过试验
4	桩长度	不小于设计长度		用钢尺量

(2)混凝土板桩质量应符合表 3-24 规定。

表 3-24 混凝土板桩检验标准

项目	序号	检查项目	允许偏差或允许值		检验方法
			单位	数值	
主控项目	1	桩长度	mm	＋10 0	用钢尺量 (L 为桩长)
	2	桩身弯曲度	mm	＜0.1％L	
一般项目	1	保护层厚度	mm	±4	
	2	横截面相对两面之差	mm	5	
	3	桩尖对桩轴线的位移	mm	10	
	4	桩厚度	mm	＋10 0	
	5	凹凸槽尺寸	mm	±3	

三、型钢水泥土搅拌墙

1. 材料控制要点

(1)水泥。水泥宜采用强度等级不低于 PO42.5 级的普通硅酸盐水泥,材料用量和水灰比应结合土质条件和机械性能等指标通过现场试验确定,并宜符合表 3-25 的规定。计算水泥用量时,被搅拌土体的体积可按搅拌桩单桩圆形截面面积与深度的乘积计算。在型钢依靠自重和必要的辅助设备可插入到位的前提下水灰比宜取小值。

在填土、淤泥质土等特别软弱的土中以及在较硬的砂性土、砂砾土中,钻进速度较慢时,水泥用量宜适当提高。

· 99 ·

表 3-25　三轴水泥土搅拌桩材料用量和水灰比

土质条件	单位被搅拌土体中的材料用量		水灰比
	水泥（kg/m³）	膨润土（kg/m³）	
黏性土	≥360	0～5	1.5～2.0
砂性土	≥325	5～10	1.5～2.0
砂砾土	≥290	5～15	1.2～2.0

（2）外加剂。在水泥浆液的配比中可根据实际情况加入相应的外加剂（如：膨润土、增黏剂、缓凝剂、分散剂、早强剂），各种外加剂的用量均宜通过配比试验及成桩试验确定。外加剂应有产品出厂质量证明文件。

（3）型钢。内插型钢宜采用 Q235B 级钢和 Q345B 级钢，规格、型号及有关要求宜按国家现行标准《热轧 H 型钢和部分 T 型钢》（GB/T 11263—2010）和《焊接 H 型钢》（YB 3301—2005）选用。

2. 施工及质量控制要点

（1）水泥土搅拌桩施工时桩机就位应对中，平面允许偏差应为±20mm，立柱导向架的垂直度不应大于 1/250。

（2）搅拌下沉速度宜控制在 0.5～1m/min，提升速度宜控制在 1m/min～2m/min，并保持匀速下沉或提升。提升时不应在孔内产生负压造成周边土体的过大扰动，搅拌次数和搅拌时间应能保证水泥土搅拌桩的成桩质量。

（3）对于硬质土层，当成桩有困难时，可采用预先松动土层的先行钻孔套打方式施工。三轴搅拌桩施工一般有跳打方式、单侧挤压方式和先行钻孔套打方式。

（4）浆液泵送量应与搅拌下沉或提升速度相匹配，保证搅拌桩中水泥掺量的均匀性。

（5）搅拌机头在正常情况下应上下各一次对土体进行喷浆搅拌，对含砂量大的土层，宜在搅拌桩底部 2～3m 范围内上下重复喷浆搅拌一次。

（6）施工时如因故停浆，应在恢复喷浆前，将搅拌机头提升或下沉 0.5m 后再喷浆搅拌施工。

（7）水泥土搅拌桩搭接施工的间隔时间不宜大于 24h，当超过 24h 时，搭接施工时应放慢搅拌速度。若无法搭接或搭接不良，应作为冷缝记录在案，并应经设计单位认可后，在搭接处采取补救措施。

（8）型钢水泥土搅拌墙施工过程中应按《型钢水泥土搅拌墙技术规程》（JGJ/T 199—2010）附录 A 填写每组桩成桩记录表及相应的报表。

3. 施工质量验收

(1)浆液拌制选用的水泥、外加剂等原材料的检验项目及技术指标应符合设计要求和国家现行有关标的规定。

1)检查数量:按批检查。

2)检验方法:查产品合格证及复试报告。

(2)浆液水灰比、水泥掺量应符合设计和施工工艺要求,浆液不得离析。

检查数量:按台班检查,每台班不应少于 3 次。

检验方法:浆液水灰比应用比重计抽查;水泥掺量应用计量装置检查。

(3)焊接 H 型钢焊缝质量应符合设计要求和现行行业标准《焊接 H 型钢》(YB 3301—2005)和《建筑钢结构焊接技术规程》(JGJ 81—2002)的有关规定。H 型钢的允许偏差应符合表 3-26 的规定。

表 3-26 H 型钢允许偏差

序号	检查项目	允许偏差(mm)	检查数量	检查方法
1	截面高度	±5.0	每根	用钢尺量
2	截面宽度	±3.0	每根	用钢尺量
3	腹板厚度	−1.0	每根	用游标卡尺量
4	翼缘板厚度	−1.0	每根	用游标卡尺量
5	型钢长度	±50	每根	用钢尺量
6	型钢挠度	$L/500$	每根	用钢尺量

注:表中 L 为型钢长度。

(4)水泥土搅拌桩施工前,当缺少类似土性的水泥土强度数据或需通过调节水泥用量、水灰比以及外加剂的种类和数量以满足水泥土强度设计要求时,应进行水泥土强度室内配比试验,测定水泥土 28d 无侧限抗压强度。试验用的土样,应取自水泥土搅拌桩所在深度范围内的土层。当土层分层特征明显、土性差异较大时,宜分别配置水泥土试样。

(5)基坑开挖前应检验水泥土搅拌桩的桩身强度,强度指标应符合设计要求。水泥土搅拌桩的桩身强度宜采用浆液试块强度试验确定,也可以采用钻取桩芯强度试验确定。桩身强度检测方法应符合下列规定:

1)浆液试块强度试验应取刚搅拌完成而尚未凝固的水泥土搅拌桩浆液制作试块,每台班应抽检 1 根桩,每根桩不应少于 2 个取样点,每个取样点应制作 3 件试块。取样点应设置在基坑坑底以上 1m 范围内和坑底以上最软弱土层处的搅拌桩内。试块应及时密封水下养护 28d 后进行无侧限抗压强度试验。

2)钻取桩芯强度试验应采用地质钻机并选择可靠的取芯钻具,钻取搅拌桩施工后 28d 龄期的水泥土芯样,钻取的芯样应立即密封并及时进行无侧限抗压强度试验。抽检数量不应少于总桩数的 2%,且不得少于 3 根。每根桩的取芯数量不宜少于 5 组,每组不宜少于 3 件试块。芯样应在全桩长范围内连续钻取的桩芯上选取,取样点应取沿桩长不同深度和不同土层处的 5 点,且在基坑坑底附近应设取样点。钻取桩芯得到的试块强度,宜根据钻取桩芯过程中芯样的情况,乘以 1.2~1.3 的系数。钻孔取芯完成后的空隙应注浆填充。

3)当能够建立静力触探、标准贯入或动力触探等原位测试结果与浆液试块强度试验或钻取桩芯强度试验结果的对应关系时,也可采用原位试验检验桩身强度。

(6)水泥土搅拌桩成桩质量检验标准应符合表 3-27 的规定。

表 3-27　水泥土搅拌桩成桩质量检验标准

序号	检查项目	允许偏差或允许值	检查数量	检查方法
1	桩底标高	+50mm	每根	测钻杆长度
2	桩位偏差	50mm	每根	用钢尺量
3	桩径	±10mm	每根	用钢尺量钻头
4	施工间歇	<24h	每根	差查施工记录

(7)型钢插入允许偏差应符合表 3-28 的规定。

表 3-28　型钢插入允许偏差

序号	检查项目	允许偏差或允许值	检查数量	检查方法
1	型钢顶标高	±50mm	每根	水准仪测量
2	型钢平面位置	50mm(平行于基坑边线)	每根	用钢尺量
		10mm(垂直于基坑边线)	每根	用钢尺量
3	型钢垂直度	≤1/250	每根	经纬仪测量
4	形心转角	3	每根	量角器测量

(8)型钢水泥土搅拌墙验收的抽检数量不宜少于总桩数的 5%。

四、锚杆及土钉墙支护工程

1. 材料控制要点

(1)水泥。宜选用强度等级 42.5 级以上普通硅酸盐水泥。

（2）拌和水。饮用水或无污染的自然水。

（3）锚杆、土钉使用的钢筋、钢绞线、钢管应有出厂合格证。

（4）骨料。土钉墙一般用 5～13mm 粗骨料与中砂。

2. 施工及质量控制要点

（1）锚杆及土钉墙支护工程施工前，应做好的准备工作：

1）熟悉地质资料、设计图纸及周围环境；

2）施工设备（挖掘机、钻机、压浆泵、搅拌机等）应能正常运转；

3）降水系统确保正常工作。

（2）分段开挖、分段支护。锚杆及土钉墙支护工程不宜采取一次挖掘后再进行支护的方式施工。分段支护要有养护时间，以保证强度。

1）钻锚杆钻孔前在孔口设置定位器，钻孔时使钻具与定位器垂直，钻出的孔与定位器垂直，钻孔的倾斜度即能与设计相符。土钉钢管或钢筋打入前，按土钉打入的设计斜度做一操作平台，将操作平台紧靠土钉墙墙面安放，钢管和钢筋沿操作面打入，保证土钉与墙的夹角与设计相符。

2）选用套管湿作业钻孔时，钻进后要反复提插孔内钻杆，用水冲洗至出清水，再安下一节钻杆，遇有粗砂、砂卵石土层，为防止砂石堵塞，孔深要比设计深100～200m。

3）采用干作业钻孔或用冲击力打入锚杆和土钉时，在拔出钻杆后要立即注浆。水作业钻机拔出钻杆后，外套留在孔内不合坍孔，间隔时间不宜过长，防止砂土涌出进入管内再发生堵塞。

4）钢筋、钢绞线、钢管不能沾有油污、锈蚀、缺股断丝；断好钢绞线长度偏差不得大于 50m，端部要用钢丝绑扎牢，钢绞线束外留量应从挡土、结构物连线算起，外留 1.5～2.5m，钢绞线与导向架要绑扎牢固。做土钉的钢管尾部要打扁，防止跑浆过量；钢管伸出土钉墙面 100mm 左右。钢管四周用井钢筋架与钢管焊接牢固，井字架固定在导向架或土钉墙钢筋网上。

5）灌浆压力一般不得低于 0.4MPa，不宜大于 2MPa，宜采用封闭式压力灌浆或二次压浆。灌浆材料根据设计强度要求，视环境温度、土质情况和使用要求，适量加入早强剂、防冻剂或减水剂。

6）锚杆需预张拉时，等灌浆的强度达到设计值的 70% 时，方可进行张拉工艺。

7）待土钉灌浆、土钉墙钢筋网与土钉端部连接牢固并通过隐蔽工程验收，可立即对土钉墙墙体进行混凝土喷射施工，喷射厚度大约为 100mm 时，可以分层喷锚，第一次与第二次喷浆间隔为 24h。当土墙浸透时应分层喷锚混凝土墙。

8)锚杆与肋柱连接：支点连接可采用螺纹连接，或焊接连接方式，有关螺杆的螺纹和螺母尺寸应进行强度验算，并参照螺纹和螺母的规定尺寸加工。采用焊头连接时，应对焊缝强度进行验算。

（3）施工中应对锚杆或土钉位置，钻孔直径、深度及角度，锚杆或土钉插入长度，注浆配比、压力及注浆量，喷锚墙面厚度及强度、锚杆或土钉应力等进行检查。

（4）每段支护体施工完成后，应检查坡顶或坡面位移，坡顶沉降及周围环境变化，如有异常情况应采取措施，恢复正常后方可继续施工。

3. 施工质量验收

锚杆及土钉墙支护工程质量主控项目、一般项目及检验方法见表 3-29。

表 3-29　锚杆及土钉墙支护工程质量检验评定标准

项目	序号	检查项目	允许偏差或允许值			检查方法
			单位	数值		
				合格	优良	
主控项目	1	锚杆土钉长度	mm	±30		用钢尺量
	2	锚杆锁定力	设计要求			现场实测
一般项目	1	锚杆或土钉位置	mm	±100	±80	用钢尺量
	2	钻孔倾斜度	°	±1		测钻机倾角
	3	浆体强度	设计要求			试样送检
	4	注浆量	大于理论计算浆量			检查计量资料
	5	土钉墙面厚度	mm	±10		用钢尺量
	6	墙体强度	设计要求			试样送检

五、地下连续墙

1. 材料控制要点

（1）地下连续墙支护结构

1）水泥：宜采用强度等级 42.5 级以上普通硅酸盐水泥。使用前必须查清品种、标号、出厂日期。凡超期水泥或受潮、结块水泥不准应用。严禁采用快硬型水泥。

2）粗骨料：应采用质地坚硬的卵石或碎石，其骨料级配以 5～25mm 为宜，其最大粒径不大于 40mm，含泥量不大于 2%，无垃圾及杂草。

3）细骨料：选用质地坚硬的中、粗砂，含泥量不大于 3%，无垃圾、泥块及杂草等。

4）水：采用饮用自来水或洁净的天然水。

5）钢筋：有出厂合格证和复试报告。其技术指标必须符合设计及标准规定。

6）外加剂：根据施工条件要求，经试验确定后可在混凝土中掺入不同要求的外掺剂。

7）电焊条：规格、型号应符合设计要求，有出厂质量证明书。

（2）地下连续墙用于主体结构、初期支护结构时的材料规定。

地下连续墙应采用掺外加剂的防水混凝土、水泥。

材料用量：采用卵石时不得少于 $370kg/m^3$，采用碎石时不得少于 $400kg/m^3$，坍落度宜为 $180\sim220mm$。

2. 施工及质量控制要点

（1）导墙

1）地下连续墙应设置导墙。导墙施工是确保地下墙的轴线位置及成槽质量的关键工序，土层性质较好的，可选用倒"L"形（甚至可采用预制钢导墙），采用"L"形导墙，导墙背后要做好回填夯实。

2）导墙深度一般为 $1\sim2m$，顶面要高于施工地面，导墙顶面应水平。

3）导墙为现浇混凝土或钢筋混凝土时，拆模后应在墙间加设支撑。

（2）开挖槽段

1）应按单元槽段开挖，槽段宜按 $4\sim6m$ 分段，单元槽段可分成若干段。

2）地下墙施工前宜先试成槽，以检验泥浆的配合比、成槽机的选型。

3）槽段头的接头形式，可根据地下墙的使用要求，分别采用刚性、柔性，或刚柔结合型。无论选用何种形式接头要考虑抗渗要求，确保接头质量。槽壁与接头均应垂直。

（3）泥浆护壁

泥浆护壁是保证槽壁不坍塌的重要措施之一，应注意控制质量。

1）宜选用膨润土或高塑性黏土，采用其他黏土，应进行物理、化学分析和鉴定。

2）必须有完整的仪器，经常检验泥浆指标。随着泥浆循环使用，泥浆指标会下降，不合格时要及时处理。

3）护壁泥浆面必须高于地下水位 5mm 以上，槽内要有排水措施。

4）泥浆回收可采用振动、旋流、沉淀处理后再重复使用。永久性结构的地下墙，在钢筋笼沉放后，应做二次清孔，沉渣厚度应符合要求。

（4）浇筑混凝土

1）浇筑混凝土前，应进行清槽。

2）地下连续墙须连续浇筑，以在初凝内完成一个槽段。

3)施工中应检查浇筑导管位置、混凝土上升速度、浇筑面标高、地下墙连接面的清洗程度、商品混凝土坍落度、锁口管或接头箱的拔出时间及速度等。

(5)成槽结束后应对成槽的宽度、深度及倾斜度进行检验,重要结构每个槽段都应检查,一般结构可抽查总槽段数的 20%,每槽段应抽查 1 个段面。

(6)每 50m³ 地下墙应做 1 组试件,每幅槽段不得少于 1 组,在强度满足设计要求后方可开挖土方。

(7)作为永久性结构的地下连续墙,土方开挖后应进行逐段检查,钢筋混凝土底板也应符合现行国家标准《混凝土结构工程施工质量验收规范》(GB 50204—2002)的规定。

(8)地下连续墙的钢筋笼检验标准应符合表 3-30 的规定。

3. 施工质量验收

地下连续墙质量主控项目、一般项目及检验方法见表 3-30。

表 3-30　地下连续墙质量检验评定标准值

项目	序号	检查项目		允许偏差或允许值		检查方法
				单位	数值	
主控项目	1	墙体强度		设计要求		查试件记录或取芯试压
	2	垂直度	永久结构		1/300	测声波测槽仪或成槽机上的监测系统
			临时结构		1/150	
一般项目	1	导墙尺寸	宽度	mm	W+40	用钢尺量,W 为地下墙设计厚度
			墙面平整度	mm	<5	用钢尺量
			导墙平面位置	mm	±10	用钢尺量
	2	沉渣厚度	永久结构	mm	≤100	重锤测或沉积物测定仪测
			临时结构	mm	≤200	
	3	槽深		mm	+100	重锤测
	4	混凝土坍落度		mm	180～220	坍落度测定器
	5	钢筋笼尺寸		见 GB 50202 表 5.6.4-1		见 GB 50202—2002 表 5.6.4-1
	6	地下墙表面平整度	永久结构	mm	<100	此为均匀黏土层,松散及易坍土层由设计决定
			临时结构	mm	<150	
			插入式结构	mm	<20	
	7	永久结构时的预埋件位置	水平向	mm	≤10	用钢尺量
			垂直向	mm	≤20	水准仪

六、内支撑

1. 材料控制要点

(1)钢支撑常用材料有型钢(包括钢管)、钢板、焊接材料、涂装材料等。

1)进入施工现场的钢支撑、腰梁、立柱及辅助材料,进场验收的主要内容包括:

①材料的数量和品种应与订货单一致;

②核对钢支撑的规格符合设计要求;

③钢支撑、钢腰梁的材质证明文件;

④检查钢支撑的连接形式应与设计要求相符;

⑤钢材表面质量检验,表面不得有结疤、裂纹、折叠和分层等缺陷;

⑥钢材表面的锈蚀深度,不得超过其厚度负偏差的1/2;

⑦所有配件应与钢支撑及腰梁配套;

⑧高强螺栓的规格、强度满足设计要求;

⑨检查支撑、腰梁、加强翼板的连接焊缝高度满足规范《建筑钢结构焊接技术规程》(JGJ 81—2002)要求,加强翼板壁厚、长度满足设计要求。

2)为保证内支撑主要构件质量,实现及时支护,钢支撑、钢腰梁和立柱等构件宜由工厂化制作。

3)周转使用的材料应提供原材材质单、产品合格证、现场检验几何尺寸以及外观质量,经施工单位以及监理单位验收合格后方可使用。

4)焊接材料进场验收要满足如下要求:

①进场的焊接材料的质量合格文件、中文标识及检验报告要符合标准的要求,其品种、规格、性能要符合设计文件及规范要求。

②焊条外观无药皮脱落、焊芯生锈等缺陷;焊剂未受潮结块。

5)螺栓连接件进场验收要满足如下要求:

①螺栓连接件应有产品质量合格证明文件。

②螺栓连接件应核对型号、规格应与设计一致。

6)涂装材料要满足如下要求:

①圆形钢管、H型钢、工字钢、槽钢、钢板等支撑体系用的涂装材料进场应检查产品质量合格证明文件。

②涂装材料存放应符合消防相关规定。

(2)混凝土支撑常用材料有水泥、砂、石子、钢筋、钢板、焊条、模板及支撑系统等材料。水泥、砂、石子、钢筋等经检验符合国家相应标准的要求,规格符合设计要求,其质量证明文件齐全、有效。

2. 施工及质量控制要点

(1)内支撑结构应在土方开挖至其设计位置后及时安装,尤其是在饱和的软弱地层中,必要时尚可采取掏槽先设横撑后再开挖土方的措施。按设计要求对水平支撑施加预压力并固定牢靠。横撑安装后,在施加预压力的过程中,应注意观察墙体变形、墙后土体及上层横撑的状态,必要时应及时做适当调整。

(2)土方开挖采用"中拉槽"方式进行土方开挖,应满足下列要求:

1)为保证挖掘机在不移动的情况下能将前方土传给后面的挖掘机,纵向分段长度不宜超过 8m,段间土坡坡比不宜大于 1:1。

2)竖向分层高度为设计工况标注的高度,为保证挖掘机作业时不碰撞上方的支撑,一般不超过 6m。

3)为保证基坑稳定、架设钢支撑时作业人员操作方便,尽可能多留坡脚土,对于"中拉槽"两侧的土台,坡顶宽度不宜小于 2m、放坡比不宜大于 1:1,坡顶、坡底标高为相应设计工况标高。

(3)基坑开挖一段长度后,为实现随开挖及时支护,应及时进行钢腰梁的安装,根据土方开挖情况,在同一层位上进行分段安装,分段连接点应避开两根支撑的跨中或安装支撑处。钢腰梁之间连接采用焊接方式。

(4)腰梁施工要点

1)有采用竖向斜支撑时,在腰梁支撑点上部加设倒置的牛腿防止腰梁向上扭转。

2)当采用水平斜支撑(如角撑等)时,腰梁侧面上有承受支撑和腰梁之间的剪力的水平向牛腿或其他构造措施。

3)钢支撑和钢腰梁连接时,支撑端头应设置厚度不小于 10mm 的钢板作封头端板,端板与支撑和腰梁侧面全部满焊,必要时可增设加劲肋板。

4)当支撑标高在冠梁高度范围内时,可用冠梁代替腰梁。

(5)严禁在受力状态下对钢支撑、钢立柱、钢腰梁等主要受力构件进行焊接。

(6)水平支撑上不得堆放材料或其他重物,设计允许的除外。

(7)支撑材料应经过检查验收,预压力施加设备经过标定,支撑材料堆放应满足设计和相关规范要求。

(8)钢支撑体系应按相关规范和要求进行防腐处理。

(9)内支撑体系各构件吊装应符合相关规范的要求。

(10)内支撑结构的安装和拆除,必须严格按照设计要求进行。

(11)冠梁底部应座落在支护桩墙顶新鲜混凝土面上,桩墙钢筋露出长度应符合设计要求,地模内壁应平整光滑。

3. 施工质量验收

钢及混凝土支撑系统质量主控项目、一般项目及检验方法见表 3-31。

表 3-31　钢及混凝土支撑系统工程质量检验评定标准

项目	序号	检查项目	允许偏差或允许值		检查方法
			单位	数量	
主控项目	1	支撑位置:标高 平面	mm mm	30 100	水准仪 用钢尺量
	2	预加顶力	kN	±50	油泵读数或传感器
一般项目	1	围图标高	mm	30	水准仪
	2	立柱桩	参见 GB 50202 第 5 章		参见 GB 50202 第 5 章
	3	立柱位置:标高 平面	mm	30 50	水准仪 用钢尺量
	4	开挖超深 (开槽放支撑不在此范围)	mm	<200	水准仪
	5	支撑安装时间	设计要求		用钟表估测

第五节　地下水控制

一、一般规定

(1)建筑与市政降水工程,应具备降水勘察资料。不具备完整的勘察资料,不得进行降水设计;没有降水设计,不得进行降水工程施工;当已有工程勘察资料不能满足降水设计时,应进行补充勘察。

(2)降水工程设计应选择最佳的降水方案,将地下水位降低至建筑和市政工程要求的降水深度,并论证工程环境影响,当预测可能对环境产生危害时,应提出相应的防治措施。降水工程设计与施工应自始至终进行信息施工活动,以提高降水工程设计水平与降水工程施工质量。降水工程设计和降水工程施工,应备有工程抢救辅助措施,保证降水工程顺利进行。

(3)降水施工完成后,必须经过降水工程检验,满足降水设计深度后方可进入降水工程监测与维护阶段。

(4)降水工程资料应及时分析整理,包括降水工程勘察、降水工程设计、降水工程施工和降水工程监测与维护及工程环境为主要内容的技术成果。

(5)降水施工勘察应按《建筑与市政降水工程技术规范》(JGJ/T 111—1998)

第五章的规定执行；降水施工设计应按《建筑与市政降水工程技术规范》(JGJ/T 111—1998)第六章的规定执行。

(6)临时截水沟和临时排水沟的设置，应防止破坏挖、回填的边坡，并应符合下列规定：

1)临时截水沟至挖方边坡上缘的距离，应根据施工区域内的土质确定，不宜小于 3m。

2)临时排水沟至回填坡脚应根据场地地形、地质及填筑体材料综合考虑，保持适当距离，一般不宜小于 500mm。

3)排水沟底宜低于开挖面 300～500mm。

(7)临时排水当需排入市政排水管网时，应设置沉淀池；当水体受到污染时，应采取措施。排水水质应符合现行国家标准《皂素工业水污染物排放标准》(GB 20425—2006)的有关规定。

二、降水与排水

1. 材料控制要点

(1)砂滤层

用于井点降水的黄沙和小砾石砂滤层，应洁净，其黄沙含泥量应小于 2%，小砾石含泥量应小于 1%，其填砂粒径应符合 $5d50 \leqslant D50 \leqslant 10d50$ 要求，同时应尽量采用同一种类的砂粒，其不均匀系数应符合 $Cu=D60/D10 \leqslant 5$ 要求。式中，d50 为天然土体颗粒 50% 的直径；D50 为填砂颗粒 50% 的直径；D60 为颗粒小于土体总重 60% 的直径；D10 为颗粒小于土体总重 10% 的直径。

对于用于管井井点的砂滤层，其填砂粒径以含水层土颗粒 d50～d60（系筛分后留置在筛上的重量为 50%～60% 时筛孔直径）的 8～10 倍为最佳。

(2)滤网

1)在细砂中适宜于采用平织网，中砂中宜用斜织网，粗砂、砾石中则用方格网。

2)各种滤网均应采用耐水锈材料制成，如铜网、青铜网和尼龙丝布网等。

(3)黏土

用于井点管上口密封的黏土应呈可塑状，且黏性要好。

(4)绝缘沥青

用于电渗井点阳极上的绝缘沥青应呈液体状，也可用固体沥青将其熬成液体。

(5)各种原材料进场应有产品合格证，对于砂滤层还应进行原材料复试，合格后方可采用。

2. 施工及质量控制要点

(1)施工前应有降水与排水设计。

(2)当在基坑外降水时,应有降水范围的估算,还要估算对环境的影响,必要时需要有回灌措施,尽可能减少对周边环境的影响。对重要建筑物或公共设施在降水过程中应做好监测。

(3)对不同的土质应用不同的降水形式,常用的降水形式见表 3-32。

表 3-32　降水类型及适用条件

降 水 类 型	渗透系数/ (cm/s)	可能降低的 水位深度/m
轻型井点多级轻型井点	$10^{-5} \sim 10^{-2}$	3~6 6~12
喷射井点	$10^{-6} \sim 10^{-3}$	8~20
电渗井点	$<10^{-6}$	宜配合其他形式降水使用
深井井管	$\geqslant 10^{-5}$	>10

注:电渗作为单独的降水措施已不多,在渗透系数不大的地区为改善降水效果,可作为降水的辅助手段。

1)轻型井点

①井点布置应考虑挖土机和运土车辆出入方便。

②井管距离基坑壁一般可取 0.7~1m,以防局部发生漏气。

③集水总管标高宜尽量接近地下水位线,并沿抽水水流方向有 0.25%~0.5%的上坡度。

④井点管在转角部位宜适当加密。

2)喷射井点

①打设前应对喷射井管逐根冲洗,开泵时压力要小一些,正常后逐步开足,防止喷射管损坏。

②井点全面抽水两天后,应更换清水,以后要视水质浑浊程度定期更换清水。

③工作水压力以能满足降水要求即可,以减轻喷嘴的磨耗程度。

3)电渗井点

①电渗井点的阳极外露出地面为 20~40cm,入土深度应比井点管深 50cm,以保证水位能降到所要求的深度。

②为避免大量电流从土表面通过,降低电渗效果,通电前应清除阴阳极之间地面上的无关金属物和其他导电物,并使地面保持干燥,有条件可涂一层沥青,绝缘效果会更好。

③采用电渗井点时,为防止由于电解作用产生的气体附在电极附近,导致土体电阻加大,电能消耗增加,应采用间接通电法,通电 24h 后停电 2～3h 再通电。

4)管井井点

①滤水管井埋设宜采用泥浆护壁套管钻孔法。

②井管下沉前应进行清孔,并保持滤网畅通,然后将滤水管井居中插入,用圆木堵住管口,地面以下 0.5m 以内用黏土填充夯实。

③管井井点埋设孔应比管井的外径大 200mm 以上,以便在管井外侧与土壁之间用。

(4)降水系统施工完后,应试运转,如抽出的是混水或无抽水量,应采取措施使其恢复正常,如无可能恢复则应报废,另行设置新的井管。

(5)降水系统运转过程中应随时检查观测孔中的水位,最好坑内和坑外各有 2～3 个观测孔。

(6)基坑内明排水应设置排水沟及集水井,排水沟纵坡宜控制在 1‰～2‰。

3. 施工质量验收

降水与排水施工质量标准及检验方法见表 3-33。

表 3-33　降水与排水施工质量检验标准

检 查 项 目		允许偏差或允许值		检验方法
		单位	数值	
排水沟坡度		‰	1～2	目测:坑内不积水,沟内排水畅通
井管(点)垂直度		%	1	插管时目测
井管(点)间距(与设计相比)		%	≤150	用钢尺量
井管(点)插入深度(与设计相比)		mm	≤200	水准仪
过滤砂砾料填灌(与计算值相对)		mm	≤5	检查回填料用量
井点真空度	轻型进点	kPa	＞60	真空度表
	喷射井点	kPa	＞93	
电渗井点阴阳极距离	轻型井点	mm	80～100	用钢尺量
	喷射井点	mm	120～150	

第六节　土 方 工 程

一、一般规定

(1)土方工程施工前应进行挖、填方的平衡计算,综合考虑土方运距最短、运程合理和各个工程项目的合理施工程序等,做好土方平衡调配,减少重复挖运。

(2)平整场地的坡度应符合设计要求,设计无要求时做成向排水沟方向不小于 2‰的坡度。在施工过程中,应经常测量和核验其平面位置和高程,边坡坡度应符合设计要求。填土的边坡控制如表 3-34 所示。

平整后的场地表面应逐点检点。检查点为每 $100\sim400\text{m}^2$ 取 1 点,但应不少于 10 点;长度、宽度和边坡均匀每 20m 取 1 点,每边应不少于 1 点。

表 3-34　填土的边坡控制

项次	土的种类	填方高度/m	边坡坡度
1	黏土类土、黄土、类黄土	6	1∶1.50
2	粉质黏土、泥灰岩土	6~7	1∶1.50
3	中砂和粗砂	10	1∶1.50
4	砾石和碎石土	10~12	1∶1.50
5	易风化的岩土	12	1∶1.50
6	轻微风化、尺寸在 25cm 内的石料	60 以内	1∶1.33
		6~12	1.50
7	轻微风化、尺寸大于 25cm 的石料,边坡用最大石块,分排对齐辅砌	12 以内	(1∶1.50)~(1∶0.75)
8	轻微风化、尺寸大于 40cm 的石料,其边坡分排整齐	5 以内	1∶1.50
		5~10	1∶0.65
		>10	1∶1.00

注:①当填方高度超过本表规定限值时,其边坡可做成折线形,填方下部的边坡坡度应为(1∶2.00)~(1∶1.75)。

②凡永久性填方,土的种类未列入本表者,其边坡坡度不得大于 $(\varphi+45°)/2$,φ 为土的自然倾斜角。

(3)当土方工程挖方较深时,施工单位应采取措施,防止基坑底部土的隆起并避免危害周边环境。

(4)土方工程施工,应经常测量和校核其平面位置、水平标高和边坡坡度。平面控制桩和水准控制点应采取可靠的保护措施,定期复测和检查。土方不应堆在基坑边缘。

(5)对雨期和冬期施工应遵守国家现行有关标准。

(6)做好地面排水和降低地下水位工作。

二、土方开挖

1. 材料控制要点

(1)湿陷性黄土:在干燥状态下有较高的强度和较小的压缩性,遇水后土的结构迅速破坏、发生显著下沉,强度降低,稳定性差。如应用湿陷性黄土作地基时,必须经过处理。

(2)膨胀土:这种土的强度较高,压缩性很小,具有失水收缩和吸水膨胀变形的特点,使建筑物产生不均匀的升降,造成建筑物产生竖向裂缝。膨胀土的性质很不稳定,危害较大。如应用膨胀土做地基时,必须经过处理。

(3)软土:在软土地区开挖基坑(槽)或管沟时,施工前必须做好地面排水和降低地下水位工作,地下水位应降至基底 0.5～1m 后,方可开挖。

(4)盐渍土:其地表面呈一层白色盐霜或盐壳,厚度有数厘米至数十厘米,随季节气候和水文地质的变化而变化。土干燥时,呈结晶状态,地基具有较高强度,一旦浸水后变为液态,强度明显降低,压缩性增大。用含盐量高的土料回填时,不易压实。另外,盐渍土对混凝土基础及一般金属也具有一定侵蚀性。

2. 施工及质量控制要点

(1)土方开挖前应检查定位放线、排水和降低地下水位系统,合理安排土方运输车的行走路线及弃土场。

(2)施工过程中应检查平面位置、水平标高、边坡坡度、压实度、排水、降低地下水位系统,并随时观察周围环境变化。

土方开挖时,土壤的含水层被切断,地下水会渗入坑(槽)内,雨季雨水也会流入坑(槽)内,为防止水浸,造成边坡塌方和降低地基承载力,要做好排水工作。临时性排水设施应尽量与永久性排水相结合,出水口位置应远离建筑物,并保证排水畅通。

(3)为避免塌方,临时性挖方的边坡值见表 3-35。

表 3-35 临时性挖方的边坡值

土 的 类 别		边坡值(高:宽)
砂土(不包括细砂、粉砂)		1:1.50～1:1.25
一般性黏土	硬	1:1.00～1:0.75
	硬、塑	1:1.25～1:1.00
	软	1:1.50 或更缓
碎石类土	充填坚硬、硬塑黏性土	1:1.00～1:0.50
	充填砂土	1:1.50～1:1.00

注:①设计有要求时,应符合设计标准。
　　②如采用降水或其他加固措施,可不受本表限制,但应计算复核。
　　③开挖深度,对软土不应超过 4m,对硬土不应超过 8m。

(4)挖方挖到不同的土质层或深度大于 10m 时,边坡可以处理成台阶形。

(5)土方开挖应分层分段进行,处理好坡度。为保证边坡稳定,弃土堆坡底

· 114 ·

边距挖方上边线要根据坑（槽）深度、边坡坡度和土的类别确定，弃土堆表面应低于相邻挖方场地的设计标高。

3. 施工质量验收

土方开挖工程的质量检验评定标准应符合表 3-36 的规定。

表 3-36　土方开挖工程质量检验标准（mm）

| 项目 | 序号 | 检查项目 | 允许偏差或允许值 | | | | | 检验方法 |
| | | | 柱基基坑基槽 | 挖方场地平整 | | 管沟 | 地（路）面基层 | |
				人工	机械			
主控项目	1	标高	−50	±30	±50	−50	−50	水准仪
	2	长度、宽度（由设计中心线向两边量）	+200 −50	+300 −100	+500 −150	+100	—	经纬仪，用钢尺量
	3	边坡	设计要求					观察或用坡度尺检查
一般项目	1	表面平整度	20	20	50	20	20	用 2m 盘尺和楔形塞尺检查
	2	基底土性	设计要求					观察或土样分析

注：地（路）面基层的偏差只适用于直接在挖、填方上做地（路）面的基层。

三、土方回填

1. 材料控制要点

（1）质地坚硬的碎石爆破石渣，粒径不大于每层铺层的 2/3，可用于表层下的填料。

（2）砂土应采用质地坚硬的中粗砂，粒径为 0.25～0.5mm，可用于表层下的填料。如采用细、粉砂时，应取得设计单位的同意。

（3）黏性土（粉质黏土、粉土），土块颗粒不应大于 5cm，碎块草皮和有机质含量不大于 8%。回填压实时，应控制土的最佳含水率。

（4）淤泥和淤泥质土一般不能用作填料。但在软土和沼泽地区，经过处理含水量符合压实要求后，可用于填方的次要部位。碎块草皮和有机质含量大于8%的土，仅用于无压实要求的填方。

土料含水量一般以手握成团,落地开花为适宜。当含水量过大,应采取翻松、晾干、风干、换土回填、掺入干土或其他吸水性材料等措施;如土料过干,则应预先洒水润湿每 $1m^3$ 铺好的土层需要补充水量(L)按下式计算:

$$V = \frac{\rho_w}{1+\omega}(\omega_{op} - \omega)$$

式中:V——单位体积内需要补充的水量(L);

ω——土的天然含水量(%)(以小数计);

ω_{op}——土的最优含量(%)(以小数计);

ρ_w——填土碾压前的密度(kg/m^3)。

2. 施工及质量控制要点

(1)土方回填前应清除基底的垃圾、树根等杂物,抽除坑穴积水、淤泥,验收基底标高。如在耕植土或松土上填方,应在基底压实后再进行。

(2)对填方土料应按设计要求验收后方可填入。

(3)填方施工过程中应检查排水措施,每层填筑厚度、含水量控制、压实程度。填筑厚度及压实遍数应根据土质,压实系数及所用机具确定。如无试验依据,应符合表 3-37 的规定。

表 3-37　填土施工时的分层厚度及压实遍数

压实机具	分层厚度(mm)	每层压实遍数	压实机具	分层厚度(mm)	每层压实遍数
平碾	250~300	6~8	柴油打夯机	200~250	3~4
振动压实机	250~350	3~4	人工打夯	<200	3~4

填方应分层压实,并测定压实后的干密度和检验压实范围,符合设计要求后,才能填压上层。

(4)用机械填方时,控制速度,填压要相互搭接,防止漏压。

(5)填方如采用不同土料,宜把透水性大的土料填压于下层。

(6)填方施工中应检查排水措施。

(7)填方施工参数(每层填筑厚度、压实遍数、压实系数)对重要工程均应做现场试验后确定,或按设计要求。

(8)填方施工结束后,应检查标高、边坡坡度、压实程度等。

3. 施工质量验收

填方施工结束后,应检查标高、边坡坡度、压实程度等,检验标准应符合表 3-38 的规定。

表 3-38 填土工程质量检验标准(单位:mm)

项目	序号	检查项目		允许偏差或允许值				检验方法	检验数量
				柱基、基坑、基槽	场地平整		管沟	地(路)面基层		
					人工	机械				
主控项目	1	标高	合格	−50			−50	−50	水准仪	柱基按总数抽查10%,但不少于5个,每个不少于2点;基坑每20m²取1点,每坑不少于2点;基槽、管沟、排水沟、路面基层每20m取1点,但不少于5点;场地平整每100～400m²取1点,但不少于10点。用水准仪检查
					±30	±50				
			优良	−40			−40	−40		
	2	分层压实系数	合格	设计要求					按规定方法	密实度控制基坑和室内填土,每层按100～500m²取样一组,场地平整填方,每层按400～900m²取样一组;基坑和管沟回填每20～50m²取样一组,但每层均不得少于一组,取样部位在每层压实后的下半部
			优良							
一般项目	1	回填土料	合格	设计要求					取样检查或直观	同一土场不少于1组
			优良							
	2	分层厚度及含水量	合格	设计要求					水准仪及抽样检查	分层铺土厚度检查每10～20mm或100～200m²设置一处。回填料实测含水量与最佳含水量之差,黏性土控制在−4%～+2%范围内,每层填料均应抽样检查一次,由于气候因素使含水量发生较大变化时应再抽样检查
			优良							
	3	表面平整度	合格	20	20	30	20	20	用靠尺或水准仪	每30～50m²取1点
			优良							

四、季节性施工

1. 雨期施工

土方工程施工应尽可能避开雨期,或安排在雨期之前,也可安排在雨期之后进行。对于无法避开雨期的土方工程,应做好如下主要的措施。

(1)大型基坑或施工周期长的地下工程,应先在基础边坡四周做好截水沟、挡水堤,防止场内雨水灌槽。

(2)一般挖槽要根据土的种类、性质、湿度和挖槽深度,按照安全规程放坡,挖土过程中加强对边坡和支撑的检查。必要时放缓边坡或加设支撑,以保证边坡的稳定。

(3)雨期施工,土方开挖面不宜过大,应逐段、逐片分期完成。

(4)挖出的土方应集中运至场外,以避免场内积水或造成塌方。留作回填土的应集中堆置于槽边 3m 以外。机械在槽外侧行驶应距槽边 5m 以外,手推车运输应距槽 1m 以外。

(5)回填土时,应先排除槽内积水,然后方可填土夯实。

(6)雨期进行灰土基础垫层施工时,应做到"四随"(即随筛、随拌、随运、随打),如未经夯实而淋雨时,应挖出重做。在雨季施工期间,灰土必须当日打完,槽内不准留有虚土。

2. 冬期施工

土方工程不宜在冬期施工,以免增加工程造价。如必须在冬期施工,其施工方法应经过技术经济比较后确定。施工前应周密计划、充分准备,做到连续施工。

(1)凡冬季施工期间新开工程,可根据地下水位、地质情况,尽先采用预制混凝土桩或钻孔灌筑桩,并及早落实施工条件,进行变更设计洽商,以减少大量的土方开挖工程。

(2)冬季施工期间,原则上尽量不开挖冻土。如必须在冬期开挖基础土方,应预先采取防冻措施,即沿槽两侧各加宽 30~40cm 的范围内,于冻结前,用保温材料覆盖或将表面不小于 30cm 厚的土层翻松。此外,也可以采用机械开冻土法或白灰(石灰)开冻法。

(3)开挖基坑(槽)或管沟时,必须防止基土遭受冻结。如基坑(槽)开挖完毕至垫层和基础施工之间有间歇时间,应在基底的标高之上留适当厚度的松土或保温材料覆盖。

(4)冬期开挖土方时,如可能引起邻近建筑物(或构筑物)的地基或地下设施产生冻结破坏时,应预先采取防冻措施。

(5)冬季施工基础应及时回填,并用土覆盖表面免遭冻结。用于房心回填的土应采取保温防冻措施。不允许在冻土层上做地面垫层,防止地面的下沉或裂缝。

(6)为保证回填土的密实度,规范规定:室外的基坑(槽)或管沟,允许用含有冻土块的土回填,但冻土块的体积不得超过填土总体积的15%;管沟底至管顶50cm范围内,不得用含有冻土块的土回填;室内的基坑(槽)或管沟不得用含有冻块的土回填,以防常温后发生沉陷。

(7)灰土应尽量错开严冬季节施工,灰土不准许受冻,如必须在严冬期打灰土时,要做到随拌、随打、随盖。一般当气温低于-10℃时,灰土不宜施工。

第七节　分部工程质量验收

(1)分项工程、分部(子分部)工程质量的验收,均应在施工单位自检合格的基础上进行。施工单位确认自检合格后提出工程验收申请,工程验收时应提供下列技术文件和记录:

1)原材料的质量合格证和质量鉴定文件;

2)半成品如预制桩、钢桩、钢筋笼等产品合格证书;

3)施工记录及隐蔽工程验收文件;

4)检测试验及见证取样文件;

5)其他必须提供的文件或记录。

(2)对隐蔽工程应进行中间验收。

(3)分部(子分部)工程验收应由总监理工程师或建设单位项目负责人组织勘察、设计单位及施工单位的项目负责人、技术质量负责人,共同按设计要求和《建筑地基与基础工程施工质量验收规范》(GB 50202—2002)及其他有关规定进行。

(4)验收工作应按下列规定进行:

1)分项工程的质量验收应分别按主控项目和一般项目验收;

2)隐蔽工程应在施工单位自检合格后,于隐蔽前通知有关人员检查验收,并形成中间验收文件;

3)分部(子分部)工程的验收,应在分项工程通过验收的基础上,对必要的部位进行见证检验。

(5)主控项目必须符合验收标准规定,发现问题应立即处理直至符合要求,一般项目应有80%合格。混凝土试件强度评定不合格或对试件的代表性有怀疑时,应采用钻芯取样,检测结果符合设计要求可按合格验收。

第四章 地下防水工程

第一节 基本规定

(1)地下工程的防水等级分为4级,各级标准应符合表4-1的规定。

表4-1 地下工程防水等级标准

防水等级	防水标准
一级	不允许渗水,结构表面无湿渍
二级	不允许渗水,结构表面可有少量湿渍; 房屋建筑地下工程:总湿渍面积不应大于总防水面积(包括顶板、墙面、地面)的1/1000;任意100m² 防水面积上的湿渍不超过2处,单个湿渍的最大面积不大于0.1m²; 其他地下工程:总湿渍面积不应大于总防水面积的2/1000;任意100m² 防水面积上的湿渍不超过3处,单个湿渍的最大面积不大于0.2m²;其中,隧道工程平均渗水量不大于0.05L/(m²·d),任意100m² 防水面积上的渗水量不大于0.15L/(m²·d)
三级	有少量漏水点,不得有线流和漏泥砂; 任意100m² 防水面积上的漏水或湿渍点数不超过7处,单个漏水点的最大漏水量不大于2.5L/d,单个湿渍的最大面积不大于0.3m²
四级	有漏水点,不得有线流和漏泥砂; 整个工程平均漏水量不大于2L/(m²·d);任意100m² 防水面积上的平均漏水量不大于4L/(m²·d)

(2)地下工程的防水设防要求,应按表4-2和表4-3选用。

1)明挖法地下工程防水设防要求见表4-2。

2)暗挖法地下工程防水设防要求见表4-3。

(3)地下防水工程施工前,应通过图纸会审,掌握结构主体及细部构造的防水要求,施工单位应编制防水工程专项施工方案,经监理单位或建设单位审查批准后执行。

表 4-2　明挖法地下工程防水设防

工程部位		主体结构							施工缝							后浇带				变形缝、诱导缝					
防水措施		防水混凝土	防水卷材	防水涂料	塑料防水板	膨润土防水材料	防水砂浆	金属板	遇水膨胀止水条或止水胶	外贴式止水带	中埋式止水带	外抹防水砂浆	外涂防水涂料	水泥基渗透结晶型防水涂料	预埋注浆管	补偿收缩混凝土	外贴式止水带	预埋注浆管	遇水膨胀止水条或止水胶	中埋式止水带	外贴式止水带	可卸式止水带	防水密封材料	外贴防水卷材	外涂防水涂料
防水等级	一级	应选	应选一种至二种						应选二种							应选	应选二种			应选	应选二种				
	二级	应选	应选一种						应选一种至二种							应选	应选一种至二种			应选	应选一种至二种				
	三级	应选	宜选一种						宜选一种至二种							应选	宜选一种至二种			应选	宜选一种至二种				
	四级	宜选	—						宜选一种							应选	宜选一种			应选	宜选一种				

表 4-3　暗挖法地下工程防水设防

工程部位		衬砌结构							内衬砌施工缝						内衬砌变形缝、诱导缝			
防水措施		防水混凝土	防水卷材	防水涂料	塑料防水板	膨润土防水材料	防水砂浆	金属板	遇水膨胀止水条或止水胶	外贴式止水带	中埋式止水带	防水密封材料	水泥基渗透结晶型防水涂料	预埋注浆管	中埋式止水带	外贴式止水带	可卸式止水带	防水密封材料
防水等级	一级	必选	应选一种至二种						应选一种至二种					应选	应选一种至二种			
	二级	应选	应选一种						应选一种					应选	应选一种			
	三级	宜选	宜选一种						宜选一种					应选	宜选一种			
	四级	宜选	宜选一种						宜选一种					应选	宜选一种			

（4）地下防水工程的施工，应建立各道工序的自检、交接检和专职人员检查

的制度,并有完整的检查记录;工程隐蔽前,应由施工单位通知有关单位进行验收,并形成隐蔽工程验收记录;未经监理单位或建设单位代表对上道工序的检查确认,不得进行下道工序的施工。

(5)地下防水工程必须由持有资质等级证书的防水专业队伍进行施工,主要施工人员应持有省级及以上建设行政主管部门或其指定单位颁发的执业资格证书或防水专业岗位证书。

(6)地下工程所使用防水材料的品种、规格、性能等必须符合现行国家或行业产品标准和设计要求。

(7)防水材料必须经具备相应资质的检测单位进行抽样检验,并出具产品性能检测报告。不合格的材料不得在工程中使用。

(8)地下工程用防水材料标准及进场抽样检验按表 4-4 和表 4-5 的规定选用。

1)地下工程用防水材料标准应按表 4-4 的规定选用。

表 4-4　地下工程用防水材料标准

类别		标准名称	标准号
防水卷材	1	聚氯乙烯防水卷材	GB 12952—2011
	2	高分子防水材料　第 1 部分　片材	GB 18173.1—2012
	3	弹性体改性沥青防水卷材	GB 18242—2008
	4	改性沥青聚乙烯胎防水卷材	GB 18967—2009
	5	带自粘层的防水卷材	GB/T 23260—2009
	6	自粘聚合物改性沥青防水卷材	GB 23441—2009
	7	预铺/湿铺防水卷材	GB/T 23457—2009
防水涂料	1	聚氨酯防水涂料	GB/T 19250—2013
	2	聚合物乳液建筑防水涂料	JC/T 864—2008
	3	聚合物水泥防水涂料	GB/T 23445—2009
	4	建筑防水涂料用聚合物乳液	JC/T 1017—2006
密封材料	1	聚氨酯建筑密封胶	JC/T 482—2003
	2	聚硫建筑密封胶	JC/T 483—2006
	3	混凝土建筑接缝用密封胶	JC/T 881—2001
	4	丁基橡胶防水密封胶粘带	JC/T 942—2004
其他防水材料	1	高分子防水材料　第 2 部分　止水带	GB 18173.2—2014
	2	高分子防水材料　第 3 部分　遇水膨胀橡胶	GB 18173.3—2014
	3	高分子防水卷材胶粘剂	JC/T 863—2011
	4	沥青基防水卷材用基层处理剂	JC/T 1069—2008
	5	膨润土橡胶遇水膨胀止水条	JC/T 141—2001
	6	遇水膨胀止水胶	JG/T 312—2011
	7	钠基膨润土防水毯	JG/T 193—2006

（续）

类别		标准名称	标准号
刚性防水材料	1	水泥基渗透结晶型防水材料	GB 18445—2012
	2	砂浆、混凝土防水剂	JC 474—2008
	3	混凝土膨胀剂	GB 23439—2009
	4	聚合物水泥防水砂浆	JC/T 984—2011
防水材料试验方法	1	建筑防水卷材试验方法	GB/T 328—2007
	2	建筑胶粘剂试验方法	GB/T 12954—2008
	3	建筑密封材料试验方法	GB/T 13477—2002
	4	建筑防水涂料试验方法	GB/T 16777—2008
	5	建筑防水材料老化试验方法	GB/T 18244—2000

2）地下工程用防水材料进场抽样检验应符合表 4-5 的规定。

表 4-5　地下工程用防水材料进场抽样检验

序号	材料名称	抽样数量	外观质量检验	物理性能检验
1	高聚物改性沥青类防水卷材	大于 1000 卷抽 5 卷，每 500～100 卷抽 4 卷，100～499 卷抽 3 卷，100 卷以下抽 2 卷，进行规格尺寸和外观质量检验。在外观质量检验合格的卷材中，任取一卷作物理性能检验	断裂、折皱、孔洞、剥离、边缘不整齐、胎体露白、未浸透、撒布材料粒度、颜色，每卷卷材的接头	可溶物含量，拉力，延伸率，低温柔度，热老化后低温柔度，不透水性
2	合成高分子类防水卷材	大于 1000 卷抽 5 卷，每 500～100 卷抽 4 卷，100～499 卷抽 3 卷，100 卷以下抽 2 卷，进行规格尺寸和外观质量检验。在外观质量检验合格的卷材中，任取一卷作物理性能检验	折痕、杂质、胶块、凹痕，每卷卷材的接头	断裂拉伸强度，断裂伸长率，低温弯折性，不透水性，撕裂强度
3	有机防水涂料	每 5t 为一批，不足 5t 按一批抽样	均匀黏稠体，无凝胶，无结块	潮湿基面黏结强度，涂膜抗渗性，浸水 168h 后拉伸强度，浸水 168h 后断裂伸长率，耐长性
4	无机防水涂料	每 10t 为一批，不足 10t 按一批抽样	液体组分：无杂质、凝胶的均匀乳液　固体组分：无杂质、结块的粉末	抗折强度，黏结强度，抗渗性

（续）

序号	材料名称	抽样数量	外观质量检验	物理性能检验
5	膨润土防水材料	每 100 卷为一批,不足 100 卷按一批抽样;100 卷以下抽 5 卷,进行尺寸偏差和外观质量检验。在外观质量检验合格的卷材中,任取一卷作物理性能检验	表面平整、厚度均匀,无破洞、破边、无残留断针、针刺均匀	单位面积质量,膨润土膨胀指数,渗透系数、滤失量
6	混凝土建筑接缝用密封胶	每 2t 为一批,不足 2t 按一批抽样	细腻、均匀膏状物或黏稠液体,无气泡、结皮和凝胶现象	流动性、挤出性、定伸黏结性
7	橡胶止水带	每月同标记的止水带产量为一批抽样	尺寸公差;开裂、缺胶,海绵状,中心孔偏心,凹痕,气泡,杂质,明疤	拉伸强度,扯断伸长率,撕裂强度
8	腻子型遇水膨胀止水条	每 5000m 为一批,不足 5000m 按一批抽样	尺寸公差;柔软、弹性匀质,色泽均匀,无明显凹凸	硬度,7d 膨胀率,最终膨胀率,耐水性
9	遇水膨胀止水胶	每 5t 为一批,不足 5t 按一批抽样	细腻、黏稠、均匀膏状物,无气泡、结皮和凝胶	表干时间,拉伸强度,体积膨胀倍率
10	弹性橡胶密封垫材料	每月同标记的密封垫材料产量为一批抽样	尺寸公差;开裂、缺胶,凹痕,气泡,杂质,明疤	硬度,伸长率,拉伸强度,压缩永久变形
11	遇水膨胀橡胶密封垫胶料	每月同标记的膨胀橡胶产量为一批抽样	尺寸公差;开裂、缺胶,凹痕,气泡,杂质,明疤	硬度,拉伸强度,扯断伸长率,体积膨胀倍率,低温弯折
12	聚合物水泥防水砂浆	每 10t 为一批,不足 10t 按一批抽样	干粉类:均匀、无结块;乳胶类:液料经搅拌后均匀无沉淀,粉料均匀、无结块	7d 黏结温度,7d 抗渗性,耐水性

（9）地下防水工程施工期间，必须保持地下水位稳定在工程底部最低高程500mm 以下，必要时应采取降水措施。对采用明沟排水的基坑，应保持基坑干燥。

（10）地下防水工程不得在雨天、雪天和五级风及其以上时施工；防水材料施工环境气温条件宜符合表 4-6 的规定。

表 4-6　防水材料施工环境气温条件

防水材料	施工环境气温条件
高聚物改性沥青防水卷材	冷粘法、自粘法不低于 5℃，热熔法不低于－10℃
合成高分子防水卷材	冷粘法、自粘法不低于 5℃，焊接法不低于－10℃
有机防水涂料	溶剂型－5℃，反应型、水乳型 5～35℃
无机防水涂料	5℃～35℃
防水混凝土、防水砂浆	5℃～35℃
膨润土防水材料	不低于－20℃

（11）地下防水工程应按工程设计的防水等级标准进行验收。地下防水工程渗漏水调查与检测应按《地下防水工程施工质量验收规范》（GB 50208—2011）附录 C 执行。

1）渗漏水调查

①明挖法地下工程应在混凝土结构和防水层验收合格以及回填土完成后，即可停止降水；待地下水位恢复至自然水位且趋向稳定时，方可进行地下工程渗漏水调查。

②地下防水工程质量验收时，施工单位必须提供地下工程"背水内表面的结构工程展开图"。

③房屋建筑地下工程应调查混凝土结构内表面的侧墙和底板。地下商场、地铁车站、军事地下库等单建式地下工程，应调查混凝土结构内表面的侧墙、底板和顶板。

④钢筋混凝土衬砌的隧道以及钢筋混凝土管片衬砌的隧道渗漏水调查的重点为上半环。

⑤施工单位应在"结构内表面的渗漏水展开图"上标示下列内容：

a. 发现的裂缝位置、宽度、长度和渗漏水现象；

b. 经堵漏及补强的原渗漏水部位；

c. 符合防水等级标准的渗漏水位置。

⑥渗漏现象描述使用的术语、定义和标识符号,可按表 4-7 选用。

表 4-7　渗漏水现象描述使用的术语、定义和标识符号

渗漏水现象	定　　义	标识符号
湿渍	地下混凝土结构背水面,呈现明显色泽变化的潮湿斑	♯
渗水	地下混凝土结构背水面有水渗出,墙壁上可观察到明显的流挂水迹	○
水珠	地下混凝土结构背水面的顶板或拱顶,可观察到悬垂的水珠,其滴落间隔时间超过 1min	◇
滴漏	地下混凝土结构背水面的顶板或拱顶,渗漏水滴落速度至少为 1 滴/min	▽
线漏	地下混凝土结构背水面,呈渗漏成线或喷水状态	↓

⑦地下防水工程验收时,经检查、核对标示好的"背水内表面的结构工程展开图"必须纳入竣工验收资料。

2)渗漏水检测

①当被验收的地下工程有结露现象时,不宜进行渗漏水检测。

②房屋建筑地下工程渗漏水检测应符合下列要求:

a. 湿渍检测时,检查人员用干手触摸湿斑,无水分浸润感觉。用吸墨纸或报纸贴附,纸不变颜色;要用粉笔勾画出湿渍范围,然后用钢尺测量并计算面积,标示在"结构内表面的渗漏水展开图"上。

b. 渗水检测时,检查人员用干手触摸可感觉到水分浸润,手上会沾有水分。用吸墨纸或报纸贴附,纸会浸润变颜色;要用粉笔勾画出渗水范围,然后用钢尺测量并计算面积,标示在"结构内表面的渗漏水展开图"上。

③通过集水井积水,检测在设定时间内的水位上升数值,计算渗漏水量。

④对房屋建筑地下室检测出来的"渗水点",一般情况下应准予修补堵漏,然后重新验收。

⑤对防水混凝土结构的细部构造渗漏水检测,尚应按本条内容执行。若发现严重渗水必须分析、查明原因,应准予修补堵漏,然后重新验收。

3)渗漏水检测记录

①地下工程渗漏水调查与检测,应由施工单位项目技术负责人组织质量员、施工员实施。施工单位应填写地下工程渗漏水检测记录,并签字盖章;监理单位或建设单位应在记录上填写处理意见与结论,并签字盖章。

②地下工程渗漏水检测记录应按表 4-8 填写。

表 4-8　地下工程渗漏水检测记录

工程名称			结构类型	
防水等级			检测部位	
渗漏水量检测	1　单个湿渍的最大面积　　m²;总湿渍面积　　m²			
	2　每100m²的渗水量　L/(m²·d);整个工程平均渗水量　L/(m²·d)			
	3　单个漏水点的最大漏水量　L/d;整个工程平均漏水量　L/(m²·d)			
结构内表面的渗漏水展开图	(渗漏水现象用标识符号描述)			
处理意见与结论	(按地下工程防水等级标准)			

会签栏	监理或建设单位(签章)	施工单位(签章)		
		项目技术负责人	质量员	施工员
	年　　月　　日	年　　月　　日		

第二节　地下工程混凝土主体结构防水

一、防水混凝土

1. 材料控制要点

（1）水泥

1）宜采用普通硅酸盐水泥或硅酸盐水泥,采用其他品种水泥时应经试验确定;

2）在受侵蚀性介质作用时,应按介质的性质选用相应的水泥品种;

3）不得使用过期或受潮结块的水泥，并不得将不同品种或强度等级的水泥混合使用。

（2）砂、石

1）砂宜选用中粗砂，含泥量不应大于 3.0%，泥块含量不宜大于 1.0%；

2）不宜使用海砂；在没有使用河砂的条件时，应对海砂进行处理后才能使用，且控制氯离子含量不得大于 0.06%；

3）碎石或卵石的粒径宜为 5~40mm，含泥量不应大于 1.0%，泥块含量不应大于 0.5%；

4）对长期处于潮湿环境的重要结构混凝土用砂、石，应进行碱活性检验。

（3）水：拌制混凝土所用的水，应符合现行行业标准《混凝土用水标准》（JGJ 63—2006）的有关规定。

（4）外加剂

1）外加剂的品种和用量应经试验确定，所用外加剂应符合现行国家标准《混凝土外加剂应用技术规范》（GB 50119—2013）的质量规定；

2）掺加引气剂或引气型减水剂的混凝土，其含气量宜控制在 3%~5%；

3）考虑外加剂对硬化混凝土收缩性能的影响；

4）严禁使用对人体产生危害、对环境产生污染的外加剂。

2. 施工及质量控制要点

（1）防水混凝土的配合比规定

1）试配要求的抗渗水压值应比设计值提高 0.2MPa；

2）混凝土胶凝材料总量不宜小于 320kg/m³，其中水泥用量不宜小于 260kg/时，粉煤灰掺量宜为胶凝材料总量的 20%~30%，硅粉的掺量宜为胶凝材料总量的 2%~5%；

3）水胶比不得大于 0.50，有侵蚀性介质时水胶比不宜大于 0.45；

4）砂率宜为 35~40%，泵送时可增至 45%；

5）灰砂比宜为 1:1.5~1:2.5；

6）混凝土拌合物的氯离子含量不应超过胶凝材料总量的 0.1%；混凝土中各类材料的总碱量即 Na_2O 当量不得大于 3kg/m³。

（2）防水混凝土拌制和浇筑规定

1）防水混凝土采用预拌混凝土时，入泵坍落度宜控制在 120~160mm，坍落度每小时损失不应大于 20mm，坍落度总损失值不应大于 40mm。

2）混凝土拌制和浇筑过程控制应符合下列规定：

①拌制混凝土所用材料的品种、规格和用量，每工作班检查不应少于两次。每盘混凝土组成材料计量结果的允许偏差应符合表 4-9 的规定。

表 4-9　混凝土组成材料计量结果的允许偏差(％)

混凝土组成材料	每盘计量	累计计量
水泥、掺合料	±2	±1
粗、细骨料	±3	±2
水、外加剂	±2	±1

注:累计计量仅适用于微机控制计量的搅拌站。

②混凝土在浇筑地点的坍落度,每工作班至少检查两次,坍落度试验应符合现行国家标准《普通混凝土拌合物性能试验方法标准》(GB/T 5008—2002)。的有关规定。混凝土坍落度允许偏差应符合表 4-10 的规定。

表 4-10　混凝土坍落度允许偏差(mm)

规定坍落度	允许偏差	规定坍落度	允许偏差
≤40	±10	＞90	±20
50～90	±15		

③泵送混凝土在交货地点的入泵坍落度,每工作班至少检查两次。混凝土入泵时的坍落度允许偏差应符合表 4-11 的规定。

表 4-11　混凝土入泵时的坍落度允许偏差(mm)

所需坍落度	允许偏差	所需坍落度	允许偏差
≤100	±20	＞100	±30

④当防水混凝土拌合物在运输后出现离析,必须进行二次搅拌。当坍落度损失后不能满足施工要求时,应加入原水胶比的水泥浆或掺加同品种的减水剂进行搅拌,严禁直接加水。

3)防水混凝土抗压强度试件,应在混凝土浇筑地点随机取样后制作,并应符合下列规定:

①同一工程、同一配合比的混凝土,取样频率与试件留置组数应符合现行国家标准《混凝土结构工程施工质量验收规范》(GB 50204—2002)的有关规定;

②抗压强度试验应符合现行国家标准《普通混凝土力学性能试验方法标准》(GB/T 50081—2002)的有关规定;

③结构构件的混凝土强度评定应符合现行国家标准《混凝土强度检验评定标准》(GB/T 50107—2010)的有关规定。

4)防水混凝土抗渗性能应采用标准条件下养护混凝土抗渗试件的试验结果评定,试件应在混凝土浇筑地点随机取样后制作,并应符合下列规定:

①连续浇筑混凝土每 500m³ 应留置一组 6 个抗渗试件,且每项工程不得少于两组;采用预拌混凝土的抗渗试件,留置组数应视结构的规模和要求而定;

②抗渗性能试验应符合现行国家标准《普通混凝土长期性能和耐久性能试验方法标准》(GB/T 50082—2009)的有关规定。

5)大体积防水混凝土的施工应采取材料选择、温度控制、保温保湿等技术措施。在设计许可的情况下,掺粉煤灰混凝土设计强度等级的龄期宜为 60d 或 90d。

3. 施工质量验收

(1)防水混凝土施工质量检验数量的规定

1)应按混凝土外露面积每 100m² 抽查一处,每处 10m²,且不得少于 3 处。

2)细部构造是地下防水工程渗漏水的薄弱环节,细部构造又是独立的部位,一旦出现渗漏难以修补,故要全数检查。

(2)主控项目

1)防水混凝土的原材料、配合比及坍落度必须符合设计要求

检验方法:检查产品合格证、产品性能检测报告、计量措施和材料进场检验报告。

2)防水混凝土的抗压强度和抗渗压力必须符合设计要求

检验方法:检查混凝土抗压强度、抗渗性能检验报告。

3)防水混凝土的变形缝、施工缝、后浇带、穿墙管道、埋设件管设置和构造,均须符合设计要求,严禁有渗漏。

①变形缝处混凝土结构的厚度不应小于 300mm,变形缝的宽度宜为 20～30mm;全埋式地下防水工程的变形缝应为环状;半地下防水工程的变形缝应为 U 字形(高度应超出室外地坪 150mm 以上)。

②施工缝应不留或少留施工缝。墙体上不得留垂直施工缝,垂直施工缝应与变形缝相结合。最低水平施工缝距底板面应不小于 300mm,距墙孔洞边缘应不小于 300mm,墙板承受弯矩或剪力最大部位不应设变形缝。

③后浇带适用于不宜设置柔性变形缝以及后期变形趋于稳定的结构。后浇带应采用补偿收缩混凝土,其强度等级不得低于两侧混凝土。

④穿墙管道应在浇筑混凝土前预埋。当结构变形或管道伸缩量较小时。穿墙管可采用主管直接埋入混凝土内的固定防水法,反之或有更换要求时,应采用套管防水法。穿墙管线较多时宜相对集中,采用封口钢板式防水。

⑤埋设件端部或预留孔(槽)底部的混凝土厚度不得小于 250mm,当厚度小于 250mm 时,应采取局部加厚或加焊止水钢板的防水措施。

检验方法:观察检查和检查隐蔽工程验收记录。

(3)一般项目

1)防水混凝土结构表面应坚实、平整,不得有露筋、蜂窝等缺陷;埋设件位置正确,如采用多道设防,往往须在防水混凝土结构表面铺贴卷材,或采用涂料防水层,为了增加黏结强度,故对防水混凝土规定了基层表面坚实平整的质量要求。振捣要密实,防止留下渗漏通道。

检验方法:观察检查。

2)防水混凝土结构表面的裂缝宽度不应大于0.2mm,并不得贯通。裂缝宽度在0.1~0.2mm,水头压力小于15~20MPa时,一般裂缝可以自愈。自愈的过程:混凝土体内的游离氢氧化钙一部分被溶出且浓度不断增大,转变成白色氢氧化钙结晶,氢氧化钙与空气中的CO_2发生碳化作用,形成白色氢氧化钙结晶沉积在裂缝的内部和表面,最后裂缝全部愈合,使渗漏水现象消失。

检验方法:用刻度放大镜检查。

3)防水混凝土结构厚度不应小于250mm,其允许偏差应为+8mm、-5mm;主体结构迎水面钢筋保护层厚度不应小于50mm,其允许偏差应为±5mm。

检验方法:尺量检查和检查隐蔽工程验收记录。

二、水泥砂浆防水层

1. 材料控制要点

(1)水泥:应使用普通硅酸盐水泥、硅酸盐水泥或特种水泥,不得使用过期或受潮结块的水泥;

(2)砂:砂宜采用中砂,含泥量不应大于1.0%,硫化物和硫酸盐含量不得大于1.0%;

(3)水:水应采用不含有害物质的洁净水;

(4)聚合物乳液:聚合物乳液的外观为均匀液体,无杂质、无沉淀、不分层;

(5)外加剂:外加剂的技术性能应符合现行国家或行业标准的质量要求。

2. 施工及质量控制要点

(1)水泥砂浆防水层的基层质量应符合下列要求

1)基层表面应平整、坚实、清洁,并应充分湿润、无明水;

2)基层表面的孔洞、缝隙,应采用与防水层相同的水泥砂浆堵塞并抹平;

3)施工前应将埋设件、穿墙管预留凹槽内嵌填密封材料后,再进行水泥砂浆防水层施工。

(2)水泥砂浆防水层施工应符合下列要求

1)水泥砂浆的配制,应按所掺材料的技术要求准确计量;

2)分层铺抹或喷涂,铺抹时应压实、抹平,最后一层表面应提浆压光;

3)防水层各层应紧密黏合,每层宜连续施工;必须留设施工缝时,应采用阶梯坡形槎,但与阴阳角处的距离不得小于 200mm;

4)水泥砂浆终凝后应及时进行养护,养护温度不宜低于 5℃,并应保持砂浆表面湿润,养护时间不得少于 14d;聚合物水泥防水砂浆未达到硬化状态时,不得浇水养护或直接受雨水冲刷,硬化后应采用干湿交替的养护方法。潮湿环境中,可在自然条件下养护。

3. 施工质量验收

(1)检查数量要求

水泥砂浆防水层分项工程检验批的抽样检验数量,应按施工面积每 100m² 抽查 1 处,每处 10m²,且不得少于 3 处。

(2)主控项目

1)水泥砂浆防水层的原材料及配合比必须符合设计要求。

检验方法:检查产品合格证、产品性能检测报告、计量措施和材料进场检验报告。

2)防水砂浆的黏结强度和抗渗性能必须符合设计规定。

检验方法:检查砂浆黏结强度、抗渗性能检验报告

3)水泥砂浆防水层与基层之间必须结合牢固,无空鼓现象。

检查方法:观察和用小锤轻击检查。

(3)一般项目

1)水泥砂浆防水层表面应密实、平整,不得有裂纹、起砂、麻面等缺陷。

检验方法:观察检查。

2)水泥砂浆防水层施工缝留槎位置应正确,接槎应按层次顺序操作,层层搭接紧密。

检查方法:观察检查和检查隐蔽工程验收记录。

3)水泥砂浆防水层的平均厚度应符合设计要求,最小厚度不得小于设计厚度的 85%。

检验方法:用针测法检查。

4)水泥砂浆防水层表面平整度的允许偏差应为 5mm。

检查方法:用 2m 靠尺和楔形塞尺检查。

三、卷材防水层

1. 材料控制要点

(1)卷材防水层应选用高聚物改性沥青类或合成高分子类防水卷材,并符合下列规定。

1）卷材外观质量、品种规格应符合现行国家标准或行业标准；

2）卷材及其胶粘剂应具有良好的耐水性、耐久性、耐刺穿性、耐腐蚀性和耐菌性；

3）高聚物改性沥青防水卷材的主要物理性能应符合表 4-12 的要求；

4）合成高分子防水卷材的主要物理性能应符合表 4-13 的要求。

5）聚合物水泥防水黏结材料的主要物理性能应符合表 4-14 的要求。

表 4-12　高聚物改性沥青防水卷材的主要物理性能

项　目		指　标				
		弹性体改性沥青防水卷材			自粘聚合物改性沥青防水卷材	
		聚酯毡胎体	玻纤毡胎体	聚乙烯膜胎体	聚酯毡胎体	无胎体
可溶物含量 (g/m²)		3mm 厚≥2100 4mm 厚≥2900			3mm 厚≥2100	—
拉伸性能	拉力 (N/50mm)	≥800 (纵横向)	≥500 (纵横向)	≥140(纵向) ≥120(横向)	≥450 (纵横向)	≥180 (纵横向)
	延伸率 (%)	最大拉力时 ≥40(纵横向)	—	断裂时≥250 (纵横向)	最大拉力时 ≥30 (纵横向)	断裂时 ≥200 (纵横向)
低温柔度(℃)		−25,无裂纹				
热老化后低温柔度(℃)		−20,无裂纹		−22,无裂纹		
不透水性		压力 0.3MPa,保持时间 120min,不透水				

表 4-13　合成高分子防水卷材的主要物理性能

项　目	指　标			
	三元乙丙橡胶防水卷材	聚氯乙烯防水卷材	聚乙烯丙纶复合防水卷材	高分子自粘胶膜防水卷材
断裂拉伸强度	≥7.5MPa	≥12MPa	≥60N/10mm	≥100N/10mm
断裂伸长率(%)	≥450	≥250	≥300	≥400
低温弯折性(℃)	−40,无裂纹	−20,无裂纹	−20,无裂纹	−20,无裂纹
不透水性	压力 0.3MPa,保持时间 120min,不透水			
撕裂强度	≥25kN/m	≥40kN/m	≥20N/10mm	≥120N/10mm
复合强度 (表层与芯层)	—	—	≥1.2N/mm	—

表 4-14　聚合物水泥防水黏结材料的主要物理性能

项　目		指　标
与水泥基面的黏结拉伸强度（MPa）	常温 7d	≥0.6
	耐水性	≥0.4
	耐冻性	≥0.4
可操作时间（h）		≥2
抗渗性（MPa,7d）		≥1.0
剪切状态下的粘合性（N/mm,常温）	卷材与卷材	≥2.0 或卷材断裂
	卷材与基面	≥1.8 或卷材断裂

(2)黏贴各类卷材必须采用与卷材材性相容的胶粘剂,胶粘剂的质量应符合下列要求：

1)高聚物改性沥青卷材间的黏结剥离强度不应小于 8N/10mm；

2)合成高分子卷材胶粘剂的黏结剥离强度不应小于 15N/10mm,浸水 168h 后的黏结剥离强度保持率不应小于 70%。

3)地下工程卷材防水层不得采用纸胎油毡。因纸胎油毡的胎芯采用原纸,其中草浆含量不小于 60%,故紧度大,疏松度不够,吸水率大,吸油率小,以致延伸性小、强度低、耐久性差,遇水容易膨胀、腐烂。

4)地下工程卷材外表不应有孔眼、断裂、叠皱、边缘撕裂。表面防粘层应均匀散布及油质均匀、无未浸透的油层和杂质,受水后不起泡,不翘边,冬季不脆断。

2. 施工及质量控制要点

(1)基本规定

1)卷材防水层应采用高聚物改性沥青防水卷材和合成高分子防水卷材。所选用的基层处理剂、胶粘剂、密封材料等配套材料,均应与铺贴的卷材材性相容。

2)铺贴防水卷材前,基面应干净、干燥,并应涂刷基层处理剂；当基面潮湿时,应涂刷湿固化型胶粘剂或潮湿界面隔离剂。

3)防水卷材的搭接宽度应符合表 4-15 的要求。铺贴双层卷材时,上下两层和相邻两幅卷材的接缝应错开 1/3～1/2 幅宽,且两层卷材不得相互垂直铺贴。

表 4-15　防水卷材的搭接宽度

卷材品种	搭接宽度（mm）
弹性体改性沥青防水卷材	100
改性沥青聚乙烯胎防水卷材	100
自粘聚合物改性沥青防水卷材	80

（续）

卷材品种	搭接宽度（mm）
二元乙丙橡胶防水卷材	100/60（胶粘剂与胶粘带）
聚氯乙烯防水卷材	60/80（单焊缝与双焊缝）
	100（胶粘剂）
聚乙烯丙纶复合防水卷材	100（黏结剂）
高分子自粘胶膜防水卷材	70/80（自粘胶与胶粘带）

（2）卷材防水层完工并经验收合格后应及时做保护层。保护层应符合下列规定：

1）顶板的细石混凝土保护层与防水层之间宜设置隔离层。细石混凝土保护层厚度：机械回填时不宜小于 70mm，人工回填时不宜小于 50mm；

2）底板的细石混凝土保护层厚度不应小于 50mm；

3）侧墙宜采用软质保护材料或铺抹 20mm 厚 1：2.5 水泥砂浆。

（3）基层质量控制要求

1）基层必须牢固，无松动、起砂现象。

2）基层表面须平整，其平整度用 2m 长的直尺检查，其层与直尺间的最大空隙不应超过 5mm，且每米长度内不得多于一处，空隙仅允许平缓变化。

3）基层阴阳角应做成圆弧或 45°坡角，其尺寸应根据卷材品种确定；在转角处、变形缝、施工缝，穿墙管等部位应铺贴卷材加强层，加强层宽度不应小于 500mm。

（4）铺贴卷材的规定

1）基层表面宜干燥。平面铺贴卷材时，卷材可用沥青胶结材料直接铺贴在潮湿的基层上，但应使卷材与基层贴紧；立面铺贴卷材时，基层表面应满涂冷底子油，待冷底子油干燥后，卷材即可铺贴。

2）铺贴石油沥青卷材必须用石油沥青胶结材料；铺贴焦油沥青卷材必须用焦油沥青胶结材料。

3）防水层所用沥青，其软化点应较基层及防水层周围介质可能达到的最高温度高出 20～25℃，且不低于 40℃。

4）在立面与平面的转角处，卷材的接缝应留在平面上距立面不小于 600mm处。在所有转角处均应铺贴附加层（可用两层同样的卷材或一层抗折强度较高的卷材）。

5）粘贴卷材时应展平压实，卷材与基层和各层卷材间必须黏结紧密，搭接缝必须用沥青胶结构材料仔细封严。最后一层卷材贴好后，应在其表面上均匀地涂上一层厚度为 1～1.5mm 的热沥青胶结材料。

6)采用"内防内贴"或"外防外贴"、"外防内贴"等施工方法完成的卷材防水层,须经检查合格后,才能按规定做好保护层。

7)底板卷材接槎部分甩出后的保护方法,对于沥青卷材,可在底板垫层周边上砌永久保护墙,保护墙高为钢筋混凝土底板厚度加 100mm,将转角处的加固层卷材粘贴在保护墙的内面。在保护墙的上面支设钢模板或木模板,在模板面上涂黏土浆,将第一层及其以上的卷材搭接部分临时粘在上面。保护墙底下应干铺沥青卷材一层。

8)对于合成高分子卷材,可在底板垫层周边上砌永久保护墙,永久保护墙高度为钢筋混凝土底板厚度加 100mm,在永久保护墙上再面砌临时保护墙,临时保护墙用 1∶3 石灰砂浆砌筑,墙内面抹 1∶3 石灰砂浆,墙高 360mm。转角处附加层粘贴在永久保护墙上,第一层卷材粘贴在临时保护墙上。保护墙底下干铺同类卷材一层。

9)冷粘法铺贴卷材应符合下列规定:

①胶粘剂涂刷应均匀,不得露底、堆积。

②根据胶粘剂的性能,应控制胶粘剂涂刷与卷材铺贴的间隔时间;

③铺贴时不得用力拉伸卷材,排除卷材下面的空气,辊压粘贴牢固;

④铺贴卷材应平整、顺直,搭接尺寸准确,不得扭曲、皱折;

⑤卷材接缝部位应采用专用胶粘剂或胶粘带满粘,接缝口应用密封材料封严,其宽度不应小于 10mm。

10)热熔法铺贴卷材应符合下列规定:

①火焰加热器加热卷材应均匀,不得加热不足或烧穿卷材;

②卷材表面热熔后应立即滚铺,排除卷材下面的空气,并粘贴牢固;

③铺贴卷材应平整、顺直,搭接尺寸准确,不得扭曲、皱折;

④卷材接缝部位应溢出热熔的改性沥青胶料,并粘贴牢固,封闭严密。

11)自粘法铺贴卷材应符合下列规定:

①铺贴卷材时,应将有黏性的一面朝向主体结构;

②外墙、顶板铺贴时,排除卷材下面的空气,辊压粘贴牢固;

③铺贴卷材应平整、顺直,搭接尺寸准确,不得扭曲、皱折和起泡;

④立面卷材铺贴完成后,应将卷材端头固定,并应用密封材料封严;

⑤低温施工时,宜对卷材和基面采用热风适当加热,然后铺贴卷材。

12)卷材接缝采用焊接法施工应符合下列规定:

①焊接前卷材应铺放平整,搭接尺寸准确,焊接缝的结合面应清扫干净;

②焊接时应先焊长边搭接缝,后焊短边搭接缝;

③控制热风加热温度和时间,焊接处不得漏焊、跳焊或焊接不牢;

④焊接时不得损害非焊接部位的卷材。

13）铺贴聚乙烯丙纶复合防水卷材应符合下列规定：

①应采用配套的聚合物水泥防水黏结材料；

②卷材与基层粘贴应采用满粘法，黏结面积不应小于90%，刮涂黏结料应均匀，不得露底、堆积、流淌；

③固化后的黏结料厚度不应小于1.3mm；

④卷材接缝部位应挤出黏结料，接缝表面处应涂刮1.3mm厚50mm宽聚合物水泥黏结料封边；

⑤聚合物水泥黏结料固化前，不得在其上行走或进行后续作业。

14）高分子自粘胶膜防水卷材宜采用预铺反粘法施工，并应符合下列规定：

①卷材宜单层铺设；

②在潮湿基面铺设时，基面应平整坚固、无明水；

③卷材长边应采用自粘边搭接，短边应采用胶粘带搭接，卷材端部搭接区应相互错开；

④立面施工时，在自粘边位置距离卷材边缘10～20mm内，每隔400～600mm应进行机械固定，并应保证固定位置被卷材完全覆盖；

⑤浇筑结构混凝土时不得损伤防水层。

15）外防外贴法铺贴卷材防水层

①铺贴卷材应先铺平面，后铺立面，交接处应交叉搭接。

②临时性保护墙应用石灰砂浆砌筑，内表面应用石灰砂浆做找平层，并刷石灰浆。如用模板代替临时性保护墙时，应在其上涂刷隔离剂。

③从底面折向立面的卷材与永久性保护墙的接触部分，应采用空铺法施工。与临时性保护墙或围护结构模板接触的部位，应临时贴附在该墙上或模板上，卷材铺好后，其顶端应临时固定。

④当不设保护墙时，从底面折向立面的卷材的搭接部位的各层卷材揭开，并将其表面清理干净，如卷材有局部损伤，应及时进行修补。卷材搭接的搭接长度，高聚物改性沥青卷材为150mm，合成高分子卷材为100mm。当使用两层卷材时，卷材应错槎接缝，上层卷材应盖过下层卷材。

16）外防内贴法铺贴卷材防水层

①主体结构的保护墙内表面应抹1:3水泥砂浆找平层，然后铺贴卷材，并根据卷材特性选用保护层。

②卷材宜先铺立面，后铺平面。铺贴立面时，应先铺转角，后铺大面。

3. 施工质量验收

（1）检查数量

卷材防水层分项工程检验批的抽样检验数量，应按铺贴面积每100m²抽查

1 处,每处 10m²,且不得少于 3 处。

（2）主控项目

1）卷材防水层所用卷材及其配套材料必须符合设计要求。

检验方法：检查产品合格证、产品性能检测报告和材料进场检验报告。

2）卷材防水层在转角处、变形缝、施工缝、穿墙管等部位做法必须符合设计要求。

检验方法：观察检查和检查隐蔽工程验收记录。

（3）一般项目

1）卷材防水层的搭接缝应粘贴或焊接牢固，密封严密，不得有扭曲、折皱、翘边和起泡等缺陷。

检验方法：观察检查。

2）采用外防外贴法铺贴卷材防水层时，立面卷材接槎的搭接宽度，高聚物改性沥青类卷材应为 150mm，合成高分子类卷材应为 100mm，且上层卷材应盖过下层卷材。

检验方法：观察和尺量检查。

3）侧墙卷材防水层的保护层与防水层应结合紧密，保护层厚度应符合设计要求。

检验方法：观察和尺量检查。

4）卷材搭接宽度的允许偏差应为－10mm。

检验方法：观察和尺量检查。

四、涂料防水层

1. 材料控制要点

（1）具有良好的耐水性、耐久性、耐腐蚀性及耐菌性；

（2）无毒、难燃、低污染；

（3）无机防水涂料应采用掺外加剂、掺合料的水泥基防水涂料或水泥基渗透结晶型防水涂料。无机防水涂料的主要物理性能应符合表 4-16 的要求

表 4-16　无机防水涂料的主要物理性能

项　　目	指　　标	
	掺外加剂、掺外料水泥基防水涂料	水泥基渗透结晶型防水涂料
抗折强度（MPa）	＞4	≥4
黏结强度（MPa）	＞1.0	≥1.0
一次抗渗性（MPa）	＞0.8	≥1.0
二次抗渗性（MPa）	－	≥0.8
冻融循环（次）	＞50	≥50

（4）有机防水涂料按应采用反应型、水乳型、聚合物水泥等涂料；

有机防水涂料的主要物理性能应符合表 4-17 的要求

表 4-17　有机防水涂料的主要物理性能

项　目		指　标		
		反应型防水涂料	水乳型防水涂料	聚合物水泥防水涂料
可操作时间（min）		≥20	≥50	≥30
潮湿基面黏结强度（MPa）		≥0.5	≥0.2	≥1.0
抗渗性（MPa）	涂膜（120min）	≥0.3	≥0.3	≥0.3
	砂浆迎水面	≥0.8	≥0.8	≥0.8
	砂浆背水面	≥0.3	≥0.3	≥0.6
浸水 168h 后拉伸强度（MPa）		≥1.7	≥0.5	≥1.5
浸水 168h 后断裂伸长率（%）		≥400	≥350	≥80
耐水性（%）		≥80	≥80	≥80
表干（h）		≤12	≤4	≤4
实干（h）		≤24	≤12	≤12

2. 施工及质量控制要点

（1）有机防水涂料基面应干燥

当基面较潮湿时，应涂刷湿固化型胶结剂或潮湿界面隔离剂；无机防水涂料施工前，基面应充分润湿，但不得有明水。

（2）涂料防水层施工

1）多组分涂料应按配合比准确计量，搅拌均匀，并应根据有效时间确定每次配制的用量；

2）涂料应分层涂刷或喷涂，涂层应均匀，涂刷应待前遍涂层干燥成膜后进行。每遍涂刷时应交替改变涂层的涂刷方向，同层涂膜的先后搭压宽度宜为 30～50mm；

3）涂料防水层的甩槎处接槎宽度不应小于 100mm，接涂前应将其甩槎表面处理干净；

4）采用有机防水涂料时，基层阴阳角处应做成圆弧；在转角处、变形缝、施工缝、穿墙管等部位应增加胎体增强材料和增涂防水涂料，宽度不应小于 500mm；

5）胎体增强材料的搭接宽度不应小于 100mm。上下两层和相邻两幅胎体的接缝应错开 1/3 幅宽，且上下两层胎体不得相互垂直铺贴。

3. 施工质量验收

（1）检查数量

涂料防水层的施工质量检验数量，应按涂层面积每 100m² 抽查 1 处，每处

$10m^2$,且不得少于 3 处。

（2）主控项目

1）涂料防水层所用的材料及配合比必须符合设计要求。

检验方法:检查产品合格证、产品性能检测报告、计量措施和材料进场检验报告。

2）涂料防水层的平均厚度应符合设计要求,最小厚度不得小于设计厚度的 90%。

检验方法:用针测法检查。

3）涂料防水层在转角处、变形缝、施工缝、穿墙管等部位做法必须符合设计要求。

检验方法:观察检查和检查隐蔽工程验收记录。

（3）一般项目

1）涂料防水层应与基层黏结牢固,涂刷均匀,不得流淌、鼓泡、露槎。

检验方法:观察检查。

2）涂层间夹铺胎体增强材料时,应使防水涂料浸透胎体覆盖完全,不得有胎体外露现象。

检验方法:观察检查。

3）侧墙涂料防水层的保护层与防水层应结合紧密,保护层厚度应符合设计要求。

检验方法:观察检查。

五、塑料板防水层

1. 材料控制要点

（1）幅宽宜为 $2\sim4m$。

（2）厚度宜为 $1\sim2mm$。

（3）耐刺穿性好。

（4）耐久性、耐水性、耐腐蚀性、耐菌性好。

（5）塑料防水板物理力学性能应符合表 4-18 的规定。

表 4-18　塑料防水板物理力学性能

项　　目	指　　标			
	乙烯—醋酸乙烯共聚物	乙烯—沥青共混聚合物	聚氯乙烯	高密度聚乙烯
拉伸强度（MPa）	≥16	≥14	≥10	≥16
断裂延伸率（%）	≥550	≥500	≥200	≥550
不透水性（120min,MPa）	≥0.3	≥0.3	≥0.3	≥0.3

（续）

项 目	乙烯—醋酸乙烯 共聚物	乙烯—沥青共混 聚合物	聚氯乙烯	高密度 聚乙烯
	指 标			
低温弯折性(℃)	−35,无裂纹	−35,无裂纹	−20,无裂纹	−35,无裂纹
热处理尺寸变化率(%)	≤2.0	≤2.5	≤2.0	≤2.0

（6）防水塑料板的选择

塑料板的选用要符合设计要求。目前,国内经常使用的有下列几种产品:

1）EVA 膜系乙烯—醋酸乙烯共聚物。该产品抗拉抗裂、相对密度小。具有柔软性和延伸率大的优点,防水效果好,方便施工。

2）LDPE 膜系低密度聚乙烯。该产品抗压强度及延伸率大,柔软、易于施工,价格低。燃烧速度大于 EVA,不耐晒。

3）HDPE 高密度聚乙烯,抗拉强度、延伸率等技术指标较高,质硬,施工困难。

4）ECB 乙烯共聚物沥青,板厚 1.0～2.0mm,抗拉强度、延伸率、抗刺穿能力等性能优于 EVA、LDPE,在有振动、扭曲等复杂环境下也能达到防水。铺设稍困难、造价也高。

5）聚氯乙烯板（PVC 板）。厚度 1～3mm,幅宽较窄(1m),接缝多,相对密度大,不易铺设。焊接时,逸出 HCl 有害气体,造成环境污染。

2. 施工及质量控制要点

（1）塑料防水板防水层的基面应平整,无尖锐突出物,基面平整度 D/L 不应大于 1/6。

注:D 为初期支护基面相邻两凸面间凹进去的深度;

　　L 为初期支护基面相邻两凸面间的距离。

（2）初期支护的渗漏水,应在塑料防水板防水层铺设前封堵或引排。

（3）塑料板防水层的铺设应符合下列规定:

1）铺设塑料防水板前应先铺缓冲层,缓冲层应用暗钉圈固定在基面上;缓冲层搭接宽度不应小于 50mm;铺设塑料防水板时,应边铺边用压焊机将塑料防水板与暗钉圈焊接;

2）两幅塑料防水板的搭接宽度不应小于 100mm,下部塑料防水板应压住上部塑料防水板。接缝焊接时,塑料防水板的搭接层数不得超过 3 层;

3）塑料防水板的搭接缝应采用双焊缝,每条焊缝的有效宽度不应小于 10mm;

4）塑料防水板铺设时宜设置分区预埋注浆系统;

5）分段设置塑料防水板防水层时,两端应采取封闭措施

（4）塑料防水板的铺设应超前二次衬砌混凝土施工，超前距离宜为 5～20m。

（5）塑料防水板应牢固地固定在基面上，固定点间距应根据基面平整情况确定，拱部宜为 0.5～0.8m，边墙宜为 1.0～1.5m，底部宜为 1.5～2.0m；局部凹凸较大时，应在凹处加密固定点。

（6）铺设质量检查及处理

铺设后应采用放大镜观察，当两层经焊接在一起的防水板呈透明状，无气泡，即融为一体，表明焊接严密。要确保无纺布和防水板的搭接宽度，并着重检测焊缝质量。检测内容包括：

1）焊缝拉伸强度，应不小于防水板本身强度的 70%。

2）焊缝抗剥离强度，根据实验建议值应大于 7kg/cm。

3）采用充气法检查，用 5 号注射用针头插入两条焊缝中间空腔，用人工气筒打气检查。当压力达到 0.10～0.15MPa 时，保持压力时间不少于 1min，焊缝和材料都不发生破坏，表明焊接质量良好。

3. 施工质量验收

（1）检查数量

塑料防水板防水层分项工程检验批的抽样检验数量，应按铺设面积每 100m² 抽查 1 处，每处 10 时，且不得少于 3 处。焊缝检验应按焊缝条数抽查 5%，每条焊缝为 1 处，且不得少于 3 处。

（2）主控项目

1）塑料防水板及其配套材料必须符合设计要求。

检验方法：检查产品合格证、产品性能检测报告和材料进场检验报告。

2）塑料防水板的搭接缝必须采用双缝热熔焊接，每条焊缝的有效宽度不应小于 10mm。

检验方法：双焊缝间空腔内充气检查和尺量检查。

（3）一般项目

1）塑料防水板应采用无钉孔铺设，其固定点的间距应符合《地下防水工程质量验收规范》（GB 50208—2011）第 4.5.6 条的规定。

检验方法：观察和尺量检查。

2）塑料防水板与暗钉圈应焊接牢靠，不得漏焊、假焊和焊穿。

检验方法：观察检查。

3）塑料防水板的铺设应平顺，不得有下垂、绷紧和破损现象。

检验方法：观察检查。

4）塑料防水板搭接宽度的允许偏差应为 -10mm。

检验方法：尺量检查。

六、金属板防水层

1. 材料控制要点

金属板防水层所采用的金属材料和保护材料应符合设计要求。金属材料及其焊接材料的规格、外观质量和主要物理性能,应符合国家现行有关标准的规定。

2. 施工及质量控制要点

(1)金属板表面有锈蚀、麻点或划痕等缺陷时,其深度不得大于该板材厚度的负偏差值。

(2)金属板的拼接及金属板与工程结构的锚固件连接应采用焊接。

(3)金属板的拼接焊缝应进行外观检查和无损检验。

3. 施工质量验收

(1)检查数量

金属板防水层分项工程检验批的抽样检验数量,应按铺设面积每 $10m^2$ 抽查 1 处,每处 $1m^2$,且不得少于 3 处。焊缝表面缺陷检验应按焊缝的条数抽查 5%,且不得少于 1 条焊缝;每条焊缝检查 1 处,总抽查数不得少于 10 处。

(2)主控项目

1)金属防水层所采用的金属板和焊接材料必须符合设计要求。

检验方法:检查产品合格证、产品性能检测报告和材料进场检验报告。

2)焊工应持有有效的执业资格证书。

检验方法:检查焊工执业资格证书和考核日期。

(3)一般项目

1)金属板表面不得有明显凹面和损伤。

检验方法:观察检查。

2)焊缝不得有裂纹、未熔合、夹渣、焊瘤、咬边、烧穿、弧坑、针状气孔等缺陷。

检验方法:观察检查和使用放大镜、焊缝量规及钢尺检查,必要时采用渗透或磁粉探伤检查。

3)焊缝的焊波应均匀,焊渣和飞溅物应清除干净;保护涂层不得有漏涂、脱皮和反锈现象。

检验方法:观察检查。

七、膨润土防水材料防水层

1. 材料控制要点

(1)膨润土防水材料中的膨润土颗粒应采用钠基膨润土,不应采用钙基膨润土。

（2）膨润土防水材料应具有良好的不透水性、耐久性、耐腐蚀性和耐菌性；

（3）膨润土防水毯非织布外表面宜附加一层高密度聚乙烯膜；

（4）膨润土防水毯的织布层和非织布层之间应连结紧密、牢固，膨润土颗粒应分布均匀；

（5）膨润土防水板的膨润土颗粒应分布均匀、粘贴牢固，基材应采用厚度为 0.6～1.0mm 的高密度聚乙烯片材。

（6）膨润土防水材料的性能指标应符合表 4-19 的要求。

表 4-19　膨润土防水材料性能指标

项　　　目		性　能　指　标		
		针刺法钠基膨润土防水毯	刺覆膜法钠基膨润土防水毯	胶粘法钠基膨润土防水毯
单位面积质量（g/m²、干重）		≥4000		
膨润土膨胀指数（mL/2g）		≥24		
拉伸强度（N/100m）		≥600	≥700	≥600
最大负荷下伸长率（%）		≥10	≥10	≥8
剥离强度	非制造布－编织布（N/10cm）	≥40	≥40	
	PE 膜－非制造布（N/10cm）	—	≥30	—
渗透系数（cm/s）		≤5×10⁻¹¹	≤5×10⁻¹²	≤5×10⁻¹³
滤失量（mL）		≤18		
膨润土耐久性/（mL/2g）		≥20		

2. 施工及质量控制要点

（1）膨润土防水材料防水层基面应坚实、清洁，不得有明水，基面平整度应符合《地下防水工程质量验收规范》（GB 50208—2011）第 4.5.2 条的规定；基层阴阳角应做成圆弧或坡角。

（2）立面和斜面铺设膨润土防水材料时，应上层压着下层，卷材与基层、卷材与卷材之间应密贴，并应平整无褶皱。

（3）膨润土防水毯的织布面和膨润土防水板的膨润土面，均应与结构外表面密贴。

（4）膨润土防水材料应采用水泥钉和垫片固定；立面和斜面上的固定间距宜为 400～500mm，平面上应在搭接缝处固定。

（5）膨润土防水材料的搭接宽度应大于 100mm；搭接部位的固定间距宜为 200～300mm，固定点与搭接边缘的距离宜为 25～30mm，搭接处应涂抹膨润土密封膏。平面搭接缝处可干撒膨润土颗粒，其用量宜为 0.3～0.5kg/m。

（6）膨润土防水材料的收口部位应采用金属压条和水泥钉固定，并用膨润土密封膏覆盖。

（7）转角处和变形缝、施工缝、后浇带等部位均应设置宽度不小于 500mm 加强层，加强层应设置在防水层与结构外表面之间。穿墙管件部位宜采用膨润土橡胶止水条、膨润土密封膏进行加强处理。

（8）膨润土防水材料与其他防水材料过渡时，过渡搭接宽度应大于 400mm，搭接范围内应涂抹膨润土密封膏或铺撒膨润土粉。

（9）破损部位应采用与防水层相同的材料进行修补，补丁边缘与破损部位边缘的距离不应小于 100mm；膨润土防水板表面膨润土颗粒损失严重时应涂抹膨润土密封膏。

3. 施工质量验收

（1）检查数量

膨润土防水材料防水层分项工程检验批的抽样检验数量，应按铺设面积每 100m² 抽查 1 处，每处 10m²，且不得少于 3 处。

（2）主控项目

1）膨润土防水材料必须符合设计要求。

检验方法：检查产品合格证、产品性能检测报告和材料进场检验报告。

2）膨润土防水材料防水层在转角处和变形缝、施工缝、后浇带、穿墙管等部位做法必须符合设计要求。

检验方法：观察检查和检查隐蔽工程验收记录。

（3）一般项目

1）膨润土防水毯的织布面或防水板的膨润土面，应朝向工程主体结构的迎水面。

检验方法：观察检查。

2）立面或斜面铺设的膨润土防水材料应上层压住下层，防水层与基层、防水层与防水层之间应密贴，并应平整无折皱。

检验方法：观察检查。

3）膨润土防水材料的搭接和收口部位应符合《地下防水工程质量验收规范》（GB 50208—2011）第 4.7.5 条、第 4.7.6 条、第 4.7.7 条的规定。

检验方法：观察和尺量检查。

4）膨润土防水材料搭接宽度的允许偏差应为 -10mm。

检验方法：观察和尺量检查。

第三节 细部构造

一、施工缝

1. 材料控制要点

施工缝应采用止水带、遇水膨胀橡胶腻子止水条等高分子防水材料和接缝密封材料。材料的品种、规格和性能必须符合设计要求。

防水涂料、防水砂浆外加剂均应有出厂证明及检验报告,其质量应符合相关标准的规定。

2. 施工及质量控制要点

1)水平施工缝浇筑混凝土前,应将其表面浮浆和杂物清除,铺水泥砂浆或涂刷混凝土界面处理剂并及时浇筑混凝土。

2)垂直施工缝浇筑混凝土前,应将其表面清理干净,涂刷混凝土界面处理剂并及时浇筑混凝土。

3)施工缝采用遇水膨胀橡胶腻子止水条时,应将止水条牢固地安装在缝表面预留槽内。

4)施工缝采用中埋止水带时,应确保止水带位置准确、固定牢靠。

5)施工缝的防水构造。

施工缝防水构造形式宜按图 4-1、4-2、4-3、4-4 选用,当采用两种以上构造措施时可进行有效组合。

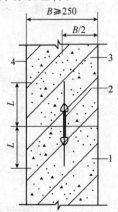

图 4-1 施工缝防水构造(一)

钢板止水带 $L \geqslant 150$;橡胶止水带 $L \geqslant 200$;
钢边橡胶止水带 $L \geqslant 120$;
1-先浇混凝土;2-中埋止水带;
3-后浇混凝土;4-结构迎水面

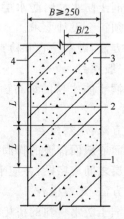

图 4-2 施工缝防水构造(二)

外贴止水带 $L \geqslant 150$;外涂防水涂料 $L = 200$;
外抹防水砂浆 $L = 200$
1-先浇混凝土;2-外贴式止水带;
3-后浇混凝土;4-结构迎水面

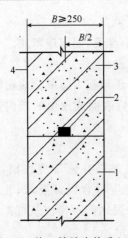

图 4-3 施工缝防水构造(三)

1-先浇混凝土；2-遇水膨胀止水条(胶)；

3-后浇混凝土；4-结构迎水面

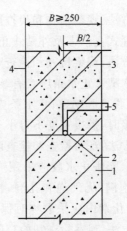

图 4-4 施工缝防水构造(四)

1-先浇混凝土；2-预理注浆管；

3-后浇混凝土；4-注浆导管

3. 施工质量验收

(1)主控项目

1)施工缝用止水带、遇水膨胀止水条或止水胶、水泥基渗透结晶型防水涂料和预埋注浆管必须符合设计要求。

检验方法：检查产品合格证、产品性能检测报告和材料进场检验报告。

2)施工缝防水构造必须符合设计要求。

检验方法：观察检查和检查隐蔽工程验收记录。

(2)一般项目

1)墙体水平施工缝应留设在高出底板表面不小于 300mm 的墙体上。拱、板与墙结合的水平施工缝,宜留在拱、板与墙交接处以下 150~300mm 处;垂直施工缝应避开地下水和裂隙水较多的地段,并宜与变形缝相结合。

检验方法：观察检查和检查隐蔽工程验收记录。

2)在施工缝处继续浇筑混凝土时,已浇筑的混凝土抗压强度不应小于 1.2MPa。

检验方法：观察检查和检查隐蔽工程验收记录。

3)水平施工缝浇筑混凝土前,应将其表面浮浆和杂物清除,然后铺设净浆、涂刷混凝土界面处理剂或水泥基渗透结晶型防水涂料,再铺 30~50mm 厚的 1:1 水泥砂浆,并及时浇筑混凝土。

检验方法：观察检查和检查隐蔽工程验收记录。

4)垂直施工缝浇筑混凝土前,应将其表面清理干净,再涂刷混凝土界面处理剂或水泥基渗透结晶型防水涂料,并及时浇筑混凝土。

检验方法:观察检查和检查隐蔽工程验收记录。

5)中埋式止水带及外贴式止水带埋设位置应准确,固定应牢靠。

检验方法:观察检查和检查隐蔽工程验收记录。

6)遇水膨胀止水条应具有缓膨胀性能;止水条与施工缝基面应密贴,中间不得有空鼓、脱离等现象;止水条应牢固地安装在缝表面或预留凹槽内;止水条采用搭接连接时,搭接宽度不得小于 30mm。

检验方法:观察检查和检查隐蔽工程验收记录。

7)遇水膨胀止水胶应采用专用注胶器挤出黏结在施工缝表面,并做到连续、均匀、饱满,无气泡和孔洞,挤出宽度及厚度应符合设计要求;止水胶挤出成形后,固化期内应采取临时保护措施;止水胶固化前不得浇筑混凝土。

检验方法:观察检查和检查隐蔽工程验收记录。

8)预埋注浆管应设置在施工缝断面中部,注浆管与施工缝基面应密贴并固定牢靠,固定间距宜为 200～300mm;注浆导管与注浆管的连接应牢固、严密,导管埋入混凝土内的部分应与结构钢筋绑扎牢固,导管的末端应临时封堵严密。

检验方法:观察检查和检查隐蔽工程验收记录。

二、变形缝

1. 材料控制要点

(1)变形缝用橡胶止水带的物理性能应符合表 4-20 的要求。

表 4-20　橡胶止水带物理性能

项　目		性能要求		
		B 型	S 型	J 型
硬度(邵尔 A,度)		60±5	60±5	60±5
拉伸强度(MPa)		≥15	≥12	≥10
扯断伸长率(%)		≥380	≥380	≥300
压缩永久变形	70℃×24h,%	≤35	≤35	≤25
	23℃×168h,%	≤20	≤20	≤20
撕裂强度(kN/m)		≥30	≥25	≥25
脆性温度(℃)		≤−45	≤−40	≤−40
热空气老化 70℃×168h	硬度变化(邵尔 A,度)	+8	+8	—
	拉伸强度(MPa)	≥12	≥10	—
	扯断伸长率(%)	≥300	≥300	—

（续）

项 目		性能要求		
		B 型	S 型	J 型
热空气老化 100℃×168h	硬度变化（邵尔 A，度）	—	—	+9
	拉伸强度（MPa）	—	—	≥9
	扯断伸长率（%）	—	—	≥250
橡胶与金属粘合		断面在弹性体内		

（2）密封材料应采用混凝土建筑接缝用密封胶，不同模量的建筑接缝用密封胶的物理性能应符合表 4-21 的要求。

表 4-21 建筑接缝用密封胶物理性能

			性能要求			
			25（低模量）	25（高模量）	20（低模量）	20（高模量）
流动性	下垂度（N 型）	垂直（mm）	≤3			
		水平（mm）	≤3			
	流平性（S 型）		光滑平整			
挤出性（ml/min）			≥80			
弹性恢复率（%）			≥80		≥60	
拉伸模量（MPa） 23℃ －20℃			≤0.4 和≤0.6	>0.4 或>0.6	≤0.4 和≤0.6	>0.4 或>0.6
定伸黏结性			无破坏			
浸水后定伸黏结性			无破坏			
热压冷拉后黏结性			无破坏			
体积收缩率（%）			≤25			

2. 施工及质量控制要点

（1）止水带宽度和材质的物理性能均应符合设计要求，且无裂缝和气泡；接头应采用热接，不得叠接，接缝平整、牢固，不得有裂口和脱胶现象。

（2）中埋式止水带施工应符合下列规定：

1）止水带埋设位置应准确，其中间空心圆环应与变形缝的中心线重合；

2）止水带应固定，顶、底板内止水带应成盆状安设；

3）中埋式止水带先施工一侧混凝土时，其端模应支撑牢固，并应严防漏浆；

4）止水带的接缝宜为一处，应设在边墙较高位置上，不得设在结构转角处，接头宜采用热压焊接；

5）中埋式止水带在转弯处应做成圆弧形，（钢边）橡胶止水带的转角半径应小于 200mm,转角半径应随止水带的宽度增大而相应加大。

(3)安设于结构内侧的可卸式止水带施工时所需配件应一次配齐,转角处应做 45°折角,并应增加紧固件的数量。

(4)密封材料嵌填施工时,应符合下列规定:

1)缝内两侧基面应平整干净、干燥,并应刷涂与密封材料相容的基层处理剂;

2)嵌填底部应设置背衬材料;

3)嵌填应密实连续、饱满,并应黏贴牢固。

(5)变形缝的几种复合防水构造形式,见图 4-5、4-6、4-7。

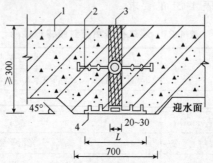

图 4-5　中埋式止水带与外贴防水层复合使用

外贴式止水带 $L \geqslant 300$　外贴防水卷材 $L \geqslant 400$　外涂防水涂层 $L \geqslant 400$

1—混凝土结构;2—中埋式止水带;3—填缝材料;4—外贴止水带

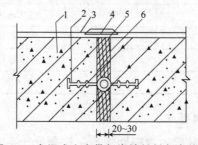

图 4-6　中埋式止水带与嵌缝材料复合使用

1—混凝土结构;2—中埋式止水带;3—防水层;4—隔离层;5—密封材料;6—填缝材料

3. 施工质量验收

(1)主控项目

1)变形缝用止水带、填缝材料和密封材料必须符合设计要求。

检验方法:检查产品合格证、产品性能检测报告和材料进场检验报告。

2)变形缝防水构造必须符合设计要求。

检验方法:观察检查和检查隐蔽工程验收记录。

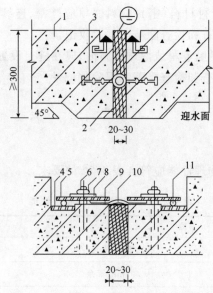

图 4-7　中埋式止水带与可卸式复合使用

1—混凝土结构；2—填缝材料；3—中埋式止水带；4—预埋钢板；5—紧固件压板；
6—预埋螺栓；7—螺母；8—垫圈；9—紧固件压块；10—Ω型止水带；11—紧固件圆钢

3）中埋式止水带埋设位置应准确，其中间空心圆环与变形缝的中心线应重合。

检验方法：观察检查和检查隐蔽工程验收记录。

（2）一般项目

1）中埋式止水带的接缝应设在边墙较高位置上，不得设在结构转角处；接头宜采用热压焊接，接缝应平整、牢固，不得有裂口和脱胶现象。

检验方法：观察检查和检查隐蔽工程验收记录。

2）中埋式止水带在转弯处应做成圆弧形；顶板、底板内止水带应安装成盆状，并宜采用专用钢筋套或扁钢固定。

检验方法：观察检查和检查隐蔽工程验收记录。

3）外贴式止水带在变形缝与施工缝相交部位宜采用十字配件；外贴式止水带在变形缝转角部位宜采用直角配件。止水带埋设位置应准确，固定应牢靠，并与固定止水带的基层密贴，不得出现空鼓、翘边等现象。

检验方法：观察检查和检查隐蔽工程验收记录。

4）安设于结构内侧的可卸式止水带所需配件应一次配齐，转角处应做成45°坡角，并增加紧固件的数量。

检验方法：观察检查和检查隐蔽工程验收记录。

5）嵌填密封材料的缝内两侧基面应平整、洁净、干燥，并应涂刷基层处理剂;嵌缝底部应设置背衬材料;密封材料嵌填应严密、连续、饱满,黏结牢固。

检验方法:观察检查和检查隐蔽工程验收记录。

6)变形缝处表面粘贴卷材或涂刷涂料前,应在缝上设置隔离层和加强层。

检验方法:观察检查和检查隐蔽工程验收记录。

三、后浇带

1. 材料控制要点

混凝土膨胀剂的物理性能应符合表 4-22 的要求。

表 4-22　混凝土膨胀剂物理性能

项　　目			性能指标
细度	比表面积(m³/kg)		≥250
	0.08mm 筛余(%)		≤12
	1.25mm 筛余(%)		≤0.5
凝结时间	初凝(min)		≥45
	终凝(h)		≤10
限制膨胀率(%)	水中	7d	≥0.025
		28d	≤0.10
	空气中	21d	≥-0.020
抗压强度(MPa)	7d		≥25.0
	28d		≥45.0
抗折强度(MPa)	7d		≥4.5
	28d		≥6.5

2. 施工及质量控制要点

(1)后浇带宜用于不允许留设变形缝的工程部位。

(2)后浇带应在其两侧混凝土龄期达到 42d 后再施工;高层建筑的后浇带施工应按规定时间进行。

(3)补偿收缩混凝土的膨胀剂掺量不宜大于 12%。

(4)后浇带混凝土应一次浇筑,不得留设施工缝;混凝土浇筑后应及时养护,养护时间不得少于 28d。

(5)后浇带需超前止水时,后浇带部位的混凝土应局部加厚,并应增设外贴式或中埋式止水带(图 4-8)。

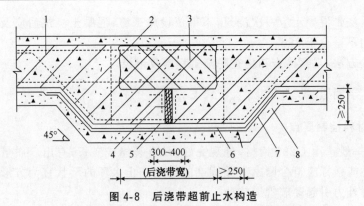

图 4-8　后浇带超前止水构造

1—混凝土结构；2—钢丝网片；3—后浇带；4—填缝材料；
5—外贴式止水带；6—细石混凝土保护层；7—卷材防水层；8—垫层混凝土

3. 施工质量验收

（1）主控项目

1）后浇带用遇水膨胀止水条或止水胶、预埋注浆管、外贴式止水带必须符合设计要求。

检验方法：检查产品合格证、产品性能检测报告和材料进场检验报告。

2）补偿收缩混凝土的原材料及配合比必须符合设计要求。

检验方法：检查产品合格证、产品性能检测报告、计量措施和材料进场检验报告。

3）后浇带防水构造必须符合设计要求。

检验方法：观察检查和检查隐蔽工程验收记录。

4）采用掺膨胀剂的补偿收缩混凝土，其抗压强度、抗渗性能和限制膨胀率必须符合设计要求。

检验方法：检查混凝土抗压强度、抗渗性能和水中养护 14d 后的限制膨胀率检验报告。

（2）一般项目

1）补偿收缩混凝土浇筑前，后浇带部位和外贴式止水带应采取保护措施。

检验方法：观察检查。

2）后浇带两侧的接缝表面应先清理干净，再涂刷混凝土界面处理剂或水泥基渗透结晶型防水涂料；后浇混凝土的浇筑时间应符合设计要求。

检验方法：观察检查和检查隐蔽工程验收记录。

3）遇水膨胀止水条、遇水膨胀止水胶、预埋注浆管、外贴式止水带的施工应符合《地下防水工程质量验收规范》（GB 50108—2011）的相关规定。

检验方法：观察检查和检查隐蔽工程验收记录。

4)后浇带混凝土应一次浇筑,不得留设施工缝;混凝土浇筑后应及时养护,养护时间不得少于28d。

检验方法:观察检查和检查隐蔽工程验收记录。

四、穿墙管

1. 材料控制要点

(1)一般选用 Q235 钢材,外观完好,没有裂缝或皱折,有出厂质量证明书,其各项性能指标应符合国家有关标准的规定。止水环的形状宜为方形,以免管道安装时外力引起穿墙管道转动。

(2)防腐油漆涂料的品种、牌号、颜色及配套底漆、腻子,应符合设计要求和国家标准的规定,并应有产品质量证明书。

2. 施工及质量控制要点

(1)穿墙管应在浇筑混凝土前预埋。

(2)穿墙管与内墙角、凹凸部位的距离应大于 250mm。

(3)穿墙管防水施工时应符合下列要求:

1)金属止水环应与主管或套管满焊密实,采用套管式穿墙防水构造时,翼环与套管应满焊密实,并应在施工前将套管内表面清理干净。

2)相邻穿墙管间的间距应大于 300mm。

采用遇水膨胀止水圈的穿墙管,管径宜小于 50mm,止水圈应采用胶贴剂满粘固定于管上,并应涂缓涨剂或采用膨胀剂型遇水膨胀止水圈。

(4)穿墙管伸出外墙的部位,应采取防止回填时将管体损坏的措施。

(5)结构变形或管道伸缩量较小时,穿墙管可采用主管直接埋入混凝土内的固定式防水法,主管应加焊止水环或环绕遇水膨胀止水圈,并应在迎水面预留凹槽,槽内应采用密封材料嵌填密实。其防水构造形式宜采用图 4-9 和图 4-10。

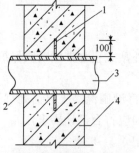

图 4-9 固定式穿墙管防水构造(一)

1—止水环;2—密封材料;
3—主管;4—混凝土结构

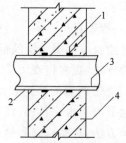

图 4-10 固定式穿墙管防水构造(二)

1—遇水膨胀止水圈;2—密封材料;
3—主管;4—混凝土结构

3. 施工质量验收

(1)主控项目

1)穿墙管用遇水膨胀止水条和密封材料必须符合设计要求。

检验方法:检查产品合格证、产品性能检测报告和材料进场检验报告。

2)穿墙管防水构造必须符合设计要求。

检验方法:观察检查和检查隐蔽工程验收记录。

(2)一般项目

1)固定式穿墙管应加焊止水环或环绕遇水膨胀止水圈,并作好防腐处理;穿墙管应在主体结构迎水面预留凹槽,槽内应用密封材料嵌填密实。

检验方法:观察检查和检查隐蔽工程验收记录。

2)套管式穿墙管的套管与止水环及翼环应连续满焊,并作好防腐处理;套管内表面应清理干净,穿墙管与套管之间应用密封材料和橡胶密封圈进行密封处理,并采用法兰盘及螺栓进行固定。

检验方法:观察检查和检查隐蔽工程验收记录。

3)穿墙盒的封口钢板与混凝土结构墙上预埋的角钢应焊严,并从钢板上的预留浇注孔注入改性沥青密封材料或细石混凝土,封填后将浇注孔口用钢板焊接封闭。

检验方法:观察检查和检查隐蔽工程验收记录。

4)当主体结构迎水面有柔性防水层时,防水层与穿墙管连接处应增设加强层。

检验方法:观察检查和检查隐蔽工程验收记录。

5)密封材料嵌填应密实、连续、饱满,黏结牢固。

检验方法:观察检查和检查隐蔽工程验收记录。

五、埋设件

1. 材料控制要点

(1)结构上的埋设件应采用预埋或预留孔(槽)等。

(2)埋设件端部或预留孔(槽)底部的混凝土厚度不得小于 250mm,当厚度小于 250mm 时,应采取局部加厚或其他防水措施(图 4-11)。

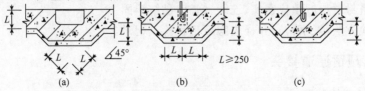

图 4-11 预埋件或预留孔(槽)处理

(a)预留槽;(b)预留孔;(c)预埋件

(3)预留孔(槽)内的防水层,宜与孔(槽)外的结构防水层保持连续。

2. 施工及质量控制要点

(1)埋设件端部或预留孔(槽)底部的混凝土厚度不得小于 250mm,当厚度小于 250mm 时,应采取局部加厚或其他防水措施。

(2)预留地坑、孔洞、沟槽内的防水层,应与孔(槽)外的结构防水层保持连续。

(3)固定模板用的螺栓必须穿过混凝土结构时,螺栓或套管应满焊止水环或翼环;采用工具式螺栓或螺栓加堵头做法,拆模后应采取加强防水措施将留下的凹槽封堵密实。

3. 施工质量验收

(1)主控项目

1)埋设件用密封材料必须符合设计要求。

检验方法:检查产品合格证、产品性能检测报告、材料进场检验报告。

2)埋设件防水构造必须符合设计要求。

检验方法:观察检查和检查隐蔽工程验收记录。

(2)一般项目

1)埋设件应位置准确,固定牢靠;埋设件应进行防腐处理。

检验方法:观察、尺量和手扳检查。

2)埋设件端部或预留孔、槽底部的混凝土厚度不得小于 250mm;当混凝土厚度小于 250mm 时,应局部加厚或采取其他防水措施。

检验方法:尺量检查和检查隐蔽工程验收记录。

3)结构迎水面的埋设件周围应预留凹槽,凹槽内应用密封材料填实。

检验方法:观察检查和检查隐蔽工程验收记录。

4)用于固定模板的螺栓必须穿过混凝土结构时,可采用工具式螺栓或螺栓加堵头,螺栓上应加焊止水环。拆模后留下的凹槽应用密封材料封堵密实,并用聚合物水泥砂浆抹平。

检验方法:观察检查和检查隐蔽工程验收记录。

5)预留孔、槽内的防水层应与主体防水层保持连续。

检验方法:观察检查和检查隐蔽工程验收记录。

6)密封材料嵌填应密实、连续、饱满,黏结牢固。

检验方法:观察检查和检查隐蔽工程验收记录。

六、预留通道接头

1. 材料控制要求

(1)预留通道接头处的最大沉降差值不得大于 30mm。

（2）预留通道接头应采取变形缝防水构造形式（图 4-12、4-13）。

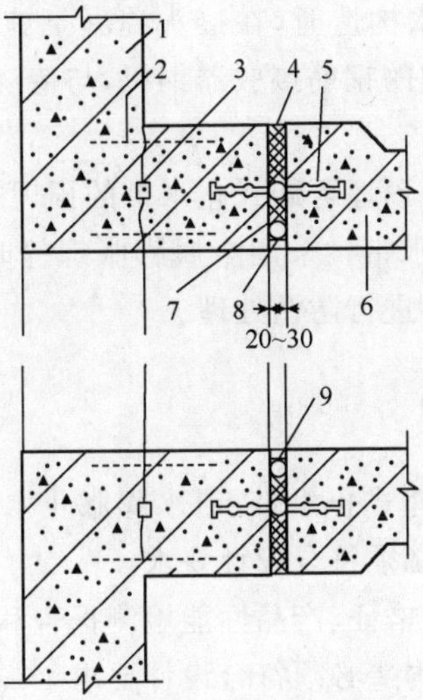

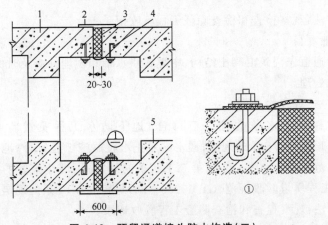

图 4-12　预留通道接头防水构造（一）

1—先浇混凝土结构；2—连接钢筋；3—遇水膨胀止水条（胶）；4—填缝材料；5—中埋式止水带；

6—后浇混凝土结构；7—遇水膨胀橡胶条（胶）；8—密封材料；9—填充材料

图 4-13　预留通道接头防水构造（二）

1—先浇混凝土结构；2—防水涂料；3—填缝材料；

4—可卸式止水带；5—后浇混凝土结构

2. 施工及质量控制要点

（1）中埋式止水带、遇水膨胀橡胶条（胶）、预埋注浆管、密封材料、可卸式止水带的施工应符合本节"二、施工缝"的有关规定；

（2）预留通道先施工部位的混凝土、中埋式止水带和防水相关的预埋件等应及时保护，并应确保端部表面混凝土和中埋式止水带清洁，埋设件不得锈蚀；

（3）采用图 4-12 的防水构造时,在接头混凝土施工前应将先浇混凝土端部表面凿毛,露出钢筋或预埋的钢筋接驳器钢板,与待浇混凝土部位的钢筋焊接或连接好后再行浇筑；

（4）当先浇混凝土中未预埋可卸式止水带的预埋螺栓时,可选用金属或尼龙的膨胀螺栓固定可卸式止水带。采用金属膨胀螺栓时,可选用不锈钢材料或用金属涂膜、环氧涂料等涂层进行防锈处理。

3. 施工质量验收

（1）主控项目

1）预留通道接头用中埋式止水带、遇水膨胀止水条或止水胶、预埋注浆管、密封材料和可卸式止水带必须符合设计要求。

检验方法:检查产品合格证、产品性能检测报告和材料进场检验报告。

2）预留通道接头防水构造必须符合设计要求。

检验方法:观察检查和检查隐蔽工程验收记录。

3）中埋式止水带埋设位置应准确,其中间空心圆环与变形缝的中心线应重合。

检验方法:观察检查和检查隐蔽工程验收记录。

（2）一般项目

1）预留通道先浇筑混凝土结构、中埋式止水带和预埋件应及时保护,预埋件应进行防锈处理。

检验方法:观察检查。

2）遇水膨胀止水条的施工应符合《地下防水工程质量验收规范》GB 50208—2011 第 5.1.8 条的规定;遇水膨胀止水胶的施工应符合《地下防水工程质量验收规范》GB 50208—2011 第 5.1.9 条的规定;预埋注浆管的施工应符合《地下防水工程质量验收规范》GB 50208—2011 第 5.1.10 条的规定。

检验方法:观察检查和检查隐蔽工程验收记录。

3）密封材料嵌填应密实、连续、饱满,黏结牢固。

检验方法:观察检查和检查隐蔽工程验收记录。

4）用膨胀螺栓固定可卸式止水带时,止水带与紧固件压块以及止水带与基面之间应结合紧密。采用金属膨胀螺栓时,应选用不锈钢材料或进行防锈处理。

检验方法:观察检查和检查隐蔽工程验收记录。

5）预留通道接头外部应设保护墙。

检验方法:观察检查和检查隐蔽工程验收记录。

七、桩头

1. 材料控制要求

(1)水泥的品种应按设计要求选用,水泥的强度等级不得低于32.5级,在不受侵蚀性介质和冻融作用时,宜采用普通硅酸盐水泥。在受侵蚀性介质作用的条件下,应按介质的性质选用相应的水泥。

(2)桩头所用防水材料应具有良好的黏结性、湿固化性;

(3)桩头防水材料应与垫层防水层连为一体。

2. 施工及质量控制要点

(1)垫层与桩头清扫干净、无杂物,进行基层验收。一般应在垫层上抹砂浆找平层。找平层在桩头周围应留出约300mm的位置,以后抹防水砂浆。

(2)用铁丝将裁好的膨胀止水条绑扎在桩头受力钢筋根部,距混凝土面约30mm,并应对遇水膨胀止水条(胶)做好保护。

(3)垫层与桩头干燥程度达到要求后,桩头根部(即与垫层接触部位)嵌填黏结力强、耐酸碱、耐久性好的密封材料,其截面呈三角,高、宽均为20mm为宜,形成密封圈。

(4)密封材料干燥后,做桩头防水层,可先刷一层水泥渗透结晶型防水涂料,再抹防水砂浆。也可直接用聚合物防水砂浆分三层铺抹20mm厚,范围超出桩头四周约250mm,并与垫层上砂浆找平层接平,便于贴卷材。聚合物防水砂浆在桩头钢筋根部应向上抹,将膨胀止水条包住,在钢筋根部形成高约80mm的砂浆保护层。

(5)在找平层上铺贴防水卷材(或刷防水涂料),防水卷材与桩头防水砂浆搭接不少于100mm,使其形成一个密封的防水层。卷材收头必须用密封材料封严,其宽度不小于10mm。

(6)桩头防水构造形式应符合图4-14和4—15的规定。

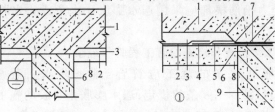

图 4-14 桩头防水构造(一)

1—结构底板;2—底板防水层;3—细石混凝土保护层;4—防水层;
5—水泥基渗透结晶型防水涂料;6—桩基受力筋;7—遇水膨胀止水条(胶);
8—混凝土垫层;9—密封材料

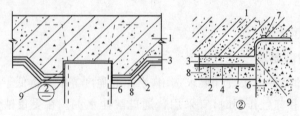

图 4-15　桩头防水构造(二)

1—结　构板;2—底板防水层;3—细石混凝土保护层;4—聚合物水泥防水砂浆;

5—水泥基渗透结晶型防水涂料;6—桩基受力筋;7—遇水膨胀止水条(胶);

8—混凝土垫层;9—密封材料

3. 施工质量验收

(1)主控项目

1)桩头用聚合物水泥防水砂浆、水泥基渗透结晶型防水涂料、遇水膨胀止水条或止水胶和密封材料必须符合设计要求。

检验方法:检查产品合格证、产品性能检测报告和材料进场检验报告。

2)桩头防水构造必须符合设计要求。

检验方法:观察检查和检查隐蔽工程验收记录。

3)桩头混凝土应密实,如发现渗漏水应及时采取封堵措施。

检验方法:观察检查和检查隐蔽工程验收记录。

(2)一般项目

1)桩头顶面和侧面裸露处应涂刷水泥基渗透结晶型防水涂料,并延伸至结构底板垫层 150mm 处;桩头周围 300mm 范围内应抹聚合物水泥防水砂浆过渡层。

检验方法:观察检查和检查隐蔽工程验收记录。

2)结构底板防水层应做在聚合物水泥防水砂浆过渡层上并延伸至桩头侧壁,其与桩头侧壁接缝处应采用密封材料嵌填。

检验方法:观察检查和检查隐蔽工程验收记录。

3)桩头的受力钢筋根部应采用遇水膨胀止水条或止水胶,并应采取保护措施。

检验方法:观察检查和检查隐蔽工程验收记录。

4)遇水膨胀止水条的施工应符合《地下防水工程质量验收规范》(GB 50208—2011)第 5.1.8 条的规定;遇水膨胀止水胶的施工应符合《地下防水工程质量验收规范》(GB 50208—2011)第 5.1.9 条的规定。

检验方法:观察检查和检查隐蔽工程验收记录。

5)密封材料嵌填应密实、连续、饱满,黏结牢固。

检验方法:观察检查和检查隐蔽工程验收记录。

八、孔口

1. 材料控制要点

(1)孔口混凝土碎石粒径 5～31.5mm,含泥量不得大于 1.0％,质量应符合《普通混凝土用砂、石质量及检验方法标准》(JGJ 52—2006)的要求。

(2)孔口混凝土采用中砂,含泥量不大于 3.0％,质量应符合《普通混凝土用砂、石质量及检验方法标准》(JGJ 52—2006)的要求。

2. 施工及质量控制要点

(1)窗井的底部在最高地下水位以上时,窗井的底板和墙应做防水处理,并宜与主体结构断开(图 4-16)。孔口与主体断开时,先处理好孔口底板下的地基,浇筑混凝土垫层、根据设计要求在浇好的孔口混凝土垫层上弹出孔口位置线,经复核无误后绑扎钢筋、支模板、浇灌孔口混凝土、覆盖保湿养护。

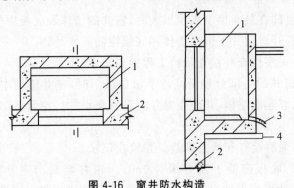

图 4-16 窗井防水构造

1—窗井;2—主体结构;3—排水管;4—垫层

(2)孔口与主体连接成整体

窗井或窗井的一部分在最高水位以下时,窗井应与主体连结构接成整体,其防水层也应连接成整体,并应在窗井内设置集水井(图 4-17)。

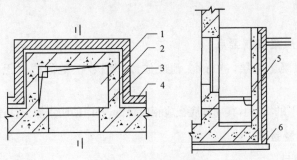

图 4-17 窗井防水构造

1—窗井;2—防水层;3—主体结构;4—防水层保护层;5—集水井;6—垫层

（3）窗井内的底板，应低于窗下缘 300mm。窗井墙高出地面不得小于 500mm。窗井外地面应做散水，散水与墙面间应采用密封材料嵌填。

3. 施工质量验收

（1）主控项目

1）孔口用防水卷材、防水涂料和密封材料必须符合设计要求。

检验方法：检查产品合格证、产品性能检测报告和材料进场检验报告。

2）孔口防水构造必须符合设计要求。

检验方法：观察检查和检查隐蔽工程验收记录。

（2）一般项目

1）人员出入口应高出地面不应小于 500mm；汽车出入口设置明沟排水时，其高出地面宜为 150mm，并应采取防雨措施。

检验方法：观察和尺量检查。

2）窗井的底部在最高地下水位以上时，窗井的墙体和底板应作防水处理，并宜与主体结构断开。窗井下部的墙体和底板应做防水处理。

检验方法：观察检查和检查隐蔽工程验收记录。

3）窗井或窗井的一部分在最高地下水位以下时，窗井应与主体结构连成整体，其防水层也应连成整体，并应在窗井内设置集水井。窗台下部的墙体和底板应做防水层。

检验方法：观察检查和检查隐蔽工程验收记录。

4）窗井内的底板应低于窗下缘 300mm。窗井墙高出室外地面不得小于 500mm；窗井外地面应做散水，散水与墙面间应采用密封材料嵌填。

检验方法：观察检查和检查隐蔽工程验收记录。

5）密封材料嵌填应密实、连续、饱满，黏结牢固。

检验方法：观察检查和检查隐蔽工程验收记录。

九、坑、池

1. 施工及质量控制要点

（1）浇筑混凝土垫层，进行坑、池底放线，复核坑、池的位置无误后进行防水层施工。

（2）底板以下的坑、池，其局部底板应相应降低，并应使防水层保持连续（图 4-18）。

2. 施工质量验收

（1）主控项目

1）坑、池防水混凝土的原材料、配合比及坍落度必须符合设计要求。

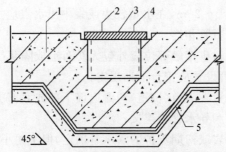

图 4-18　底板下坑、池的防水构造
1—底板;2—盖板;3—坑、池防水层;4—坑、池;5—主体结构防水层

检验方法:检查产品合格证、产品性能检测报告、计量措施和材料进场检验报告。

2)坑、池防水构造必须符合设计要求。

检验方法:观察检查和检查隐蔽工程验收记录。

3)坑、池、储水库内部防水层完成后,应进行蓄水试验。

检验方法:观察检查和检查蓄水试验记录。

(2)一般项目

1)坑、池、储水库宜采用防水混凝土整体浇筑,混凝土表面应坚实、平整,不得有露筋、蜂窝和裂缝等缺陷。

检验方法:观察检查和检查隐蔽工程验收记录。

2)坑、池底板的混凝土厚度不应少于 250mm;当底板的厚度小于 250mm时,应采取局部加厚措施,并应使防水层保持连续。

检验方法:观察检查和检查隐蔽工程验收记录。

3)坑、池施工完后,应及时遮盖和防止杂物堵塞。

检验方法:观察检查。

第四节　地下工程排水

一、一般规定

(1)地下工程的排水应形成汇集、流径和排出等完整的排水系统。

(2)盲管排水宜用于隧道结构贴壁式衬砌、复合式衬砌结构的排水,排水体系应由环向排水盲管、纵向排水盲管或明沟等组成。

(3)环向排水盲沟(管)设置应符合下列规定:

1)应沿隧道、坑道的周边固定于围岩或初期支护表面;

2)纵向间距宜为 5～20m,在水量较大或集中出水点应加密布置;

3)应与纵向排水盲管相连;

4)盲管与混凝土衬砌接触部位应外包无纺布形成隔浆层。

(4)纵向排水盲管设置应符合下列规定:

1)纵向盲管应设置在隧道(坑道)两侧边墙下部或底部中间;

2)应与环向盲管和导水管相连接;

3)管径应根据围岩或初期支护的渗水量确定,但不得小于 100mm;

4)纵向排水坡度应与隧道或坑道坡度一致。

(5)横向导水管宜采用带孔混凝土管或硬质塑料管,其设置应符合下列规定:

1)横向导水管应与纵向盲管、排水明沟或中心排水盲沟(管)相连;

2)横向导水管的间距宜为 5～25m,坡度宜为 2%;

3)横向导水管的直径应根据排水量大小确定,但内径不得小于 50mm。

(6)中心排水盲沟(管)设置应符合下列规定:

1)中心排水盲沟(管)宜设置在隧道底板以下,其坡度和埋设深度应符合设计要求。

2)隧道底板下与围岩接触的中心盲沟(管)宜采用无砂混凝土或渗水盲管,并应设置反滤层;仰拱以上的中心盲管宜采用混凝土管或硬质塑料管。

3)中心排水盲管的直径应根据渗排水量大小确定,但不宜小于 250mm。

二、渗排水和盲沟排水

盲沟排水一般设在建设周围,使地下水流入盲沟内,根据地形使水自动排走。如受自流排水条件限制,可将水引到集水井中,用水泵将水抽出。

1. 材料控制要点

(1)渗排水层、盲沟用砂、石应洁净,含泥量不应大于 2.0%;

(2)中心盲沟(管)宜采用预制无砂混凝土管,强度不应小于 3MPa。

2. 施工及质量控制要点

(1)渗排水应符合下列规定:

1)粗砂过滤层总厚度宜为 300mm,如较厚时应分层铺填;过滤层与基坑土层接触处,应采用厚度为 100～150mm、粒径为 5～10mm 的石子铺填;

2)集水管应设置在粗砂过滤层下部,坡度不宜小于 1%,且不得有倒坡现象。集水管之间的距离宜为 5～10m,并与集水井相通;

3)工程底板与渗排水层之间应做隔浆层,建筑周围的渗排水层顶面应做散水坡。

（2）盲沟排水应符合下列规定：

1）盲沟成型尺寸和坡度应符合设计要求；

2）盲沟的类型及盲沟与基础的距离应符合设计要求；

3）盲沟反滤层的层次和粒径组成应符合表 4-23 的规定；

表 4-23　盲沟反滤层的层次和粒径组成

反滤层的层次	建筑物地区地层为砂性土时（塑性指数 $I_P<3$）	建筑物地区地层为砂性土时（塑性指数 $I_P>3$）
第一层（贴天然土）	用 1～3mm 粒径砂子组成	用 2～5mm 粒径砂子组成
第二层	用 3～10mm 粒径小卵石组成	用 5～10mm 粒径小卵石组成

4）盲沟在转弯处和高低处应设置检查井，出水口处应设置滤水箅子。

（3）渗排水、盲沟排水均应在地基工程验收合格后进行施工。

（4）集水管宜采用无砂混凝土管、硬质塑料管或软式透水管。

3. 施工质量验收

（1）检查数量

渗排水、盲沟排水分项工程检验批的抽样检验数量，应按 10％抽查，其中按两轴线间或 10 延米为 1 处，且不得少于 3 处。

（2）主控项目

1）盲沟反滤层的层次和粒径组成必须符合设计要求。

检验方法：检查砂、石试验报告和隐蔽工程验收记录。

2）集水管的埋置深度和坡度必须符合设计要求。

检验方法：观察和尺量检查。

（3）一般项目

1）渗排水构造应符合设计要求。

检验方法：观察检查和检查隐蔽工程验收记录。

2）渗排水层的铺设应分层、铺平、拍实。

检验方法：观察检查和检查隐蔽工程验收记录。

3）盲沟排水构造应符合设计要求。

检验方法：观察检查和检查隐蔽工程验收记录。

4）集水管采用平接式或承插式接口应连接牢固，不得扭曲变形和错位。

检验方法：观察检查

三、隧道排水、坑道排水

1. 材料控制要点

（1）隧道、坑道排水所用衬砌材料应符合设计要求。

（2）缓冲排水层选用的土工布应符合下列要求：

1）有一定的厚度，其单位面积质量不宜小于 $280g/m^2$。

2）有良好的导水性。

3）有适应初期支护由于荷载或温度变化引起变形的能力。

4）有良好的化学稳定性和耐久性，能抵抗地下水或混凝土、砂浆析出水的侵蚀。

2. 施工及质量控制要点

（1）土工织物的搭接应在水平铺设的场合采用缝合法或胶结法，搭接长度不应小于 300mm；缝合法是使用移动式缝合机将尼龙线或涤纶线面对面缝合，缝合处强度应达到纤维强度的 60%～80%；胶结法是使用胶粘剂将两块土工织物胶结在一起，搭接宽度不得小于 100mm，粘后应停放 2h 以上，以便增强接缝处强度。

（2）土工复合材料的土工织物面应为迎水面，涂膜面应与后浇混凝土相接触。

（3）沟槽开挖采用机械和人工相结合的方式进行，排水明沟的纵向坡度应与隧道或坑道坡度一致，但不得小于 0.2%，严禁倒坡。

（4）分段安装盲管，在调整管节时应注意保护土工布，缝合土工布时搭接长度不应小于 300mm。

3. 施工质量验收

（1）主控项目

1）盲沟反滤层的层次和粒径必须符合设计要求。

检验方法：检查砂、石试验报告。

2）无砂混凝土管、硬质塑料管或软式透水管必须符合设计要求。

检验方法：检查产品合格证和产品性能检测报告。

3）隧道、坑道排水系统必须畅通。

检验方法：观察检查

（2）一般项目

1）盲沟、盲管及横向导水管的管径、间距、坡度均应符合设计要求。

检验方法：观察和尺量检查。

2）隧道或坑道内排水明沟及离壁式衬砌外排水沟，其断面尺寸及坡度应符合设计要求。

检验方法：观察和尺量检查。

3）盲管应与岩壁或初期支护密贴，并应固定牢固；环向、纵向盲管接头宜与盲管相配套。

检验方法：观察检查。

4）贴壁式、复合式衬壁的盲沟与混凝土衬砌接触部位应做隔浆层。

检验方法：观察检查和检查隐蔽工程验收记录。

四、塑料排水板排水

1. 施工及质量控制要点

（1）铺设塑料排水板应采用搭接法施工，长短边搭接宽度均不应小于100mm。塑料排水板的接缝处宜采用配套胶粘剂黏结或热熔焊接。

（2）塑料排水板应与土工布复合使用。土工布宜采用$200\sim400\mathrm{g/m^2}$的聚酯无纺布。土工布应铺设在塑料排水板的凸面上，相邻土工布搭接宽度不应小于200mm，搭接部位应采用黏合或缝合。

2. 施工质量验收

（1）主控项目

1）塑料排水板和土工布必须符合设计要求。

检验方法：检查产品合格证和产品性能检测报告。

2）塑料排水板排水层必须与排水系统连通，不得有堵塞现象。

检验方法：观察检查

（2）一般项目

1）塑料排水板排水层构造做法应符合《地下防水工程质量验收规范》（GB 50208—2011）第7.3.3条的规定。

检验方法：观察检查和检查隐蔽工程验收记录。

2）塑料排水板的搭接宽度和搭接方法应符合《地下防水工程质量验收规范》（GB 50208—2011）第7.3.4条的规定。

检验方法：观察和尺量检查。

3）土工布铺设应平整、无折皱；土工布的搭接宽度和搭接方法应符合《地下防水工程质量验收规范》（GB 50208—2011）第7.3.6条的规定。

检验方法：观察和尺量检查。

第五节　注　　浆

一、预注浆、后注浆

1. 材料控制要点

注浆材料应符合下列规定：

(1)具有较好的可注性；

(2)具有固结体收缩小,良好的黏结性、抗渗性、耐久性和化学稳定性；

(3)低毒并对环境污染小；

(4)注浆工艺简单,施工操作方便,安全可靠。

2. 施工及质量控制要点

(1)在砂卵石层中宜采用渗透注浆法；在黏土层中宜采用劈裂注浆法；在淤泥质软土中宜采用高压喷射注浆法。

(2)注浆浆液应符合下列规定：

1)预注浆宜采用水泥浆液、黏土水泥浆液或化学浆液；

2)后注浆宜采用水泥浆液、水泥砂浆或掺有石灰、黏土膨润土、粉煤灰的水泥浆液；

3)注浆浆液配合比应经现场试验确定。

(3)注浆过程控制应符合下列规定：

1)根据工程地质条件、注浆目的等控制注浆压力和注浆量；

2)回填注浆应在衬砌混凝土达到设计强度的 70% 后进行,衬砌后围岩注浆应在充填注浆固结体达到设计强度的 70% 后进行；

3)浆液不得溢出地面和超出有效注浆范围,地面注浆结束后注浆孔应封填密实；

4)注浆范围和建筑物的水平距离很近时,应加强对邻近建筑物和地下埋设物的现场监控；

5)注浆点距离饮用水源或公共水域较近时,注浆施工如有污染应及时采取相应措施。

(4)预注浆、后注浆分项工程检验批的抽样检验数量,应按加固或堵漏面积每 $100m^2$ 抽查 1 处,每处 $10m^2$,且不得少于 3 处。

3. 施工质量验收

(1)主控项目

1)配制浆液的原材料及配合比必须符合设计要求。

检验方法:检查产品合格证、产品性能检测报告、计量措施和材料进场检验报告。

2)预注浆和后注浆的注浆效果必须符合设计要求。

检验方法:采用钻孔取芯法检查；必要时采取压水或抽水试验方法检查。

(2)一般项目

1)注浆孔的数量、布置间距、钻孔深度及角度应符合设计要求。

检验方法:尺量检查和检查隐蔽工程验收记录。

2)注浆各阶段的控制压力和注浆量应符合设计要求。

检验方法:观察检查和检查隐蔽工程验收记录。

3)注浆时浆液不得溢出地面和超出有效注浆范围。

检验方法:观察检查。

4)注浆对地面产生的沉降量不得超过30mm,地面的隆起不得超过20mm。

检验方法:用水准仪测量。

二、结构裂缝注浆

1. 施工及质量控制要点

(1)裂缝注浆应待结构基本稳定和混凝土达到设计强度后进行。

(2)依据裂缝宽度大小及混凝土厚度,一般200mm左右在裂缝较宽处预留进浆口。用封缝胶安设底座,贯穿裂缝的正反两面均要设注浆孔。

(3)由于施工后不必清除表面的封缝胶,所以选用快干型封缝胶封缝,将胶按比例调好,用刮刀沿裂缝方向涂抹30～40mm宽,将裂缝封严封死。贯穿裂缝两面均要封闭。待封缝胶硬化后约1h,即可灌浆。

(4)结构裂缝堵水注浆宜选用聚氨醋、丙烯酸盐等化学浆液;补强加固的结构裂缝注浆宜选用改性环氧树脂、超细水泥等浆液。

(5)结构裂缝注浆应符合下列规定:

1)施工前,应沿缝清除基面上油污杂质;

2)浅裂缝应骑缝粘埋注浆嘴,必要时沿缝开凿"U"形槽并用速凝水泥砂浆封缝;

3)深裂缝应骑缝钻孔或斜向钻孔至裂缝深部,孔内安设注浆管或注浆嘴,间距应根据裂缝宽度而定,但每条裂缝至少有一个进浆孔和一个排气孔;

4)注浆嘴及注浆管应设在裂缝的交叉处、较宽处及贯穿处等部位;对封缝的密封效果应进行检查;

5)注浆后待缝内浆液固化后,方可拆下注浆嘴并进行封口抹平。

(6)结构裂缝注浆分项工程检验批的抽样检验数量,应按裂缝的条数抽查10%,每条裂缝检查1处,且不得少于3处。

2. 施工质量验收

(1)主控项目

1)注浆材料及配合比必须符合设计要求。

检验方法:检查产品合格证、产品性能检测报告、计量措施和材料进场检验报告。

2)结构裂缝注浆的注浆效果必须符合设计要求。

检验方法：观察检查和压水或压气检查，必要时钻取芯样采取劈裂抗拉强度试验方法检查。

（2）一般项目

1）注浆孔的数量、布置间距、钻孔深度及角度应符合设计要求。

检验方法：尺量检查和检查隐蔽工程验收记录。

2）注浆各阶段的控制压力和注浆量应符合设计要求。

检验方法：观察检查和检查隐蔽工程验收记录。

第六节　子分部工程验收

（1）地下防水工程质量验收的程序和组织，应符合第二章第六节中"建筑工程质量验收的程序和组织"的规定。

（2）检验批的合格判定应符合下列规定：

1）主控项目的质量经抽样检验全部合格；

2）一般项目的质量经抽样检验80％以上检测点合格，其余不得有影响使用功能的缺陷；对有允许偏差的检验项目，其最大偏差不得超过规定允许偏差的1.5倍；

3）施工具有明确的操作依据和完整的质量检查记录。

（3）分项工程质量验收合格应符合下列规定：

1）分项工程所含检验批的质量均应验收合格；

2）分项工程所含检验批的质量验收记录应完整。

（4）子分部工程质量验收合格应符合下列规定：

1）子分部所含分项工程的质量均应验收合格；

2）质量控制资料应完整；

3）地下工程渗漏水检测应符合设计的防水等级标准要求；

4）观感质量检查应符合要求。

（5）地下防水工程竣工和记录资料应符合表4-24的规定。

表4-24　地下防水工程竣工和纪录资料

序号	项　目	竣工和记录资料
1	防水设计	施工图、设计文底记录、图纸会审记录、设计变更通知单和材料代用核定单
2	资质、资格证明	施工单位资质及施工人员上岗证复印证件
3	施工方案	施工方法、技术措施、质量保证措施
4	技术交底	施工操作要求及安全等注意事项

（续）

序号	项　目	竣工和记录资料
5	材料质量证明	产品合格证、产品性能检测报告、材料进场检验报告
6	混凝土、砂浆质量证明	试配及施工配合比,混凝土抗压强度、抗渗性能检验报告,砂浆黏结强度,抗渗性能检验报告
7	中间检查记录	施工质量验收记录、隐蔽工程验收记录、施工检查记录
8	检验记录	渗漏水检测记录、观感质量检查记录
9	施工日志	逐日施工情况
10	其他资料	事故处理报告、技术总结

（6）地下防水工程应对下列部位作好隐蔽工程验收记录：

1）防水层的基层；

2）防水混凝土结构和防水层被掩盖的部位；

3）施工缝、变形缝、后浇带等防水构造做法；

4）管道穿过防水层的封固部位；

5）渗排水层、盲沟和坑槽；

6）结构裂缝注浆处理部位；

7）衬砌前围岩渗漏水处理部位；

8）基坑的超挖和回填。

（7）地下防水工程的观感质量检查应符合下列规定：

1）防水混凝土应密实,表面应平整,不得有露筋、蜂窝等缺陷;裂缝宽度不得大于 0.2mm,并不得贯通;

2）水泥砂浆防水层应密实、平整,黏结牢固,不得有空鼓、裂纹、起砂、麻面等缺陷;

3）卷材防水层接缝应粘贴牢固,封闭严密,防水层不得有损伤、空鼓、折皱等缺陷;

4）涂料防水层应与基层黏结牢固;不得有脱皮、流淌、鼓泡、露胎、折皱等缺陷;

5）塑料防水板防水层应铺设牢固、平整,搭接焊缝严密,不得有下垂、绷紧破损现象;

6）金属板防水层焊缝不得有裂纹、未熔合、夹渣、焊瘤、咬边、烧穿、弧坑、针状气孔等缺陷;

7）施工缝、变形缝、后浇带、穿墙管、埋设件、预留通道接头、桩头、孔口、坑、池等防水构造应符合设计要求;

8）锚喷支护、地下连续墙、盾构隧道、沉井、逆筑结构等防水构造应符合设计要求；

9)排水系统不淤积、不堵塞,确保排水畅通；

10)结构裂缝的注浆效果应符合设计要求。

(8)地下工程出现渗漏水时,应及时进行治理,符合设计的防水等级标准要求后方可验收。

(9)地下防水工程验收后,应填写子分部工程质量验收记录,随同工程验收资料分别由建设单位和施工单位存档。

第五章　混凝土结构工程

第一节　基本规定

(1)混凝土结构施工现象质量管理应有相应的施工技术标准、健全的质量管理体系、施工质量控制和质量检验制度。

混凝土结构施工项目应有施工组织设计和施工技术方案，并经审查批准。

(2)混凝土结构子分部工程可根据结构的施工方法分为两类：现浇混凝土结构子分部工程和装配式混凝土结构子分部工程。根据结构的分类，还可分为钢筋混凝土结构子分部工程和预应力混凝土结构子分部工程等。

混凝土结构子分部工程可划分为模板、钢筋、预应力、混凝土、现浇结构和装配式结构等分项工程。

各分项工程可根据与施工方式相一致且便于控制施工质量原则，按工作班、楼层、结构缝或施工段划分为若干检验批。

(3)对混凝土结构子分部工程的质量验收，应在钢筋、预应力、混凝土、现浇结构或装配式结构等相关分项工程验收合格的基础上，进行质量控制资料检查及观感质量验收，并应对涉及结构安全的材料、试件、施工工艺和结构的重要部位进行见证检测或结构实体检验。

(4)分项工程的质量验收应在所含检验批验收合格的基础上，进行质量验收记录检查。

(5)检验批的质量验收应包括如下内容。

1)实物检查，按下列方式进行：

①对原材料、构配件和器具等产品的进场复验，应按进场的批次和产品的抽样检验方案执行。

②对混凝土强度、预制构件结构性能等，应按国家现行有关标准和规范规定的抽样检验方案执行。

③对《混凝土结构工程施工质量验收规范》(GB 50204—2002)中采用计数检验的项目，应按抽查总点数的合格点率进行检查。

2)资料检查，包括原材料、构配件和器具等的产品合格证(中文质量合格证明文件、规格、型号及性能检测报告等)及进场复验报告、施工过程中重要工序的自检和交接检记录、抽样检验报告、见证检测报告、隐蔽工程验收记录等。

(6)检验批合格质量应符合下列规定：

1)主控项目的质量经抽样检验合格；

2)一般项目的质量经抽样检验合格；当采用计数检验时，除有专门要求外，一般项目的合格点率应达到80%及以上，且不得有严重缺陷。

3)具有完整的施工操作依据和质量验收记录。

第二节 模板工程

1. 一般规定

(1)模板及其支架应根据工程结构形式、荷载大小、地基土类别、施工设备和材料供应等条件进行设计。模板及其支架应具有足够的承载能力、刚度和稳定性，能可靠地承受浇筑混凝土的重量、侧压力以及施工荷载。

本条强制性条文是对模板安装的基本要求，是保证模板及其支架的安全并对混凝土成型质量起重要作用的规定。

(2)在浇筑混凝土之前，应对模板工程进行验收。模板安装和浇筑混凝土时，尤其在浇筑混凝土时，在混凝土重力、测压力及施工荷载作用下，模板及支架会发生胀模(变形)、跑模(位移)，甚至坍塌。为了避免事故的发生，故应对模板及基支架进行观察和维护。发生异常情况时，应按施工技术方案及时进行处理。

(3)模板及其支架拆除的顺序及安全措施应按施工技术方案执行。

2. 材料控制要点

(1)木模板：所用的木材(红松、白松、落叶松、马尾松及杉木等)材质不宜低于Ⅲ等材。木材上如有节疤、缺口等疵病，在拼模时应截去疵病部分，对不贯通截面的疵病部分可放在模板的反面，废烂木枋不可用作龙骨，使用夹板时，出厂含水率应控制在8%～16%，单个试件的胶合强度不小于0.70MPa。

(2)组合钢模板：由钢模板、配件连接件和配件支承件组成。

(3)钢模板：采用Q235钢板制作，厚度2mm、2.5mm、2.8mm，宽度模数为50mm，长度模数为150mm。钢模板应能纵向、横向连接。钢模板在使用中不应随意开孔，如需开孔，用后应及时修补。钢模板面应保持平整不翘曲，尤其是边框应保持平直不弯折，使用中有变形的应及时整修。

(4)接触混凝土的模板表面应平整，并应具有良好的耐磨性和硬度；清水混凝土模板的面板材料应能保证脱模后所需的饰面效果。

（5）不得采用影响结构性能或妨碍装饰工程施工的隔离剂，严禁使用废机油作隔离剂。

泵送混凝土对模板的要求与常规作业不同，必须通过混凝土侧压力计算，采取增强模板支撑，将对销螺栓加密、截面加大，减少围檩间距或增大围檩截面等措施，防止模板变形。

（6）脱模剂应能有效减小混凝土与模板间的吸附力，并应有一定的成膜强度，且不应影响脱模后混凝土表面的后期装饰。

3. 施工及质量控制要点

（1）模板安装

1）模板安装一般要求

①模板的接缝不应漏浆。在浇筑混凝土前，木模板应浇水湿润，但模板内不应有积水。

②模板与混凝土的接触面应清理干净并涂刷隔离剂，但不得采用影响结构性能或妨碍装饰工程施工的隔离剂。

③竖向模板和支架的支承部分必须坐落在坚实的基土上，且要求接触面平整。

④安装过程中应多检查，注意垂直度、中心线、标高及各部分的尺寸，保证结构部分的几何尺寸和相邻位置的正确。

⑤浇筑混凝土前，模板内的杂物应清理干净。

⑥模板安装应按编制的模板设计文件和施工技术方案施工。在浇筑混凝土前，应对模板工程进行验收。

2）模板安装偏差

①模板轴线放线时，应考虑建筑装饰装修工程的厚度尺寸，留出装饰厚度。

②经模板安装的根部及顶部应设标高标记，并设限位措施，确保标高尺寸准确。支模时应拉水平通线，设竖向垂直度控制线，确保横平竖直，位置正确。

③基础的杯芯模板应刨光直拼，并钻有排气孔，减少浮力；杯口模板中心线应准确，模板钉牢，防止浇筑混凝土时芯模上浮；模板厚度应一致，格栅面应平整，格栅木料要有足够强度和刚度。墙模板的穿墙螺栓直径、间距和垫块规格应符合设计要求。

④柱子支模前必须先校正钢筋位置。成排柱支模时应先立两端柱模，在底部弹出通线，定出位置并兜方找中，校正与复核位置无误后，顶部拉通线，再立中间柱模。柱箍间距按柱截面大小及高度决定，一般控制在500～1000cm，根据柱距选用剪刀撑、水平撑及四面斜撑撑牢，保证柱模板位置准确。

⑤梁模板上口应设临时撑头，侧模下口应贴紧底模或墙面，斜撑与上口钉

牢,保持上口呈直线;深梁应根据梁的高度及核算的荷载及侧压力适当加以横档。

⑥梁柱节点连接处一般下料尺寸略短,采用边模包底模,拼缝应严密,支撑牢靠,及时错位并采取有效、可靠措施予以纠正。

3)模板支架要求

①支放模板的地坪、胎膜等应保持平整光洁,不得产生下沉、裂缝、起砂或起鼓等现象。

②支架的立柱底部应铺设合适的垫板,支承在疏松土质上时,基土必须经过夯实,并应通过计算,确定其有效支承面积,并应有可靠的排水措施。

③立柱与立柱之间的带锥销横杆;应用锤子敲紧,防止立柱失稳,支撑完毕应设专人检查。

④安装现浇结构的上层模板及其支架时,下层楼板应具有承受上层荷载的承载能力或加设支架支撑,确保有足够的刚度和稳定性;多层楼板支架系统的立柱应安装在同一垂直线上。

4)模板的变形应符合下列要求

①超过 3m 高度的大型模板的侧模应留门子板;模板应留清扫口。

②浇筑混凝土高度应控制在允许范围内,浇筑时应均匀、对称下料,避免局部侧压力过大造成胀模。

③控制模板起拱高度,消除在施工中因结构自重、施工荷载作用引起的挠度。对跨度不小于 4m 的现浇钢筋混凝土梁、板,其模板应按设计要求起拱;当设计无具体要求时,起拱高度宜为跨度的 $1/1000\sim3/1000$。

(2)模板拆除

1)模板及其支架的拆除时间和顺序应事先在施工技术方案中确定,拆模必须按拆模顺序进行,一般是后支的先拆,先支的后拆;先拆非承重部分,后拆承重部分。重大复杂的模板拆除,按专门制定的拆模方案执行。

2)现浇楼板采用早拆模施工时,经理论计算复核后,将大跨度楼板改成上跨度楼板(≤2m),当浇筑的楼板混凝土实际强度达到 50% 的设计强度标准值,可拆除模板,保留支架,严禁调换支架。

3)多层建筑施工,当上层楼板正在浇筑混凝土时,下一层楼板的模板支架不得拆除,再下一层楼板的支架,仅可拆除一部分;跨度 4m 及 4m 以上的梁下均应保留支架,其间距不得大于 3m。

4)高层建筑梁、板模板,完成一层结构,其底模及其支架的拆除时间控制,应对所用混凝土的强度发展情况,分层进行核算,确保下层梁及楼板混凝土能承受上层全部荷载。

5)拆除时应先清理脚手架上的垃圾杂物,再拆除连接杆件,经检查安全可靠后可按顺序拆除。拆除时要有统一指挥、专人监护,设置警戒区,防止交叉作业,拆下物品及时清运、整修、保养。

6)后张预应力混凝土结构构件,侧模宜在预应力筋张拉前拆除;底模及支架不应在结构构件建立预应力前拆除。

7)后浇带模板的拆除和支顶方法应按施工技术方案执行。

4.施工质量验收

(1)模板安装

1)主控项目

①安装现浇结构的上层模板及其支架时,下层楼板应具有承受上层荷载的承载能力,或加设支架;上、下层支架的立柱应对准,并铺设垫板。

优良:在合格基础上,垫板为通长木板或 $5cm \times 10cm$ 木方,长度 $\geqslant 40cm$。

检查数量:全数检查。

检验方法:对照模板设计文件和施工技术方案观察。

②在涂刷模板隔离剂时,不得沾污钢筋和混凝土接槎处。

优良:在合格基础上,涂刷模板隔离剂时,应有严格的保护措施。

检查数量:全数检查。

检验方法:观察。

③轴线位置的允许偏差控制在 5mm 以内,以保证现浇结构尺寸正确。

优良:在合格基础上,轴线位置允许偏差应控制在 4mm 以内。

检查数量:全数检查。

检验方法:钢尺检查。

2)一般项目

①模板安装应满足下列要求:

a. 模板的接缝不应漏浆;在浇筑混凝土前,木模板应浇水湿润,但模板内不应有积水;

b. 模板与混凝土的接触面应清理干净并涂刷隔离剂,但不得采用影响结构性能或妨碍装饰工程施工的隔离剂;

c. 浇筑混凝土前,模板内的杂物应清理干净;

d. 对清水混凝土工程及装饰混凝土工程,应使用能达到设计效果的模板。

优良:在合格基础上,模板安装尚应满足下列要求。

a. 模板的接缝应严密平整,无明显错台;

b. 隔离剂应涂刷均匀。冬、雨期宜采用油质隔离剂,但在涂刷后用棉丝擦光;

c. 模板应留清扫口,浇筑混凝土前,模板内的杂物应清理干净,封堵缝隙的胶条塑料泡沫条等物不得突出模板表面。

检查数量：全数检查。

检验方法：观察。

②用作模板的地坪、胎模等应平整光洁，基底坚实，不得产生影响构件质量的下沉、裂缝、起砂或起鼓。

优良：在合格基础上，用作模板的地坪、胎模等应尺寸准确，且有防掉杂物和清理措施。

检查数量：全数检查。

检验方法：观察。

③对跨度不小于 4m 的现浇钢筋混凝土梁、板，其模板应按设计要求起拱；当设计无具体要求时，起拱高度宜为跨度的 1/1000～3/1000。

优良：在合格基础上，模板应按设计要求于中间起拱，起拱线应顺直，无豆角弯。

检查数量：在同一检验批内，对梁应抽查构件数量的 15%，且不少于 3 件；对板应按有代表性的自然间抽查 20%，且不少于 3 间；对大空间结构，板可按纵、横轴线划分检查面，抽查 20%，且不少于 3 面。

检验方法：水准仪或拉线、钢尺检查。

④固定在模板上的预埋件、预留孔和预留洞均不得遗漏，且应安装牢固，尺寸正确。其偏差应符合表 5-1 的规定。

表 5-1　预埋件和预留孔洞的允许偏差

项　　目		允许偏差（mm）	
		合　　格	优　　良
预埋钢板中心线位置		3	
预埋管、预留孔中心线位置		3	
插筋	中心线位置	5	4
	外露长度	+10,0	+8,0
预埋螺栓	中心线位置	2	
	外露长度	+10,0	+8,0
预留洞	中心线位置	10	8
	尺寸	+10,0	+8,0

注：检查中心线位置时，应沿纵、横两个方向量测，并取其中的较大值。

检查数量：在同一检验批内，对梁、柱和独立基础，应抽查构件数量的 20%，且不少于 3 件；对墙和板，应按有代表性的自然间抽查 20%，且不少于 3 间；对大空间结构，墙可按相邻轴线间高度 5m 左右划分检查面，板可按纵横轴线划分检查面,抽查 20％,且不少于 3 面。

检验方法:钢尺检查。

⑤现浇结构模板安装的偏差应符合表 5-2 的规定。

表 5-2　现浇结构模板安装的允许偏差及检验方法

项目		允许偏差(mm)		检验方法
		合格	优良	
底模上表面标高		±5	±4	水准仪或拉线、钢尺检查
截面内部尺寸	基础	±10	+8,-10	钢尺检查
	柱、墙、梁	+4,-5		钢尺检查
层高垂直度	不大于 5m	6	5	经纬仪或吊线、钢尺检查
	大于 5m	8	7	经纬仪或吊线、钢尺检查
相邻两板表面高低差		2		钢尺检查
表面平整度		5	4	2m 靠尺和塞尺检查

⑥预制构件模板安装的偏差应符合表 5-3 的规定。

检查数量:首次使用及大修后的模板应全数检查;使用中的模板应定期检查,并根据使用情况不定期抽查。

表 5-3　预制构件模板安装的允许偏差及检验方法

项目		允许偏差(mm)		检验方法
		合格	优良	
长度	板、梁	±5	±4	钢尺量两角边,取其中较大值
	薄腹梁、桁架	±10	±8	
	柱	0,-10	0,-8	
	墙板	0,-5	0,-4	
高(厚)度	板	+2,-3		钢尺量一端及中部,取其中较大值
	墙板	0,-5	0,-4	
	梁、薄腹板、桁架、柱	+2,-5	+2,-4	
高(厚)度	梁、板、柱	$l/1000$ 且≤15	$l/1200$ 且≤12	拉线、钢尺量最大弯曲处
	墙板、薄腹梁、桁架	$l/1500$ 且≤15	$l/1800$ 且≤12	
板的表面平整度		3		2m 靠尺和塞尺检查
相邻两板表面高低差		1		钢尺检查
对角线差	板	7	6	钢尺量两个对角线
	墙板	5	4	

（续）

项　目		允许偏差(mm)		检验方法
		合格	优良	
翘曲	板、墙板	$l/1500$		调平尺在两端量测
设计起拱	薄腹梁、桁架、梁	±3		拉线、钢尺量跨中

注:l 为构件长度(mm)。

（2）模板拆除

1）主控项目

①底模及其支架拆除时的混凝土强度应符合设计要求;当设计无具体要求时,混凝土强度应符合表 5-4 的规定。

检查数量:全数检查。

检验方法:检查同条养护试件强度试验报告。

表 5-4　底模拆除时的混凝土强度要求

构件类型	构件跨度(m)	达到设计的混凝土立方体抗压强度标准值的百分率(%)
板	≤2	≥50
	>2,≤8	≥75
	>8	≥100
梁、拱、壳	≤8	≥75
	>8	≥100
悬臂构件	—	≥100

②对后张法预应力混凝土结构构件,侧模宜在预应力张拉前拆除;底模支架的拆除应按施工技术方案执行,当无具体要求时,不应在结构构件建立预应力前拆除。

检查数量:全数检查。

检验方法:观察。

③后浇带模板的拆除和支顶应按施工技术方案执行。

优良:在合格基础上,后浇带模板的拆除时间应符合设计和规范要求,并先加设临时支撑后拆除模板,支顶应按施工技术方案执行。

检查数量:全数检查。

检验方法:观察。

2）一般项目

①侧模拆除时的混凝土强度应能保证其表面及棱角不受损伤。

优良:在合格基础上,预埋件及外露钢筋插铁不因拆模碰撞而松动。

检查数量:全数检查。

检验方法:观察。

②模板拆除时,不应对楼层形成冲击荷载。拆除的模板和支架宜分散堆放并及时清运。

优良:在合格基础上,拆除的模板和支架宜分类、分散堆放,堆放高度应符合施工方案要求。

检查数量:全数检查。

检验方法:观察。

第三节 钢 筋 工 程

1. 一般规定

(1)当钢筋的品种、级别或规格须作变更时,应办理设计变更文件。

钢筋代换必须满足原结构设计的要求。施工单位当缺乏设计要求的钢筋品种、级别或规格时,可进行钢筋代换,但钢筋代换必须由设计单位负责。

(2)在浇筑混凝土之前,应进行钢筋隐蔽工程验收,其内容包括:

1)纵向受力钢筋的品种、规格、数量、位置等。

2)钢筋的连接方式、接头位置、接头数量、接头面积百分率等。

3)箍筋、横向钢筋的品种、规格、数量、间距等。

4)预埋件的规格、数量、位置等。

钢筋隐蔽工程是钢筋工程施工的综合质量的反映,隐蔽工程的验收主要是为了满足设计要求的确认。

2. 材料控制要点

(1)混凝土结构构件所采用的热轧钢筋,热处理钢筋、碳素钢丝、刻痕钢丝和钢绞线的质量,必须符合有关现行国家标准的规定。

(2)钢筋进场检查及验收

1)检查产品合格证、出厂检验报告。钢筋从钢厂发出时,应具有产品合格证书、出厂试验报告单作为质量的证明材料,所列出的品种、规格、型号、化学成分、力学性能等,必须满足设计要求,符合有关的现行国家标准的规定。当用户有特别要求时,还应列出某些专门的检验数据。

2)检查进场复试报告。进场复试报告是钢筋进场抽样检验的结果,以此作为判断材料能否在工程中应用的依据。

检查数量按进场的批次和产品的抽样检验方案确定。有关标准中对进场检验数量有具体规定的,应按标准执行。如果有关标准只对产品出厂检验数量有

规定的,检查数量可按下列情况规定:

①当一次进场的数量大于该产品的出厂检验批量时,应划分为若干个出厂检验批量,然后按出厂检验的抽样方案执行。

②当一次进场的数量小于或等于该产品的出厂检验批量时,应作为一个检验批量,然后按出厂检验的抽样方案执行。

③对连续进场的同批钢筋,当有可靠依据时,可按一次进场的钢筋处理。

3)进场的每捆(盘)钢筋均应有标牌,按炉罐号、批次及直径分批验收,分别堆放整齐,严防混料,并应对其检验状态进行标识,防止混用。

(3)钢筋进场时和使用前应全数检查其外观质量。钢筋应平直、无损伤,表面不得有裂纹、油污、颗粒状或片状老锈。

(4)检查现场复试报告时,对于有抗震设防要求的框架结构,其纵向受力钢筋的强度应满足设计要求。当设计无具体要求时,对一、二级抗震等级,检验所得的强度实测值应符合下列规定:

1)钢筋的抗拉强度实测值与屈服强度实测值的比值不应小于1.25。

2)钢筋的屈服强度实测值与强度标准值的比值不应大于1.3。

(5)在钢筋分项工程施工过程中,若发现钢筋脆断、焊接性能不良或力学性能显著不正常等现象时,应立即停止使用,并对该批钢筋进行化学成分检验或其他专项检验,按其检验结果进行技术处理。

(6)钢筋的种类、强度等级、直径应符合设计要求。当钢筋的品种、级别或规格需作变更时,应加强设计变更文件。当需要代换时,必须征得设计单位同意,并应符合下列要求:

1)不同种类钢筋的代换,应按钢筋受承载力设计值相等的原则进行。代换后应满足混凝土结构设计规范中有关间距、锚固长度、最小钢筋直径、根数等要求。

2)对有抗震要求的框架钢筋需代换时,应符合第1)项规定,不宜以强度等级较高的钢筋代替原设计中的钢筋;对重要受力结构,不宜用Ⅰ级钢筋代换变形钢筋。

3)当构件受抗裂、裂缝宽度或挠度控制时,钢筋代换时应重新进行验算;梁的纵向受力钢筋与弯起钢筋应分别进行代换。

(7)当进口钢筋需要焊接时,必须进行化学成分检验。

(8)预制构件的吊环,必须采用未经冷拉的Ⅰ级热轧钢筋制作。

3. 施工及质量控制要点

(1)钢筋加工

1)钢筋加工前应将表面清理干净。表面有颗粒状、片状老锈或有损伤的钢筋不得使用。

2)对局部弯曲的钢筋在使用前应做调直处理。

3)钢筋下料长度。

直筋＝构件长度－保护层厚度＋弯钩增加值；

弯曲钢筋＝直段长度＋斜段长度＋弯钩增加值－弯折量度差值；

箍筋＝箍筋周长＋箍筋调整值。

4)盘条在使用时应调直。调直宜优先采用机械方法，以有效控制调直钢筋的质量。如采用冷拉的方法，应控制冷拉伸长率。

钢筋冷拉分为单控制冷拉(只控制钢筋冷拉率)和双控制冷拉(控制钢筋冷拉率和冷拉应力，以后者为主)。

冷拉率＝钢筋冷拉伸长值/钢筋原有长度

冷拉应力＝冷拉力/钢筋公称面积

钢筋冷拉伸长值＝钢筋冷拉后长度－钢筋原有长度

冷拉钢筋的速度不宜过快，待拉到规定的控制应力或冷拉率后，稍停再放松。

测定冷拉钢筋冷拉应力应符合表5-5的规定。

表 5-5　测定冷拉率时钢筋冷拉应力

钢筋级别	钢筋直径(mm)	冷拉应力(MPa)
HPB235	≤12	310
HRB335	≤25	480
	28～40	460
HBB400	8～40	530

采用双控，其冷拉控制应力下的最大冷拉率应符合表5-6的规定。

表 5-6　冷拉控制应力及最大冷拉率钢筋级别钢筋直径

钢筋级别	钢筋直径(mm)	冷拉控制应力(MPa)	最大冷拉率(%)
HPB235	≤12	280	10.0
HRB335	≤25	450	5.5
	28～40	430	5.5
HRB400	8～40	500	5.0

(2)钢筋连接

1)焊接。焊接方法有以下几种。

①电阻点焊：适用于焊接直径 6～14mm 的 HPB235 级、HRB335 级钢筋，直径 3～5mm 的冷拔低碳钢丝及直径 4～12mm 的冷轧肋钢筋。点焊确定焊接

通电时间和电极压力应根据钢筋级别、直径决定。

点焊热轧钢筋时,焊点的压入深度应为较小钢筋直径的 25%～45%;

点焊冷拔低碳钢丝,冷轧带肋钢筋时,焊点的压入深度应为较小钢筋直径的 25%～40%。

②电弧焊:帮条焊适用于焊接直径 10～40mm 热轧光圆及带肋钢筋、直径 10～25mm 的余热处理钢筋,帮条长度应符合表 5-7 的规定。搭接焊适用焊接的钢筋与帮条焊相同。

表 5-7　帮条长度

钢筋类别	焊接形式	帮条长度	钢筋类别	焊接形式	帮条长度
热轧光圆钢筋	单面焊	≥8d	热轧带肋钢筋 及余热处理钢筋	单面焊	≥10d
	双面焊	≥4d		双面焊	≥5d

③钢筋电渣压力焊:适用于焊接直径 14～40mm 的 HPB235 级、HRB335 级钢筋。焊机容量应根据钢筋直径选定。

④钢筋气压焊:适用于焊接直径 14～40mm 的热轧圆钢及带肋钢筋。当焊接直径不同的钢筋时,两直径之差不得大于 7mm。气压焊等压法、二次加压法、三次加压法等工艺应根据钢筋直径等条件选用。

2)机械连接。

连接方法有以下几种。

①带肋钢筋套筒挤压连接是通过压力使套筒塑性变形与带肋钢筋紧密咬合形成的接头,见图 5-1。

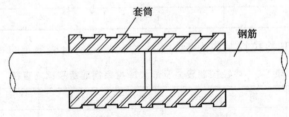

图 5-1　带肋钢筋套筒挤压连接

挤压操作应符合下列要求:

a. 钢筋插入套筒内深度应符合设计要求,钢筋端头离套筒长度中心点不宜超过 10mm。

b. 先挤压一端钢筋,插入接连钢筋后,再挤压另一端套筒,挤压宜从套筒中部开始,依次向两端挤压,挤压机与钢筋轴线保持垂直。

②钢筋锥螺纹连接:是通过钢筋端头特别的锥形螺纹和套筒咬合形成的接头,见图 5-2。

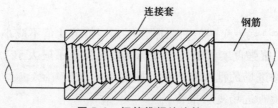

图 5-2　钢筋锥螺纹连接

钢筋锥螺纹丝头的锥度、螺距必须与套筒的锥度、螺距一致。

对准轴线将钢筋拧入套筒内，接头拧紧值应满足规定的力矩值。

（3）钢筋安装

1）准备工作。钢筋安装前，应根据施工图核对钢筋的品种、规格、尺寸和数量，落实钢筋安装工序。

2）钢筋绑扎

①钢筋的绑扎搭接接头应在接头中心和两端用铁丝扎牢；

②墙、柱、梁钢筋骨架中各竖向面钢筋网交叉点应全数绑扎；板上部钢筋网的交叉点应全数绑扎，底部钢筋网除边缘部分外可间隔交错绑扎；

③梁、柱的箍筋弯钩及焊接封闭箍筋的焊点应沿纵向受力钢筋方向错开设置；

④构造柱纵向钢筋宜与承重结构同步绑扎；

⑤梁及柱中箍筋、墙中水平分布钢筋、板中钢筋距构件边缘的起始距离宜为 50mm。

3）做好检查。钢筋安装完毕后，应检查钢筋绑扎是否牢固，间距和锚固长度是否达到要求，混凝土保护层是否符合规定。

4. 施工质量验收

（1）原材料

1）主控项目

①钢筋进场时，应按现行国家标准《钢筋混凝土用热轧带肋钢筋》（GB 1499.2—2007）等的规定抽取试件作力学性能检验，其质量必须符合有关标准的规定。

钢筋应按进场批的级别、品种、直径、外形分垛码放，妥善保管，并挂标识牌，注明产地、规格、品种、质量检验状态等。

检查数量：按进场的批次和产品的抽样检验方案确定。

检验方法：检查产品合格证、出厂检验报告和进场复验报告。

②对有抗震设防要求的框架结构，其纵向受钢筋的强度应满足设计要求；当设计无具体要求时，对一、二级抗震等级，检验所得的强度实测值应符合下列

规定：

　　a. 钢筋的抗拉强度实测值与屈服强度实测值的比值不应小于1.25；

　　b. 钢筋的屈服强度实测值与强度标准值的比值不应大于1.3。

　　检查数量：按进场的批次和产品的抽样检验方案确定。

　　检验方法：检查进场复验报告。

　　③当发现钢筋脆断、焊接性能不良或力学性能显著不正常等现象时，应对该批钢筋进行化学成分检验或其他专项检验。

　　检验方法：检查化学成分等专项检验报告。

　　2)一般项目

　　钢筋应平直、无损伤，表面不得有裂纹、油污、颗粒状或片状老锈。

　　检查数量：进场时和使用前全数检查。

　　检验方法：观察。

　　(2)钢筋加工

　　1)主控项目

　　①受力钢筋的弯钩和弯折应符合下列规定：

　　a. HPB235级钢筋末端应作180°弯钩，其弯弧内直径不应小于钢筋直径的2.5倍，弯钩的弯后平直部分长度不应小于钢筋直径的3倍；

　　b. 当设计要求钢筋末端需作135°弯钩时，HRB335级、HRB400级钢筋的弯弧内直径不应小于钢筋直径的4倍，弯钩的弯后平直部分长度应符合设计要求；

　　c. 钢筋作不大于90°的弯折时，弯折处的弯弧内直径不应小于钢筋直径的5倍。

　　优良：在合格基础上，按工程使用部位和规格、形状分类码放且有标识牌，注明钢筋编号、规格、尺寸、使用部位和检验状态。

　　检查数量：按每工作班同一类型钢筋、同一加工设备，抽查不应少于3件。

　　检验方法：钢尺检查。

　　②除焊接封闭环式箍筋外，箍筋的末端应作弯钩，弯钩形式应符合设计要求；当设计无具体要求时，应符合下列规定：

　　a. 箍筋弯钩的弯弧内直径除应满足第①条的规定外，尚不应小于受力钢筋的直径；

　　b. 箍筋弯钩的弯折角度：对一般结构，不应小于90°；对有抗震等要求的结构，应为135°；

　　c. 箍筋弯后平直部分长度：对一般结构，不应小于箍筋直径的5倍；对有抗震等要求的结构，不应小于箍筋直径的10倍。

　　优良：在合格基础上满足以下条件。

　　a)箍筋弯钩两端平直部分长度相等且平行，并满足平直长度允许偏差

(−0,＋10)mm 的要求。弯钩平整不扭翘。

b)按工程使用部位和规格、形状分类码放且有标识牌,注明钢筋编号、规格、尺寸、使用部位和检验状态。

检查数量:按每工作班同一类型钢筋、同一加工设备,抽查不应少于 3 件。

检验方法:观察,钢尺检查。

2)一般项目

①钢筋调直宜采用机械方法,也可采用冷拉方法。当采用冷拉方法调直钢筋时,应严格按照钢筋的级别、品种控制冷拉率。HPB235 级钢筋的冷拉率不宜大于 4％,HRB335 级钢筋、HRB400 级钢筋和 RRB400 级钢筋的冷拉率不宜大于 1％。

优良:在合格基础上满足以下条件。

a. 应有控制冷拉率的标志线(点)。

b. 冷拔钢丝、盘条应采用调直机切断配料。

检查数量:按每工作班同一类型钢筋、同一加工设备,抽查不应少于 3 件。

检验方法:观察、钢尺检查。

②用于对焊、电渣压力焊焊接接头的钢筋,应将钢筋端头的热轧弯头或劈裂头切除;用于螺纹连接接头的钢筋应保证端头平直,钢筋顶端切口无有碍螺纹套丝质量的斜口、马蹄口或扁头,无影响螺纹连接的毛刺。

检查数量:按每规格钢筋加工批量的 20％抽查。

检验方法:观察、钢尺检查。

③现场制作的梯子筋、马凳、定位卡、垫块等应按施工技术方案所规定的尺寸制作。

检查数量:梯子筋、定位卡全数检查,其他抽查 20％。

检验方法:钢尺检查。

④钢筋加工的形状、尺寸应符合设计要求,其偏差应符合表 5-8 的规定。

检查数量:按每工作班同一类型钢筋、同一加工设备,抽查不应少于 3 件。

检验方法:钢尺检查。

表 5-8 钢筋加工的允许偏差。

表 5-8　钢筋加工的允许偏差

项　目	允许偏差(m)	
	合　格	优　良
受力钢筋顺长度方向全长的净尺寸	±10	±8
弯起钢筋的弯折位置	±20	±15
箍筋内净尺寸	±5	±4

（3）钢筋连接

1）主控项目

①纵向受力钢筋的连接方式应符合设计要求。

检查数量：全数检查。

检验方法：观察。

②在施工现场，应按国家现行标准《钢筋机械连接通用技术规格》（JGJ 107—2010）、《钢筋焊接及验收规程》（JGJ 18—2012）的规定抽取钢筋机械连接接头、焊接接头试件作力学性能检验，其质量应符合有关规程的规定。

检查数量：按有关规程确定。

检验方法：检查产品合格证、接头力学性能试验报告。

2）一般项目

①钢筋的接头宜设置在受力较小处。同一纵向受力钢筋不宜设置两个或两个以上接头。接头末端至钢筋弯起点的距离不应小于钢筋直径的 10 倍。

检查数量：全数检查。

检验方法：观察，钢尺检查。

②在施工现场，应按国家现行标准《钢筋机械连接通用技术规程》（JGJ 107—2010）、《钢筋焊接及验收规程》（JGJ 18—2012）的规定对钢筋机械连接接头、焊接接头的外观进行检查，其质量应符合有关规程的规定。

优良：在合格基础上，当采用钢筋搭接电弧焊时，焊缝表面应平整，无凹陷、焊瘤、裂纹、咬边、气孔、夹渣等缺陷，接头处钢筋轴线无偏移。

当采用闪光对焊时，接头焊缝金属熔透无过烧，无缩孔、裂纹，钢筋对接轴线不偏移，表面无烧伤。

当采用电渣压力焊时，四周焊包均匀，接头处钢筋轴线无偏移，钢筋与电极接触处无烧伤等缺陷。

当采用直螺纹时，钢筋旋入套管后，单边外露丝扣不得超过一个有效完整扣或三个半扣。

检查数量：全数检查。

检验方法：观察，尺量。

③当受力钢筋采用机械连接接头或焊接接头时，设置在同一构件内的接头宜相互错开。

纵向受力钢筋机械连接接头及焊接接头连接区段的长度为 35d（d 为纵向受力钢筋的较大直径）且不小于 500mm，凡接头中点位于该连接区段长度内的接头均属于同一连接区段。同一连接区段内，纵向受力钢筋机械连接接头及焊接的接头面积百分率为该区段内有接头的纵向受力钢筋截面面积与全部纵向受力钢筋截面面积的比值。

同一连接区段内,纵向受力钢筋的接头面积百分率应符合设计要求;当设计无具体要求时,应符合下列规定:

a. 在受拉区不宜大于 50%;

b. 接头不宜设置在有抗震设防要求的框架梁端、柱端的箍筋加密区;当无法避开时,对等强度高质量机械连接接头,不应大于 50%;

c. 直接承受动力荷载的结构构件中,不宜采用焊接接头;当采用机械连接接头时,不应大于 50%。

检查数量:在同一检验批内,对梁、柱和独立基础,应抽查构件数量的 20%,且不少于 3 件;对墙和板,应按有代表性的自然间抽查 20%,且不少于 3 间;对大空间结构,墙可按相邻轴线间高度 5m 左右划分检查面,板可按纵、横轴线划分检查面,抽查 20%,且不少于 3 面。

检验方法:观察,钢尺检查。

④同一构件中相邻纵向受力钢筋的绑扎搭接接头宜相互错开。绑扎搭接接头中钢筋的横向净距不应小于钢筋直径,且不应小于 25mm。

钢筋绑扎搭接接头连接区段的长度为 1.3L(L 为搭接长度),凡搭接接头中点位于该连接区段长度内的接头均属于同一连接区段。同一连接区段内,纵向钢筋搭接接头面积百分率为该区段内有搭接接头的纵向受力钢筋截面面积与全部纵向受力钢筋截面面积的比值(见图 5-3)。

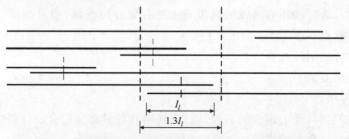

图 5-3　钢筋绑扎搭接接头连接区段及接头面积百分率

注:图中所示搭接接头同一连接区段内的搭接钢筋为两根,当各钢筋

直径相同时,接头面积百分率为 50%。

同一连接区段内,纵向受力钢筋的接头面积百分率应符合设计要求;当设计无具体要求时,应符合下列规定:

a. 对梁类、板类及墙类构件,不宜大于 25%;

b. 对柱类构件,不宜大于 50%;

c. 当工程中确有必要增大接头面积百分率时,对梁类构件,不应大于 50%;对其他构件,可根据实际情况放宽。

纵向受力钢筋绑扎搭接接头的最小搭接长度应符合相关标准规范的规定。

优良:在合格基础上,绑扎搭接接头范围内应保证三个绑扣和三根钢筋通过。

检查数量:在同一检验批内,对梁、柱和独立基础,应抽查构件数量的20%,且不少于3件;对墙和板,应按有代表性的自然间抽查20%,且不少于3间;对大空间结构,墙可按相邻轴线间高度5m左右划分检查面,板可按纵、横轴线划分检查面,抽查20%,且不少于3面。

检验方法:观察,钢尺检查。

⑤在梁、柱类构件的纵向受力钢筋搭接长度范围内,应按设计要求设置箍筋。当设计无具体要求时,应符合下列规定:

a. 箍筋直径不应小于搭接钢筋较大直径的0.25倍。

b. 受拉搭接区段的箍筋间距不应大于搭接钢筋较小直径的5倍,且不应大于100mm;

c. 受压搭接区段的箍筋间距不应大于搭接钢筋较小直径的10倍,且不应大于200mm;

d. 当柱中纵向受力钢筋直径大于25mm时,应在搭接接头两个端面外100mm范围内各设置两个箍筋,其间距宜为50mm。

检查数量:在同一检验批内,对梁、柱和独立基础,应抽查构件数量的20%,且不小于3件;对墙和板,应按有代表性的自然间抽查20%,且不少于3间;对大空间结构,墙可按相邻轴线间高度5m左右划分检查面,板可按纵、横轴线划分检查面,抽查20%,且不少于3面。

检验方法:钢尺检查。

(4)钢筋安装

1)主控项目

钢筋安装时,受力钢筋的品种、级别、规格和数量必须符合设计要求。

检查数量:全数检查。

检验方法:观察,钢尺检查。

2)一般项目

钢筋安装位置的偏差应符合表5-9的规定。

表5-9 钢筋安装位置的允许偏差和检验方法

项次	项 目		允许偏差(mm)		检验方法
			合格	优良	
1	绑扎钢筋网	长、宽	±10	±8	钢尺检查
		网眼尺寸	±20	±15	钢尺量连续三档,取最大值

（续）

项次	项 目		允许偏差（mm）		检验方法
			合格	优良	
2	绑扎钢筋骨架	长	±10	±8	钢尺检查
		宽度	±5	±4	钢尺检查
3	受力钢筋	间距	±10	±8	钢尺量两端、中间各一点，取最大值
		排距	±5	±4	
		保护层厚度　基础	±10	±8	钢尺检查
		保护层厚度　柱、梁	±5	±4	钢尺检查
		保护层厚度　基础	±3		钢尺检查
4	绑扎箍筋、横向钢筋间距		±20	±15	钢尺量连续三档，取最大值
5	钢筋弯起点位置		20	15	钢尺检查
5	预埋件	中心线位置	5	4	钢尺检查
		水平高差	+3,0		钢尺和塞尺检查
7	梁、板受力钢筋搭接、锚固长度	入支座、节点搭接	+10，-5	+8，-4	钢尺检查
		入支座、节点锚固	±5	±4	钢尺检查

注：①检查预埋件中心线位置时，应沿纵、横两个方向量测，并取其中的较大值。

②表中梁类、板类构件上部纵向受力钢筋保护层厚度的合格点率应达到90%及以上，且不得有超过表中数值1.5倍的尺寸偏差。

③负弯矩筋保护层厚度允许偏差为+0，-4。

第四节　混凝土工程

1. 一般规定

混凝土工程一般规定的质量控制，重点是对结构构件混凝土强度检验及混凝土冬期施工的质量控制。

（1）结构构件的混凝土强度应按现行国家标准《混凝土强度检验评定标准》（GB 50107—2010）的规定分批检验评定。

对采用蒸汽法养护的混凝土结构构件，其混凝土试件应先随同结构构件同条件蒸汽养护，再转入标准条件养护共28d。

当混凝土中掺用矿物掺和料时，确定混凝土强度时的龄期可按现行国家标准《粉煤灰混凝土应用技术规范》（GB/T 50146—2014）等的规定取值。

掺用矿物掺和料的混凝土，其强度增长较慢，以28d为验收龄期可能不适宜,可按国家现行标准《粉煤灰混凝土应用技术规范》(GB/T 50146—2014)等的规定确定验收龄期。

(2)检验评定混凝土强度用的混凝土试件的尺寸及强度的尺寸换算系数应按表 5-10 取用;其标准成型方法、标准养护条件及强度试验方法应符合普通混凝土力学性能试验方法标准的规定。

表 5-10　混凝土试件尺寸及强度的尺寸换算系数

骨料最大粒径(mm)	试件尺寸(mm)	强度的尺寸换算系数
≤31.5	100×100×100	0.95
≤40	150×150×150	1.00
≤63	200×200×200	1.05

注:对强度等级为 C60 及以上的混凝土试件,其强度的尺寸换算系数可通过试验确定。

(3)结构构件拆模、出池、出厂、吊装、张拉、放张及施工期间临时负荷时的混凝土强度,应根据同条件养护的标准尺寸试件的混凝土强度确定。

(4)当混凝土试件强度评定不合格时,可采用非破损或局部破损的检测方法,按国家现行有关标准的规定对结构构件中的混凝土强度进行确定,并作为处理的依据。

(5)混凝土的冬期施工应符合国家现行标准《建筑工程冬期施工规程》(JGJ 104—2011)和施工技术方案的规定。

室外日平均气温连续 5d 稳定低于 5℃时,属于冬期施工,应采取冬期施工措施。否则混凝土强度会造成损失。

2. 材料控制要点

(1)水泥

1)水泥进场必须有产品合格证、出厂检验报告。

2)对水泥品种、级别、包装或散装仓号、出厂日期等进行检查验收。

3)对水泥强度、安定性及其他必要的性能指标进行复验,其质量必须符合《通用硅酸盐水泥》(GB 175—2007)等的规定。

4)当在使用中对水泥质量有怀疑或水泥出厂超过三个月(快硬水泥超过一个月)时,应进行复验,并按复验结果使用。

5)钢筋混凝土结构、预应力混凝土结构中,严禁使用含氯化物的水泥。

6)水泥应按不同厂家、不同品种和强度等级分批存储,并应采取防潮措施;出现结块的水泥不得用于混凝土工程;水泥出厂超过 3 个月(硫铝酸盐水泥超过 45d),应进行复检,合格者方可使用。

(2)粗骨料

1)应符合现行行业标准《普通混凝土用砂、石质量及检验方法标准》(JGJ

52—2006)的规定。

2)对于混凝土结构,粗骨料最大公称粒径不得大于构件截面最小尺寸的 1/4,且不得大于钢筋最小净间距的 3/4;对混凝土实心板,骨料的最大公称粒径不宜大于板厚的 1/3,且不得大于 40mm;对于大体积混凝土,粗骨料最大公称粒径不宜小于 31.5mm。

3)对于有抗渗、抗冻、抗腐蚀、耐磨或其他特殊要求的混凝土,粗骨料中的含泥量和泥块含量分别不应大于 1.0% 和 0.5%;坚固性检验的质量损失不应大于 8%。

4)对于高强混凝土,粗骨料的岩石抗压强度应至少比混凝土设计强度高 30%;最大公称粒径不宜大于 25mm,针片状颗粒含量不宜大于 5% 且不应大于 8%;含泥量和泥块含量分别不应大于 0.5% 和 0.2%。

5)对粗骨料或用于制作粗骨料的岩石,应进行碱活性检验。对于有预防混凝土碱骨料反应要求的混凝土工程,不宜采用有碱活性的粗骨料。

（3）细骨料

1)细骨料应符合现行行业标准《混凝土质量控制标准》(GB 50164—2011)和《普通混凝土用砂、石质量及检验方法标准》(JGJ 52—2006)的规定;混凝土用海砂应符合现行行业标准《海砂混凝土应用技术规范》(JGJ 206—2010)的有关规定

2)泵送混凝土宜采用中砂,且 $300\mu m$ 筛孔的颗粒通过量不宜少于 15%。

3)对于有抗渗、抗冻或其他特殊要求的混凝土,砂中的含泥量和泥块含量分别不应大于 3.0% 和 1.0%;坚固性检验的质量损失不应大于 8%。

4)对于高强混凝土,砂的细度模数宜控制在 2.6～3.0 范围之内,含泥量和泥块含量分别不应大于 2.0% 和 0.5%。

5)钢筋混凝土和预应力混凝土用砂的氯离子含量分别不应大于 0.06% 和 0.02%。

6)混凝土用海砂应经过净化处理。

（4）水

1)混凝土用水应符合现行行业标准《混凝土用水标准》JGJ63 的规定。

2)未经处理的海水严禁用于钢筋混凝土和预应力混凝土。

3)当骨料具有碱活性时,混凝土用水不得采用混凝土企业生产设备洗涮水。

（5）掺和料

1)混凝土中掺用矿物掺和料的质量应符合现行国家标准《混凝土质量控制标准》(GB 50164—2011)等的规定。矿物掺和料的掺量应通过试验确定。

2)矿物掺合料宜与高效减水剂同时使用。

3. 施工及质量控制要点

（1）配合比控制

1)混凝土应根据现场采用的原材料进行配合比设计,再按普通混凝土拌和物性能试验方法等标准进行试验、试配,以满足混凝土耐久性和施工性(坍落度)的要求,不得采用经验配合比。

混凝土配合比设计应符合现行行业标准《普通混凝土配合比设计规程》(JGJ 55—2011)的有关规定。

2)混凝土配合比设计步骤

①根据混凝土配制强度计算水灰比;

②根据每立方米混凝土的用水量,计算每立方米混凝土的水泥用量;

③根据砂率,设计骨料用量;

④混凝土配合比试配、调整、确定。

3)混凝土配合比设计时,最大水灰比和最少水泥用量见表 5-11。

表 5-11　混凝土的最大水灰比和最少水泥用量

环境条件		结构物类别	最大水灰比			最小水泥用量(kg)		
			索混凝土	钢筋混凝土	预应力混凝土	索混凝土	钢筋混凝土	预应力混凝土
干燥环境		正常的居住或办公用房屋内部件	不作规定	0.65	0.60	200	260	300
潮湿环境	无冻害	高湿度的室内部件 室外部件 在非侵蚀性土和(或)水中的部件	0.70	0.60	0.60	225	280	300
	有冻害	经受冻害的室外部件 在非侵蚀性土和(或)水中且经受冻害的部件 高湿度且经受冻害的室内部件	0.55	0.55	0.55	250	280	300
有冻害和除冰剂的潮湿环境		经受冻害和除冰剂作用的室内和室外部件	0.50	0.50	0.50	300	300	300

注:①当用活性掺和料取代部分水泥时,表中的最大水灰比及最小水泥用量即为替代前的水灰比和水泥用量。

②配件 C15 级及其以下等级的混凝土,可不受本表限制。

(2)混凝土施工

1)控制原材料每盘用量

混凝土应采用机械搅拌,搅拌的最短时间见表 5-12。

表 5-12　混凝土搅拌最短时间(s)

混凝土坍落度 (mm)	搅拌机机型	搅拌机出料量(L)		
		<250	250~500	>500
≤40	强制式	60	90	120
>40 且<100	强制式	60	60	90
≥100	强制式	60		

注:混凝土搅拌的最短时间系指全部材料装入搅拌筒中起,到开始卸料止的时间。

2)混凝土运输机械搅拌从卸料开始到浇筑,以最短时间为好。延续时间参见表 5-13。

3)泵送混凝土应连续进行。如需要中断,中断时间不得超过表 5-13 的规定。

表 5-13　混凝土从搅拌机中卸出到浇筑完毕的延续时间(mm)

混凝土生产地点	气　温	
	≤25℃	>25℃
预拌混凝土搅拌站	150	120
施工现场	120	90
混凝土制品厂	90	60

4)混凝土浇筑应连续进行。必须间歇应在前浇混凝土初凝之前。

5)混凝土应分层浇筑,浇筑厚度应根据振动器类型决定。

4. 施工质量验收

(1)原材料

1)主控项目

①水泥进场时应对其品种、级别、包装或散装仓号、出厂日期等进行检查,并应对其强度、安定性及其他必要的性能指标进行复验,其质量必须符合现行国家标准《通用硅酸盐水泥》(GB 175—2007)等的规定。

当在使用中对水泥质量有怀疑或水泥出厂超过三个月(快硬硅酸盐水泥超过一个月)时,应进行复验,并按复验结果使用。

钢筋混凝土结构、预应力混凝土结构中,严禁使用含氯化物的水泥。水泥出厂检验报告应有氯化物含量测试项目。

检查数量:按同一生产厂家、同一等级、同一品种、同一批号且连续进场的水泥,袋装不超过 200t 为一批,散装不超过 500t 为一批,每批抽样不少于 1 次。

检验方法:检查产品合格证、出厂检验报告和进场复验报告。

②混凝土中掺用的外加剂的质量及应用技术应符合现行国家标准《混凝土外加剂》(GB 8076—2008)、《混凝土外加剂应用技术规范》(GB 50119—2013)等

和有关环境保护的规定。外加剂必须有质量证明书或合格证、有相应资质等级检测部门出具的检测报告、产品性能和使用说明书等。外加剂应按规定取样复验,具有复验报告。承重结构混凝土使用的外加剂应实行有见证取样和送检。

预应力混凝土结构中,严禁使用含氯化物的外加剂。钢筋混凝土结构中,当使用含氯化物的外加剂时,混凝土中氯化物总含量应符合现行国家标准《混凝土质量控制标准》(GB 50164—2011)的规定。

检查数量:按进场的批次和产品的抽样检验方案确定。

检验方法:检验产品合格证、出厂检验报告和进场复验报告。

③混凝土中氯化物和碱的总含量应符合现行国家标准《混凝土结构设计规范》(GB 50010—2010)和设计的要求。

检验方法:检查原材料试验报告和氯化物、碱的总含量计算书。

2)一般项目

①混凝土中掺用的矿物掺合料主要包括粉煤灰、粒化高炉矿渣粉、沸石粉、硅粉和复合掺合料等,掺合料必须有出厂质量证明文件,其质量应符合现行国家标准《用于水泥和混凝土中的粉煤灰》(GB 1596—2005)等的规定。矿物掺合料的掺量应通过试验确定。用于结构工程的掺合料应按规定取样复验,有复验报告。

检查数量:按进场的批次和产品的抽样检验方案确定。

检验方法:检查出厂合格证和进场复验报告。

②普通混凝土所用的粗、细骨料的质量应符合国家现行标准《普通混凝土用砂质量标准及检验方法》(JGJ 52—2006)的规定。砂、石使用前应按规定取样复验,有试验报告。按规定应预防碱骨料反应的工程或结构部位使用的砂、石,供应单位应提供砂、石的碱活性检验报告。

检查数量:按进场的批次和产品的抽样检验方案确定。

检验方法:检验进场复验报告。

注:①混凝土用的粗骨料,其最大颗粒粒径不得超过构件截面最小尺寸的 1/4,且不得超过钢筋最小净间距的 3/4。

③对混凝土实心板,骨料的最大粒径不宜超过板厚的 1/3,且不得超过 40mm。

④拌制混凝土宜采用饮用水;当采用其他水源时,水质应符合国家现行标准《混凝土用水标准》(JGJ 63—2006)的规定。

检查数量:同一水源检查不应少于 1 次。

检验方法:检查水质试验报告。

(2)配合比设计

1)主控项目

①混凝土应按国家现行标准《普通混凝土配合比设计规程》(JGJ 55—2011)的有关规定,根据混凝土强度等级、耐久性和工作性要求设计配合比。

对有特殊要求的混凝土,其配合比设计尚应符合国家现行有关标准的专门规定。

检验方法:检查配合比设计资料。

②混凝土配合比,必须由试验室提供。

2)一般项目

①首次使用的混凝土配合比应进行开盘鉴定,其工作性应满足设计配合比的要求。开始生产时应至少留置一组标准养护试件,作为验证配合比的依据。

检验方法:检查开盘鉴定资料和试件强度试验报告。

②混凝土拌制前,应测定砂、石含水率并根据测试结果调整材料用量,提出施工配合比。

检查数量:每工作班检查一次。

检验方法:检查含水率测试结果和施工配合比通知单。

③现场搅拌混凝土在浇筑地点的坍落度,每工作班至少检查 4 次。预拌混凝土进入施工现场时,对拌合物的质量应逐车验收;对坍落度的测试每工作班不应少于 4 次,且每 10 车不应少于 1 次;混凝土的坍落度试验应符合国家现行标准《普通混凝土拌合物性能试验方法标准》(GB/T 50080—2002)的有关规定。

(3)混凝土施工

1)主控项目

①结构混凝土的强度等级必须符合设计要求。用于检查结构构件混凝土强度的试件,应在混凝土的浇筑地点随机抽取。取样与试件留置应符合下列规定:

a. 每拌制 100 盘且不超过 $100m^3$ 的同配合比的混凝土,取样不得少于 1 次;

b. 每工作班拌制的同一配合比的混凝土不足 100 盘时,取样不得少于 1 次;

c. 当一次连续浇筑超过 $1000m^3$ 时,同一配合比的混凝土每 $200m^3$ 取样不得少于 1 次;

d. 每一楼层、同一配合比的混凝土,取样不得少于 1 次;

e. 每次取样应至少留置一组标准养护试件,同条件养护试件的留置组数应根据实际需要确定;

f. 冬期施工的混凝土试件的留置,除应符合上述规定外,还应增设不少于两组同条件养护试件。其中掺有防冻剂的混凝土,一组为检验混凝土临界强度试件,另一组为同条件养护 28d、再标准养护 28d 的试件;未掺防冻剂的混凝土,一组为检验混凝土临界强度试件,另一组为检验转入常温养护 28d 的混凝土强度试件。

g. 结构实体检验用同条件试块应按《混凝土结构工程质量验收规范》(GB 50204—2002)附录 B 规定实行。

检验方法:检查施工记录及试件强度试验报告。

②对有抗渗要求的混凝土结构,其混凝土试件应在浇筑地点随机取样。同一工程、同一配合比的混凝土,取样不应少于 1 次,留置组数可根据实际需要确定。

检验方法:检查试件抗渗试验报告。

③混凝土原材料每盘称量的允许偏差应符合表 5-14 的规定。

表 5-14　原材料每盘称量的允许偏差

原材料种类	计量允许偏差	原材料种类	计量允许偏差
胶凝材料	±2	拌合用水	±1
粗、细骨料	±3	外加剂	±1

④当遇雨天或含水率有显著变化时,应增加含水率检测次数,并及时调整水和骨料的用途。

检查数量:每工作班抽查不应少于 1 次。

检验方法:复称。

⑤混凝土运输、浇筑及间歇的全部时间不应超过混凝土的初凝时间。同一施工段的混凝土应连续浇筑,并应在底层混凝土初凝之前将上一层混凝土浇筑完毕。

当底层混凝土初凝后浇筑上一层混凝土时,应按施工技术方案中对施工缝的要求进行处理。

检查数量:全数检查。

检验方法:观察,检查施工记录。

2)一般项目

①施工缝的位置应在混凝土浇筑前按设计要求和施工技术方案确定。施工缝的处理应按施工技术方案执行。

优良:在合格基础上,施工缝留置应平直,混凝土接槎平顺、密实整齐。

检查数量:全数检查。

检验方法:观察,检查施工记录。

②后浇带的留置位置应按设计要求和施工技术方案确定。后浇带混凝土浇筑应按施工技术方案进行。

优良:在合格基础上,后浇带留置应平直,混凝土接槎平顺、密实整齐。

检查数量:全数检查。

检验方法:观察,检查施工记录。

③混凝土浇筑层的厚度,应符合表 5-15 的规定。

表 5-15　混凝土浇筑层厚度(单位:mm)

捣实混凝土的方法		浇筑层厚度
插入式振捣		振捣器作用部分长度的 1.25 倍
表面振动		200
人工振捣	在基础、无筋混凝土或配筋稀疏的结构中	250
	在梁、墙板、柱结构中	200
	在配筋密裂的结构中	150

检查数量:全数检查。

检验方法:观察,检查施工记录。

④混凝土浇筑完毕后,应按施工技术方案及时采取有效的养护措施,并应符合下列规定:

a. 应在浇筑完毕后的 12h 以内对混凝土加以覆盖并保湿养护;

b. 混凝土浇水养护的时间:对采用硅酸盐水泥、普通硅酸盐水泥或矿渣硅酸盐水泥拌制的混凝土,不得少于 7d;对掺用缓凝型外加剂或有抗渗要求的混凝土,不得少于 14d;

c. 浇水次数应能保持混凝土处于湿润状态;混凝土养护用水应与拌制用水相同;

d. 采用塑料布覆盖养护的混凝土,其敞露的全部表面的应覆盖严密,并应保持塑料布内有凝结水;

e. 混凝土强度达到 1.2N/mm² 前,不得在其上踩踏或安装模板及支架。

注:①当日平均气温低于 5℃,不得浇水;

②当采用其他品种水泥时,混凝土的养护时间应根据所采用水泥的技术性能确定;

③混凝土表面不便浇水或使用塑料布时,宜涂刷养护剂;

④对大体积混凝土的养护,应根据气候条件按施工技术方案采取控温措施。

检查数量:全数检查。

检验方法:观察,检查施工记录。

第五节　预应力工程

1. 一般规定

(1)施工单位资质的要求

后张法预应力施工专业性强,技术含量高,操作要求严。为了保证施工质量,应具备预应力专项施工资质的施工单位承担。预应力工程施工前,应编制施工方案。当设计图纸深度不具备施工条件时,施工单位应予以完善。施工方案要得到设计单位审核后实施。

(2)张拉机具设备及仪表要求

1)张拉设备标定

张拉设备如千斤顶、油泵及压力表等应配套标定,配套使用。配套标定主要是以确定电力表读数与千斤顶输出力之间的关系曲线。

2)维护和校验

张拉设备标定期限不应超过半年。当在使用过程中出现反常现象或在千斤顶检修后,应重新标定。

注:①张拉设备标定时,千斤顶活塞的运行方向应与实际张拉工作状态一致;
　　②压力表的精度不应低于 1.5 级,标定张拉设备用的试验机或测力计精度不应低于±2%。

3)隐蔽工程的验收

预应力工程的综合质量合格与否,与隐蔽工程的质量关系极大,在浇筑混凝土之前,加强过隐蔽工程的验收,能检验预应力的安装是否符合设计要求。隐蔽工程验收的内容如下:

①预应力筋的品种、规格、数量、位置等;

②预应力筋锚具和连接器的品种、规格、数量、位置等;

③预留孔道的规格、数量、位置、形状及灌浆孔、排气兼泌水管等;

④锚固区局部加强构造等。

预应力工程一般规定重点突出了对人、机和隐蔽工程的预控。

(3)环境因素

1)当工程所处环境温度低于-15℃时,不宜进行预应力筋张拉;

2)当工程所处环境温度高于 35℃或日平均环境温度连续 5 日低于 5℃时,不宜进行灌浆施工;当在环境温度高于 35℃或日平均环境温度连续 5 日低于 5℃条件下进行灌浆施工时,应采取专门的质量保证措施。

2. 材料控制要点

(1)预应力筋

预应力筋常用的品种和相应的现行国家标准有《预应力混凝土用钢丝》(GB/T 5223—2014)、《预应力混凝土用钢绞线》(GB/T 5224—2014)、《预应力混凝土用热处理钢筋》(GB/T 5223.3—2014)。

1)预应力筋进场时,应具备产品合格证、出厂检验报告,使用前应作进场复验,按现行国家标准规定,按批次抽取试件作力学性能检验,其质量必须符合有关标准的规定。

2)预应力筋使用前应进行外观检查,其质量应符合下列要求:

①有黏结预应力筋展开后应平顺,不应有弯折,表面不应有裂纹、小刺、机械损伤、氧化铁皮和油污等;

②无黏结预应力筋护套应光滑、无裂缝,无明显褶皱。

3)无黏结预应力筋的涂包质量应符合无黏结预应力钢绞线标准的规定。进场时应具备产品合格证、出厂检验报告和进场复验报告。涂包质量的检验是按每60t为一批,每批抽取一组试件,检查涂包层油脂用量。

4)无黏结预应力筋护套,有严重破损的不得使用,有轻微破损的应外包防水塑料胶带修补好。当有工程经验,并经观察认为质量有保证时,可不作油脂用量和护套厚度的进场复验。

(2)锚、夹具与连接器

1)预应力筋用锚具、夹具和连接器应按设计规定采用,其性能应符合现行国家标准《预应力筋用锚具、夹具和连接器》(GB/T 14370—2007)和《预应力筋用锚具、夹具和连接器应用技术规定》(JGJ 85—2010)的规定。

2)预应力筋端部锚具的制作

①挤压锚具制作时压力表的油压应符合操作说明书的规定,挤压后预应力筋外端应露出挤套筒1~5mm。

②钢绞线压花锚成型时,表面应洁净无污染,梨形头尺寸和直线段长度应符合设计要求。

③钢丝镦头的强度不得低于钢丝强度标准值的98%。

制作预应力锚具,每工作班应进行抽样检查,对挤压锚,每工作班抽查5%,且不应少于5件;对压花锚,每工作班抽查三件;对钢丝镦头,主要是检查钢丝的可镦性,故按钢丝进场批量,每批钢丝检查6个镦头试件的强度试验报告。

3)预应力筋用锚具、夹具和连接器进场时作进场复验,主要对锚具、夹具、连接器作静载锚固性能试验,并按出厂检验报告中所列指标,核对材质、机加工尺寸等。对锚具使用较少的一般工程,如供货方提供了有效的出厂试验报告,可不再作静载锚固性能试验。

4)锚具、夹具和连接器使用前应进行外观质量检查,其表面应无污物、锈蚀、机械损伤和裂纹,否则应根据不同情况进行处理,确保使用性能。

(3)其他辅助材料

1)后张预应力混凝土孔道成型材料应具有刚度和密闭性,在铺设及浇筑混凝土过程中不应变形,其咬口及连接处不应漏浆。成型后的管道应能有效地传递灰浆和周围混凝土的黏结力。

2)预应力混凝土用金属螺旋管进场时应具备产品合格证、出厂检验报告,使用前作进场复验,其尺寸、径向刚度和抗渗性能等应符合现行国家标准《预应力混凝土用金属螺旋管》(JG 225—2007)的规定。对金属螺旋管用量较少的一般工程,如有可靠依据时,可不作径向刚度、抗渗漏性能的进场复试。

3)预应力混凝土用金属螺旋管在使用前应进行外观质量检查。其内外表面应清洁,无锈蚀、无油污,不应有变形、孔洞和不规则的褶皱,咬口不应有开裂和脱扣。

4)孔道灌浆用水泥应采用普通硅酸盐水泥,水泥及水泥外加剂应符合设计和规范要求,严禁使用含氯化物的外加剂,且水泥和水泥外加剂进场,应具备产品合格证,使用前作进场复验。

3. 施工及质量控制要点

(1)制作与安装

1)预应力筋的下料。下料长度应由计算确定。计算长度时,要考虑结构的孔道长度、锚夹具厚度、千斤顶长度、焊接接头或镦头的预留量、冷拉回缩值、张拉伸长值、台座长度等。

2)预应力钢绞线下料。下料长度应由构件的孔道长度、锚具在构件外的外露长度(可取 120~150mm)钢绞线弹性回缩值等。

3)预应力筋的切断。宜采用砂轮锯或切断机切断。

4)预应力筋锚具的使用。Ⅰ类锚具适用于承受动载、静载的预应力混凝土结构;Ⅱ类锚具适用于有黏结预应力混凝土结构,且锚具只能固定于预应力筋应力变化不大的部位。

5)钢丝墩头及下料长度偏差应符合下列规定:

a. 墩头的头型直径不宜小于钢丝直径的 1.5 倍,高度不宜小于钢丝直径;

b. 墩头不应出现横向裂纹;

c. 当钢丝束两端均采用墩头锚具时,同一束中各根钢丝长度的极差不应大于钢丝长度的 1/5000,且不应大于 5mm。当成组张拉长度不大于 10m 的钢丝时,同组钢丝长度的极差不得大于 2mm。

(2)张拉和张放

1)先张法

①台座的构造应适应张拉工艺的要求,承力台墩的刚度和承载力必须满足要求。

②放置预应力筋时,防止隔离剂沾污预应力筋。

③多根预应力筋同时张拉时,应预先调整应力,使其相互之间应力一致。

④放张预应力筋时,混凝土强度必须符合设计要求。当设计无规定时,应符合下列规定:

a. 对承受轴心预压力的构件(压杆、桩等)预应力筋应同时放张。

b. 对承受偏心预压力的构件,应同时放张预压力较小区域的预应力筋,再同时放张预压力较大区域的预应力筋。

c. 放张如不能同时进行时,应对称交错放张。

d. 放张后预应力筋切断由放张端开始,再切向另一端。

⑤对先张法预应力构件,在浇筑混凝土前发生断裂或滑脱的预应力筋必须更换。

2)后张法

①混凝土预留孔道的尺寸与位置应正确,孔道应平顺。

②张拉顺序应符合设计要求。当无具体设计要求,可采用分批、分阶段、对称张拉。当采用分批张拉,把批张拉计算的预应力损失值,分别加到先张预应力线拉控制应力值内,或采同一张拉值逐根复位补充。

③预应力张拉端的设置,应符合设计要求。当设计无具体要求时,应符合下列规定:

a. 有黏结预应力筋长度不大于 20m 时,可一端张拉,大于 20m 时,宜两端张拉;预应力筋为直线形时,一端张拉的长度可延长至 35m;

b. 无黏结预应力筋长度不大于 40m 时,可一端张拉,大于 40m 时,宜两端张拉。

④平卧重叠浇筑的构件,宜先上后下逐层张拉。拉力往下逐层加大,以减少上、下层之间因摩擦阻力引起的预应力损失。

⑤对后张法预应力结构构件,断裂或滑脱的数量严禁超过同一截面预应力筋总根数的 3%,且每束钢丝或每根钢绞线不得超过一丝;对多跨双向连续板,其同一截面应按每跨计算。

(3)灌浆及封锚

1)灌浆

①孔道灌浆用水泥应符合下列规定:

a. 采用普通灌浆工艺时,稠度宜控制在 12～20s,采用真空灌浆工艺时,稠度宜控制在 18～25s;

b. 水灰比不应大于 0.45;

c. 3h 自由泌水率宜为 0,且不应大于 1%,泌水应在 24h 内全部被水泥浆吸收;

d. 24h 自由膨胀率,采用普通灌浆工艺时不应大于 6%;采用真空灌浆工艺时不应大于 3%;

e. 水泥浆中氯离子含量不应超过水泥重量的 0.06%;

f. 28d 标准养护的边长为 70.7mm 的立方体水泥浆试块抗压强度不应低

于 30MPa。

②灌浆前,孔道应进行清洁、湿润。灌浆中途不应停顿,并保证排气通畅。

③当采用电热法时,孔道灌浆应在预应力筋冷却后进行。

④用连接器连接的多跨连续预应力筋的孔道灌浆,应张拉完毕即灌浆。

⑤当泌水较大时,宜进行二次灌浆和对泌水孔进行重力补浆;

⑥因故中途停止灌浆时,应用压力水将未灌注完孔道内已注入的水泥浆冲洗干净。

2)封锚

封锚的施工要点是注意控制锚具的外露及保护的封闭性。

4. 施工质量验收

(1)原材料

1)主控项目

①预应力筋进场时,应按现行国家标准《预应力混凝土用钢绞线》(GB/T 5224—2014)等的规定抽取试件作力学性能检验,其质量必须符合有关标准的规定。

检查数量:按进场的批次和产品的抽样检验方案确定。

检验方法:检验产品合格证、出厂检验报告和进场复验报告。

②无黏结预应力筋的涂包质量应符合无黏结预应力钢绞线标准的规定。

检查数量:每 60t 为一批,每批抽取 1 组试件。

检验方法:观察,检查产品合格证、出厂检验报告和进场复验报告。

注:当有工程经验,并经观察认为质量有保证时,可不作油脂用量和护套厚度的进场复验。

③预应力筋用锚具、夹具和连接器应按设计要求采用,其性能应符合现行国家标准《预应力筋用锚具、夹具和连接器》(GB/T 14370—2007)等的规定。

检查数量:按进场的批次和产品的抽样检验方案确定。

检验方法:检验产品合格证、出厂检验报告和进场复验报告。

注:对锚具用量较少的一般工程,如供货方提供有效的试验报告,可不作静载锚固性能试验。

④孔道灌浆用水泥应采用普通硅酸盐水泥,其质量应符合国家相关规定。孔道灌浆用外加剂的质量应符合国家相关规定。

检查数量:按进场的批次和产品的抽样检验方案确定。

检验方法:检验产品合格证、出厂检验报告和进场复验报告。

注:对孔道灌浆用水泥和外加剂用量较少的一般工程,当有可靠依据时,可不作材料性能的进场复验。

2)一般项目

①预应力筋使用前应进行外观检查,其质量应符合下列要求:

a. 有黏结预应力筋展开后应平顺,不得有弯折,表面不应有裂纹、小刺、机械损伤、氧化铁皮和油污等;

b. 无黏结预应力筋护套应光滑、无裂缝,无明显褶皱。

检查数量:全数检查。

检验方法:观察。

注:无黏结预应力筋护套轻微破损者应外包防水塑料胶带修补,严重破损者不得使用。

②预应力筋用锚具、夹具和连接器使用前应进行外观检查,其表面应无污物、锈蚀、机械损伤和裂纹。

检查数量:全数检查。

检验方法:观察。

③预应力混凝土用金属螺旋管的尺寸和性能应符合国家现行标准《预应力混凝土用金属螺旋管》(JGJ 225—2007)的规定。

检查数量:按进场的批次和产品的抽样检验方案确定。

检验方法:检验产品合格证、出厂检验报告和进场复验报告。

注:对金属螺旋管用量较少的一般工程,当有可靠依据时,可不作径向刚度、抗渗漏性能的进场复验。

④预应力混凝土用金属螺旋管在使用前应进行外观检查,其内外表面应清洁,无锈蚀,不应有油污、孔洞和不规则的褶皱,咬口不应有开裂或脱扣。

检查数量:全数检查。

检验方法:观察。

(2)制作与安装

1)主控项目

①预应力筋安装时,其品种、级别、规格、数量必须符合设计要求。

检查数量:全数检查。

检验方法:观察,钢尺检查。

②先张法预应力施工时应选用非油质类模板隔离剂,并应避免沾污预应力筋。

检查数量:全数检查。

检验方法:观察。

③施工过程中应避免电火花损伤预应力筋;受损伤的预应力筋应予以更换。

检查数量:全数检查。

检验方法:观察。

2)一般项目

①预应力筋下料应符合下列要求:

a. 预应力筋应采用砂轮锯或切断机切断,不得采用电弧切割;

b. 当钢丝束两端采用镦头锚具时,同一束中各根钢丝长度的极差不应大于钢丝长度的1/5000,且不应大于5mm。当成组张拉长度不大于10m的钢丝时,同组钢丝长度的极差不得大于2mm。

检查数量：每班组抽查预应力筋总数的 3%，且不少于 3 束。

检验方法：观察，钢尺检查。

②预应力筋端部锚具的制作质量应符合下列要求：

a. 挤压锚具制作时压力表油压应符合操作说明书的规定，挤压后预应力筋外端应露出挤压套筒 1~5mm；

b. 钢绞线压花锚成形时，表面应清洁、无油污，梨形头尺寸和直线段长度应符合设计要求；

c. 钢丝镦头的强度不得低于钢丝标准值的 98%。

检查数量：对挤压锚，每工作班抽查 5%，且不应少于 5 件；对压花锚，每工作班抽查 3 件；对钢丝镦头强度，每批钢丝检查 6 个镦头试件。

检验方法：观察，钢尺检查，检查镦头强度试验报告。

③后张法有黏结预应力筋预留孔道的规格、数量、位置和形状除应符合设计要求外，尚应符合下列规定：

a. 预留孔道的定位应牢固，浇筑混凝土时不应出现移位和变形；

b. 孔道应平顺，端部的预埋锚垫板应垂直于孔道中心线；

c. 成孔用管道应密封良好，接头应严密且不得漏浆；

d. 灌浆孔的间距：对预埋金属螺旋管不宜大于 30m；对抽芯成形孔道不宜大于 12m；

e. 在曲线孔道的曲线波峰部位应设置排气兼泌水管，必要时可在最低点设置排水孔；

f. 灌浆孔及泌水管的孔径应能保证浆液畅通。

检查数量：全数检查。

检验方法：观察，钢尺检查。

④预应力筋束形控制点的竖向位置偏差应符合表 5-16 的规定。

表 5-16　束形控制点的竖向位置允许偏差

载面高(厚)度(mm)		$h \leqslant 300$	$300 < h \leqslant 1500$	$h > 300$
允许偏差(mm)	合格	±5	±10	±15
	优良	±4	±8	±12

检查数量：在同一检验批内，抽查各类型构件中预应力筋总数的 5%，且对各类型构件均不少于 5 束，每束不应少于 5 处。

检验方法：钢尺检查。

注：束形控制点的竖向位置偏差合格点率应达到 90% 及以上，且不得有超过表中数值 1.5 倍的尺寸偏差。

⑤无黏结预应力筋的铺设除应符合相关标准的规定外，尚应符合下列要求：

a. 无黏结预应力筋的定位应牢固,浇筑混凝土时不应出现移位和变形;

b. 端部的预埋锚垫板应垂直于预应力筋;

c. 内埋式固定端垫板不应重叠,锚具与垫板应贴紧;

d. 无黏结预应力筋成束布置时应能保证混凝土密实并能裹住预应力筋;

e. 无黏结预应力筋的护套应完整,局部破损处应采用防水胶带缠绕紧密。

检查数量:全数检查。

检验方法:观察。

⑥浇筑混凝土前穿入孔道的后张法有黏结预应力筋,宜采取防止锈蚀的措施。

检查数量:全数检查。

检验方法:观察。

(3)张拉和放张

1)主控项目

①预应力筋张拉或放张时,混凝土强度应符合设计要求;当设计无具体要求时,不应低于设计的混凝土立方体抗压强度标准值的75%。

检查数量:全数检查。

检验方法:检查同条件养护试件试验报告。

②张拉设备应经校验,千斤顶和油压应计量检定合格。

检查数量:全数检查。

检验方法:检查计量,检定合格证。

③预应力筋的张拉力、张拉或放张顺序及张拉工艺应符合设计及施工技术方案的要求,并应符合下列规定:

a. 当施工需要超张拉时,最大张拉应力不应大于国家现行标准《混凝土结构设计规范》(GB 50010—2010)的规定;

b. 张拉工艺应能保证同一束中各根预应力筋的应力均匀一致;

c. 后张法施工中,当预应力筋是逐根或逐束张拉时,应保证各阶段不出现对结构不利的应力状态;同时宜考虑后批张拉预应力筋所产生的结构构件的弹性压缩对先批张拉预应力筋的影响,确定张拉力;

d. 先张法预应力筋放张时,宜缓慢放松锚固装置,使各根预应力筋同时缓慢放松;

e. 当采用应力控制方法张拉时,应校核预应力筋的伸长值。实际伸长值与设计计算理论伸长值的相对允许偏差为±6%。

检查数量:全数检查。

检验方法:检查张拉记录。

④预应力筋张拉锚固后实际建立的预应力值与工程设计规定检验值的相对

允许偏差为±5%。

检查数量:对先张法施工,每工作班抽查预应力筋总数的1%,且不少于3根;对后张法施工,在同一检验批内,抽查预应力筋总数的3%,且不少于5束。

检验方法:对先张法施工,检查预应力筋应力检测记录;对后张法施工,检查张拉记录。

⑤张拉过程中应避免预应力筋断裂或滑脱;当发生断裂或滑脱时,必须符合下列规定:

a. 对后张法预应力结构构件,断裂或滑脱的数量严禁超过同一截面预应力筋总根数的3%,且每束钢丝不得超过一根;对多跨双向连续板,其同一截面应按每跨计算;

b. 对先张法预应力构件,在浇筑混凝土前发生断裂或滑脱的预应力筋必须予以更换。

检查数量:全数检查。

检验方法:观察,检查张拉记录。

2)一般项目

①锚固阶段张拉端预应力筋的内缩量应符合设计要求;当设计无具体要求时,应符合表5-17的规定。

表5-17 张拉端预应力筋的内缩量限值

锚 具 类 别		允许偏差值(mm)	
		合格	优良
交承式锚具(镦头锚具等)	螺帽缝隙	1	
	每块后加垫板的缝隙	1	
锥塞式锚具		5	4
夹片式锚具	有顶压	5	4
	无顶压	6～8	5～6

检查数量:每工作班抽查预应力筋总数的10%,且不少于3束。

检验方法:钢尺检查。

②先张法预应力筋张拉后与设计位置的偏差不得大于5mm,且不得大于构件截面短边边长的4%。

检查数量:每工作班抽查预应力筋总数的10%,且不少于3束。

检验方法:钢尺检查。

(4)灌浆及封锚

1)主控项目

①后张法有黏结预应力筋张拉后应尽早进行孔道灌浆,孔道内水泥浆应饱满、密实。

检查数量:全数检查。

检验方法:观察,检查灌浆记录。

②锚具的封闭保护应符合设计要求;当设计无具体要求时,应符合下列规定:

a. 应采取防止锚具腐蚀和遭受机械损伤的有效措施;

b. 凸出式锚固端锚具的保护层厚度不应小于 50mm;

c. 外露预应力筋的保护层厚度:处于正常环境时,不应小于 20mm;处于易受腐蚀的环境时,不应小于 50mm。

优良:在合格基础上,封锚处混凝土应密实,接槎平整。

检查数量:在同一检验批内,抽查预应力筋总数的 5%,且不少于 5 处。

检验方法:观察,钢尺检查。

2)一般项目

①后张法预应力筋锚固后的外露部分宜采用机械方法切割,其外露长度不宜小于预应力筋直径的 1.5 倍,且不宜小于 30mm,允许偏差+5,−0。

检查数量:在同一检验批内,抽查预应力筋总数的 3%,且不少于 5 束。

检验方法:观察,钢尺检查。

②灌浆用水泥浆的水灰比不应大于 0.45,搅拌后 3h 泌水率不宜大于 2%,且不应大于 3%。泌水应能在 24h 内全部重新被水泥浆吸收。

检查数量:同一配合比检查一次。

检验方法:检查水泥浆性能试验报告。

③灌浆用水泥浆的抗压强度不应小于 30N/mm²。

检查数量:每工作班留置 1 组边长为 70.7mm 的立方体试件。

检验方法:检查水泥浆试件强度试验报告。

注:①一组试件由 6 个试件组成,试件应标准养护 28d;

②抗压强度为一组试件的平均值,当一组试件中抗压强度最大值或最小值与平均值相差超过 20%时,应取中间 4 个试件强度的平均值。

第六节　现浇结构工程

1. 一般规定

缺陷:建筑工程施工质量中不符合规定要求的检验项或检验点。按其程度分为严重缺陷、一般缺陷。

严重缺陷:对结构构件的安装使用性能有决定性影响的缺陷。

一般缺陷:对结构构件受力性能或安装使用性能无决定性影响的缺陷。

(1)现浇结构外观质量缺陷的确定见表5-18。

表 5-18　现浇结构外观质量缺陷

名称	现　象	严重缺陷	一般缺陷
露筋	构件内钢筋未被混凝土包裹而外露	纵向受力钢筋有露筋	其他钢筋有少量露筋
蜂窝	混凝土表面缺少水泥砂浆而形成石子外露	构件主要受力部位有蜂窝	其他部位有少量蜂窝
孔洞	混凝土中孔空深度和长度均超过保护层厚度	构件主要受力部位有孔洞	其他部位有少量孔洞
夹渣	渣混凝土中夹有杂物且深度超过保护层厚度	构件主要受力部位有夹渣	其他部位有少量夹渣
疏松	混凝土中层部不密实	构件主要受力部位有疏松	其他部位有少量夹渣
裂缝	缝隙从混凝土表面延伸至混凝土内部	构件主要受力部位有影响结构性能或使用功能的裂缝	其他部位有少量不影响结构性能或使用功能的裂缝
连接部位缺陷	构件连接处混凝土缺陷及连接钢筋、连接件松动	连接部位有影响结构传力性能的缺陷	连接部位有基本不影响结构传力性能的缺陷
外形缺陷	缺棱掉角、棱角不直、翘曲不平、飞边凸肋等	清水混凝土构件有影响使用功能或装饰效果的外形缺陷	其他混凝土构件有不影响使用功能的外形缺陷
外表缺陷	构件表面麻面、掉皮、起砂、沾污等	具有重要装饰效果的清水混凝土构件有外表缺陷	其他混凝土构件有不影响使用功能的外表缺陷

在对外观质量检验过程中,外观质量缺陷对结构性能和使用功能等的影响程度,应由监理人(建设)单位、施工单位等共同确定。

(2)现浇结构拆模后,应由监理(建设)单位、施工单位对外观质量和尺寸偏差进行检查,做出记录,并应及时按施工技术方案对缺陷进行处理。

(3)现浇混凝土的外观和尺寸偏差无论出现何种缺陷,都要及时进行处理,并作重新检查验收。

2. 施工及质量控制要点

(1)混凝土运输、输送、浇筑过程中严禁加水;混凝土运输、输送、浇筑过程中散落的混凝土严禁用于混凝土结构构件的浇筑。

(2)混凝土浇筑

1)浇筑混凝土前,应清除模板内或垫层上的杂物。表面干燥的地基、垫层、模板上应洒水湿润;现场环境温度高于 35℃ 时,宜对金属模板进行洒水降温;洒水后不得留有积水。

2)混凝土运输、输送入模的过程应保证混凝土连续浇筑,从运输到输送入模的延续时间不宜超过表 5-19 的规定,且不应超过表 5-20 的规定。掺早强型减水剂、早强剂的混凝土,以及有特殊要求的混凝土,应根据设计及施工要求,通过试验确定允许时间。

表 5-19　运输到输送入模的延续时间(min)

条　件	气　温	
	≤25℃	>25℃
不掺外加剂	90	60
掺外加剂	150	120

表 5-20　运输、输送入模及其间歇总的时间限值(min)

条　件	气　温	
	≤25℃	>25℃
不掺外加剂	180	150
掺外加剂	240	210

3)超长结构混凝土浇筑应符合下列规定:

①可留设施工缝分仓浇筑,分仓浇筑间隔时间不应少于 7d;

②当留设后浇带时,后浇带封闭时间不得少于 14d;

③超长整体基础中调节沉降的后浇带,混凝土封闭时间应通过监测确定,应在差异沉降稳定后封闭后浇带;

④后浇带的封闭时间尚应经设计单位确认。

4)型钢混凝土结构浇筑应符合下列规定:

①混凝土粗骨料最大粒径不应大于型钢外侧混凝土保护层厚度的 1/3,且不宜大于 25mm;

②浇筑应有足够的下料空间,并应使混凝土充盈整个构件各部位;

③型钢周边混凝土浇筑宜同步上升,混凝土浇筑高差不应大于 500mm。

(3)振捣

1)混凝土分层振捣的最大厚度应符合表 5-21 的规定。

表 5-21　混凝土分层振捣的最大厚度

振捣方法	混凝土分层振捣最大厚度
振动棒	援棒作用部分长度的 1.25 倍
平板振动器	200mm
附着振动器	根据设置方式,通过试验确定

2)特殊部位的混凝土应采取下列加强振捣措施:

①宽度大于 0.3m 的预留洞底部区域,应在洞口两侧进行振捣,并应适当延

长振捣时间;宽度大于 0.8m 的洞口底部,应采取特殊的技术措施;

②后浇带及施工缝边角处应加密振捣点,并应适当延长振捣时间;

③钢筋密集区域或型钢与钢筋结合区域,应选择小型振动棒辅助振捣、加密振捣点,并应适当延长振捣时间;

④基础大体积混凝土浇筑流淌形成的坡脚,不得漏振。

3. 施工质量验收

(1)检查数量:按楼层、结构缝或施工段划分检验批。在同一检验批内,对梁、柱和独立基础,应抽查构件数量的 20%,且不少于 3 件;对墙和板,应按有代表性的自然间抽查 20%,且不少于 3 间;对大空间结构,墙可按相邻轴线间高度 5m 左右划分检查面,板可按纵、横轴线划分检查面,抽查 20%,且均不少于 3 面;对电梯井,应全数检查;对设备基础,应全数检查。

(2)外观质量

1)主控项目

现浇结构的外观质量不应有严重缺陷。

对已经出现的严重缺陷,应由施工单位提出技术处理方案,并经监理(建设)单位认可后进行处理,必须时应经设计单位同意。对经处理的部位,应重新检查评定及验收。

检查数量:全数检查

检验方法:观察,检查技术处理方案。

2)一般项目

现浇结构的外观质量不宜有一般缺陷。

对于主控项目和一般项目已经出现的外观质量缺陷,应由施工单位提出技术处理方案,并经监理(建设)单位认可后进行处理。对经处理的部位,应重新检查评定及验收。

优良:在合格基础上,蜂窝和麻面面积不大于 $100cm^2$,无孔洞、露筋和夹渣。

检查数量:全数检查

检验方法:观察,检查技术处理方案。

(3)尺寸偏差

1)主控项目

现浇结构不应有影响结构性能和使用功能的尺寸偏差。混凝土设备基础不应有影响结构性能和设备安装的尺寸偏差。

对超过尺寸允许偏差且影响结构性能和安装、使用功能的部位,应由施工单位提出技术处理方案,并经监理(建设)单位认可后进行处理。对经处理的部位,应重新检查评定及验收。

检查数量：全数检查

检验方法：量测，检查技术处理方案。

2）一般项目

现浇结构和混凝土设备基础拆模后的尺寸偏差应符合表5-22、表5-23的规定。

表5-22　现浇结构尺寸允许偏差和检验方法

项　目			允许偏差(mm)		检验方法
			合格	优良	
轴线位置	基础		15	12	钢尺检查
	独立基础		10	8	
	墙、柱、梁		8	5	
	剪力墙		5		
垂直度	层高	≤5m	8	5	经纬仪或吊线、钢尺检查
		>5m	10	8	经纬仪或吊线、钢尺检查
	全高(H)		H/1000且≤30		经纬仪、钢尺检查
标高	层高		±10		水准仪或拉线、钢尺检查
	全高		±30		
电梯井	截面尺寸		+8，-5	+5，-5	钢尺检查
	井筒长、宽对定位中心		+25，0	+20，0	钢尺检查
	井筒全高(H)垂直度		H/1000且≤30		经纬仪、钢尺检查
表面平整度			8	5	2m靠尺和塞尺检查
预埋设施中心线位置	预埋件		10	8	钢尺检查
	预埋螺栓	中心线位置	5	4	
		螺栓外露长度	5	+5，-0	
	预埋管		5	4	
预留洞中心位置			15	12	钢尺检查

表5-23　混凝土设备基础拆模后的尺寸允许偏差和检验方法

项　目	允许偏差(mm)		检验方法
	合格	优良	
坐标位置	20	15	钢尺检查
不同平面的标高	0，-20	0，-15	水准仪或拉线、钢尺检查
平面外形尺寸	±20	±15	钢尺检查
凸台上平面外形尺寸	0，-20	0，-15	钢尺检查
凹空尺寸	+20，0	+15，0	钢尺检查

（续）

项　目		允许偏差（mm）		检验方法
		合格	优良	
平面水平度	每米	5	4	水平尺、塞尺检查
	全长	10	8	水准仪或拉线、钢尺检查
垂直度	每米	5	4	经纬仪或吊线、钢尺检查
	全长	10	8	
预埋地脚螺栓	标高（顶部）	+20,0	+15,0	水准仪或拉线、钢尺检查
	中心距	±2		钢尺检查
预埋地脚螺栓孔	中心线位置	10	8	钢尺检查
	深度	+20,0	+15,0	钢尺检查
	孔垂直度	10	8	吊线、钢尺检查
预埋活动地脚螺栓锚板	标高	+20,0	+15,0	水准仪或拉线、钢尺检查
	中心线位置	5	4	钢尺检查
	带槽锚板平整度	5	4	钢尺、塞尺检查
	带螺纹孔锚板平整度	2		钢尺、塞尺检查

第七节　装配式结构工程

1. 质量控制与施工要点

（1）预制构件

预制构件一般是指在厂家预制和施工现场制作的构件。

为了保证装配式结构的性能符合设计要求，主要取决于预制钢件的结构性能和连接质量。

1）预制构件应进行结构性能检验。结构性能检验不合格的预制构件不得用于混凝土结构。

2）叠合结构中预制构件的叠合面应符合设计要求。

叠合面应符合设计要求，做出这样的规定，主要是因为预制底部构件与后浇混凝土层的连接质量对叠合结构的受力性能有重要影响。

（2）装配式结构

1）施工前混凝土构件强度，一般应满足设计要求。当设计无具体要求时，强度不应小于设计标准值的75%。

2）预制构件经检查合格后，应在构件上设置可靠标识。在装配式结构的施工全过程中，应采取防止预制构件损伤或污染的措施。

3)安放预制构件时,其搁置长度应满足设计要求。预制构件与其支承构件间宜设置厚度不大于 30mm 坐浆或垫片。

4)预制构件安装过程中应根据水准点和轴线校正位置,安装就位后应及时采取临时固定措施。预制构件与吊具的分离应在校准定位及临时固定措施安装完成后进行。临时固定措施的拆除应在装配式结构能达到后续施工承载要求后进行。

5)采用临时支撑时,应符合下列规定:

①每个预制构件的临时支撑不宜少于 2 道;

②对预制柱、墙板的上部斜撑,其支撑点距离底部的距离不宜小于高度的 2/3,且不应小于高度的 1/2;

③构件安装就位后,可通过临时支撑对构件的位置和垂直度进行微调。

2. 施工质量验收

(1)预制构件

1)主控项目

①预制构件应在明显部位标明生产单位、构件型号、生产日期和质量验收标志。构件上的预埋件、插筋和预留孔洞的规格、位置和数量应符合标准图或设计的要求。

检查数量:全数检查。

检验方法:观察。

②预制构件的外观质量不应有严重缺陷。对已经出现的严重缺陷,应按技术处理方案进行处理,并重新检查验收。

检查数量:全数检查。

检验方法:观察,检查技术处理方案。

③预制构件不应有影响结构性能和安装、使用功能的尺寸偏差。对超过尺寸允许偏差且影响结构性能和安装、使用功能的部位,应按技术处理方案进行处理,并重新检查验收。

检查数量:全数检查。

检验方法:量测,检查技术处理方案。

2)一般项目

①预制构件的外观质量不宜有一般缺陷。对已经出现的一般缺陷,应按技术处理方案进行处理,并重新检查验收。

检查数量:全数检查。

检验方法:观察,检查技术处理方案。

②预制构件的尺寸偏差应符合表 5-24 的规定。

表 5-24　预制构件尺寸的允许偏差及检验方法

项　目		允许偏差（mm）		检验方法
		合格	优良	
长度	板、梁	+10，-5	+8，-4	钢尺检查
	柱	+5，-10	+4，-8	
	墙板	±5	±4	
	薄腹梁、桁架	+15，-10	-12，-8	
宽度、高（厚）度	板、梁、柱、墙板、薄腹梁、桁架	±5	±4	钢尺量一端及中部，取其中较大值
侧向弯曲	梁、板、柱	$l/750$ 且 ≤20	$l/1000$ 且 ≤15	拉线、钢尺量最大侧向弯曲处
	墙板、薄腹梁、桁架	$l/1000$ 且 ≤20	$l/1200$ 且 ≤15	
预埋件	中心线位置	10	8	钢尺检查
	螺栓位置	5	4	
	螺栓外露长度	+10，-5	+8，-4	
预留孔	中心线位置	5	4	钢尺检查
预留洞	中心线位置	15	12	钢尺检查
主筋保护层厚度	板	+5，-3	+4，-3	钢尺或保护层厚度测定仪量测
	梁、柱、墙板、薄腹梁、桁架	+10，-5	+8，-4	
对角线差	板、墙板	10	8	钢尺量两个对角线
表面平整度	板、墙板、柱、梁	5	4	2m靠尺和塞尺检查
预应力构件预留孔道位置	梁、墙板、薄腹梁、桁架	3		钢尺检查
翘曲	板	$l/750$	$l/1000$ 且 ≤15	调平尺在两端量测
	墙板	$l/1000$	$l/1200$ 且 ≤15	

注：①L为构件长度（mm）；

　　②检查中心线、螺栓和孔道位置时，应沿纵、横两个方向量测，并取其中的较大值；

　　③对形状复杂或有特殊要求的构件，其尺寸偏差应符合标准图或设计的要求。

检查数量：同一工作班生产的同类型构件，抽查 5% 且不少于 3 件。

（2）装配式结构施工

1）主控项目

①进入现场的预制构件，其外观质量、尺寸偏差及结构性能应符合标准图或设计的要求。

优良：在合格基础上，进场构件应分规格型号进行码放，使吊环在上，标志在外，各层垫木的位置应在一条垂直线上。

检查数量：按批检查。

检验方法：检查构件合格证。

②预制构件与结构之间的连接应符合设计要求。

连接处钢筋或埋件采用焊接或机械连接时,接头质量应符合国家现行标准《钢筋焊接及验收规程》(JGJ 18—2012)、《钢筋机械连接通用技术规程》(JGJ 107—2010)的要求。

检查数量:全数检查。

检验方法:观察,检查施工记录。

③承受内力的接头和拼缝,当其混凝土强度未达到设计要求时,不得吊装上一层结构构件;当设计无具体要求时,应在混凝土强度不小于 $10N/mm^2$ 或具有足够的支承时方可吊装上一层结构构件。

已安装完毕的装配式结构,应在混凝土强度到达设计要求后,方可承受全部设计荷载。

检查数量:全数检查。

检验方法:检查施工记录及试件强度试验报告。

2)一般项目

①预制构件码放和运输时的支承位置和方法应符合标准图或设计的要求。

检查数量:全数检查。

检验方法:观察检查。

②预制构件吊装前,应按设计要求在构件和相应的支承结构上标志中心线、标高等控制尺寸,按标准图或设计文件校核预埋件及连接钢筋等,并作出标志。

检查数量:全数检查。

检验方法:观察,钢尺检查。

③预制构件应按标准图或设计的要求吊装。起吊时绳索与构件水平面的夹角不宜小于 $45°$,否则应采用吊架或经验确定。

检查数量:全数检查。

检验方法:观察检查。

④预制构件安装就位后,应采取保证构件稳定的临时固定措施,并应根据水准点和轴线校正位置。

检查数量:全数检查。

检验方法:观察,钢尺检查。

⑤装配式结构中的接头和拼缝应符合设计要求;当设计无具体要求时,应符合下列规定:

a. 对承受内力的接头和拼缝应采用混凝土浇筑,其强度等级应比构件混凝土强度等级提高一级;

b. 对不承受内力的接头和拼缝应采用混凝土或砂浆浇筑,其强度等级不应低于 C15 或 M15;

c. 用于接头和拼缝的混凝土或砂浆,宜采用微膨胀措施和快硬措施,在浇筑过程中应振捣密实,并应采取必要的养护措施。

检查数量:全数检查。

检验方法:检查施工记录及试件强度试验报告。

⑥构件安装的允许偏差,应符合表 5-25 的规定:

表 5-25 构件安装的允许偏差(单位:mm)

项 目			允许偏差	
			合 格	优 良
杯形基础	中心线对轴线位置		10	8
	杯底安装标高		0,-10	0,-8
柱	中心线对定位轴线位置		5	4
	上下柱接口中心线位置		3	3
	垂直度	≤5m	5	4
		>5m,<10m	10	8
		≥10m	1/1000 标高且≤20	1/1200 标高且≤25
	牛腿上表面和柱顶标高	≤5m	0,-5	0,-4
		>5m	0,-8	0,-6
梁或吊车梁	中心线对定位轴线位置		5	4
	梁上表面标高		0,-5	0,-4
屋架	下弦中心线对定位轴线的位置		5	4
	垂直度	桁架、拱形屋架	1/250 屋架高	1/350 屋架高
		薄腹梁	5	4
天窗架	构件中心线对定位轴线位置		5	4
	垂直度		1/300 天窗架高	1/400 天窗架高
托梁架	底座中心线对定位轴线的位置		5	4
	垂直度		10	8
板	相邻两板下表面平整	抹灰	5	4
		不抹灰	3	3
楼梯阳台	水平位置		10	8
	标高		±5	±4
大型墙板	中心线对定位轴线的位置		3	
	垂直度		3	
	每层山墙内倾(或外侧)		2	
	建筑物全高垂直度		10	8
	墙板拼缝高差		±5	±4

第八节　混凝土的冬期施工

一、混凝土的拌制

1. 外加剂

（1）外加剂的选择

冬期施工混凝土选用外加剂应符合现行国家标准《混凝土外加剂应用技术规范》(GB 50119—2013)的相关规定。非加热养护法混凝土施工，所选用的外加剂应含有引气组分或掺入引气剂，含气量宜控制在 3.0%～5.0%

（2）外加剂的试验

冬期施工所有的外加剂，其技术指标必须符合相应的质量标准，应有产品合格证。对已进场外加剂性能有疑问时，须补做试验，确认合格后方可使用。外加剂成分的检验内容包括：成分、含量、纯度、浓度等。常用外加剂的掺加量在一般情况下，可按有关规定使用。遇特殊情况时要根据结构类型、使用要求、气温情况、养护方法通过试验，确定外加剂的掺加量。

（3）外加剂

冬期施工搅拌混凝土和砂浆使用的外加剂配置和掺加应设专人负责，认真做好记录。外加剂溶液应事先配成标准浓度溶液，再根据使用要求配成混合溶液。各种外加剂要分置于标识明显的容器内，不得混淆。每配置一批溶液，最少满足一天的使用量。

外加剂使用时要经常测定浓度，注意加强搅拌，保持浓度均匀。

2. 混凝土的拌制

搅拌楼应严格按照试验室发出的配合比通知单进行生产，不得擅自修改配合比。搅拌前先用热水冲洗搅拌机 10min，搅拌时间为 47.5±2.5s（为常温搅拌时间的 1.5 倍）。搅拌时投料顺序为石→砂→水→水泥和掺和料→外加剂。生产期间，派专职人员负责骨料仓的下料，以清除砂石冻块。保证水灰比不大于 0.6，从拌和水中扣除由骨料及防冻剂溶液中带入的水分，严格控制粉煤灰最大取代量。搅拌站要与气象单位保持密切联系，对预报气温仔细分析取保险值，分别按 −5℃、−10℃ 和 −15℃ 对防冻剂试验，严格控制其掺量。必须随时测量拌和水的温度，水温控制在 50±10℃，砂子温度控制在 20～40℃，保证水泥不与温度≥80℃的水直接接触。保证混凝土的坍落度不超过 200mm。防冻剂掺量见表 5-26。

表 5-26 防冻剂渗量

混凝土浇筑后未来 7d 的最低气温	−5℃	−10℃	−15℃
掺量(水泥重量的百分数)	2.5%	3%	5%

3. 混凝土出搅拌机温度

例:某工程浇筑 C30 混凝土,保证混凝土出搅拌机温度不低于 10℃。出机温度验算(以 C30 为例):

$$T_0 = [0.9(m_{ce}T_{ce} + m_{sa}T_{sa} + m_gT_g) + 4.2T_w(m_w - \omega_{sa}m_{sa} - \omega_gm_g) + c_1(\omega_{sa}m_{sa}T_{sa} + \omega_{sa}m_gT_g) - c_2(\omega_{sa}m_{sa} + \omega_gm_g)]/[4.2m_w + 0.9(m_{ce} + m_{sa} + m_g)]$$

式中: T_0——混凝土拌和物理温度(℃);

m_w、m_{ce}、m_{sa}、m_g——水、水泥、砂、石的用量,分别取 179kg、356kg、790kg、1048kg;

T_w、T_{ce}、T_{sa}、T_g——水、水泥、砂、石的温度,分别取 60℃、15℃、−1℃、−1℃;

ω_{sa}、ω_g——砂、石的含水率(%),分别取 3%、0;

c_1、c_2——水的比热容[kJ/(kg·K)]及溶解热(kJ/kg);分别取 $c_1 = 2.1$,$c_2 = 335$;

将参数代入上式,$T_0 = 12.58℃$。

混凝土出机温度:

$$T_1 = T_0 - 0.16(T_0 - T_i)$$

式中:T_1——混凝土拌和物的出机温度(℃);

T_i——搅拌楼内温度(℃),取 8℃;

$\Rightarrow T_1 = 11.85℃ > 10℃$

二、混凝土的运输

应保证混凝土在运输中不得有表层冻结、混凝土离析、水泥砂浆流失、坍落度损失等现象。保证运输中混凝土降温度速度不得超过 5℃/h,保证混凝土的入模温度不得低于 5℃。严禁使用有冻结现象的混凝土。罐车必须装上保温套,接头前用热水湿润后倒净余水,以减少混凝土的热损失。

三、混凝土的浇筑

1. 入模温度验算

例:某工程 C30 混凝土入模温度验算。

混凝土经过运输至浇灌温度:

$$T_2 = T_1 - \alpha(t_1 + 0.032n)(T_1 = T_a)$$

式中:T_2——混凝土经过运输至浇灌温度(℃);

· 220 ·

t_1——混凝土运输至浇灌的时间,取 45min;

n——混凝土转运次数,取 2;

T_a——室外气温(℃),取-8℃;

α——温度损失系数,取$\alpha=0.25$。

$\Rightarrow T_2=6.9$℃>5℃

C30 混凝土成型温度:

$T_3(C_c \times m_c \times T_c+C_f \times m_f \times T_f+C_s \times m_s \times T_s)/(C_c \times m_c+C_f \times m_f+C_s \times m_s)$

式中:T_3——考虑模板和钢筋吸热影响,混凝土成型完成时的温度(℃);

C_c、C_f、C_s——混凝土、模板材料、钢筋的比热容[kJ/(kg·K)],$C_c=1.0$、$C_f=0.48$、$C_s=0.48$;

m_c——每立方米混凝土的重量,取 $m_c=2400$kg;

m_f、m_s——与每立方米混凝土相接触的模板、钢筋的重量,取 $m_f=650$kg、$m_c=120$kg;

T_f、T_s——模板、钢筋的温度(℃),取 $T_f=-8$℃、$T_s=-8$℃。

$\Rightarrow T_3=4.1$℃

2. 混凝土的现场浇筑

遇下雪天气绑扎钢筋,绑好钢筋的部分加盖塑料布,减少积雪清理难度。浇筑混凝土前及时将模板上的浆、雪清理干净。做好准备工作,提高混凝土的浇筑速度。在混凝土泵体料斗、塔吊吊斗、混凝土泵管上包裹阻燃草帘被。

入模温度的控制:塔吊浇筑时每车首吊、末吊、中间吊各测一次;地泵浇筑时每车测一次。用小桶在吊斗下、泵管端部接混凝土测温。测定数据填入冬期混凝土入模温度统计表,要与车号对上。

浇筑时混凝土的降温速度不得超过 5℃/h,可通过测温查出。

3. 混凝土的养护

混凝土的养护措施十分关键,正确的养护能避免混凝土产生不必要的温度收缩裂缝和受冻。在冬施条件下必须采取冬施测温,监测混凝土表面和内部温差不超过 25℃,测温的具体方法参见《建筑工程冬期施工规程》(JGJ 104—2011)。

混凝土养护可以采取多种措施,如蓄热法养护和综合蓄热法养护等方法。可采用塑料薄膜加盖保温草帘养护,防止受冻并控制混凝土表面和内部温差。

综合蓄热法即采用少量防冻剂与蓄热保温相结合,以下为供参考的综合蓄热法具体实施的办法。

(1)墙体混凝土养护:在模板背楞间用 50mm 厚聚苯板填塞,模板支设完成后用铁丝将阻燃草帘被固定在外侧,转角地方必须保证有搭接。

(2)柱混凝土养护:钢柱模板混凝土养护同墙体,视测温情况加挂草帘被。

(3)顶板、梁混凝土养护:顶板、梁混凝土下部保温为在下层紧贴建筑物周围(整层高度)通过在脚手架上附加横杆满挂彩色布,楼梯口满铺跳板上绑草帘被。在新浇筑的混凝土表面先覆盖塑料机,再覆盖两层草帘被。对于边角等薄弱部位或迎风面,应加盖草帘被并做好搭接。

(4)养护时注意事项:测量放线必须掀开保温材料(5℃以上)时,放完线要立即覆盖;在新浇筑混凝土表面先铺一层黑色塑料薄膜,再严密加盖阻燃草帘被。对墙、柱上口保温最薄弱部位先覆盖一层塑料布,再加盖两层小块草帘被压紧填实、周圈封好。拆模后混凝土采用刷养护液养护。混凝土初期养护温度,不得低于−15℃,不能满足该温度条件时,必须立即增加覆盖草帘被保温。拆模后混凝土表面温度与外界温差大于15℃时,在混凝土表面,必须继续覆盖草帘被;在边角等薄弱部位,必须加盖草帘被并密封严密。

四、拆模

施工现场可建立小型试验室,进行试块强度检验。如无现场试验室,应将试块及时送交中心试验室。当混凝土未达到受冻临界强度均不得拆除保温加热设备。混凝土冷却到5℃,且超过临界强度并满足常温混凝土拆模要求时方可拆模。混凝土温度通过温度计来测定;可通过3d同条件试验与4MPa比较来确定混凝土是否超过临界强度(4MPa)。当墙体凝土强度达1.0MPa时,墙体模板轻轻脱离混凝土,继续养护拆模。工地负责人根据试验结果填写混凝土拆模申请,报施工技术负责人和相关人员批准,重点部位或有特殊要求的结构拆模要特加批准。冬施时由于拆模时间的限制,为更好地组织流水和加快进度,应适当增加模板投入量。

第九节 子分部工程验收

(1)混凝土结构子分部工程施工质量验收时,应提供下列文件和记录:

1)设计变更文件;

2)原材料出厂合格证和进场复验报告;

3)钢筋接头的试验报告;

4)混凝土工程施工记录;

5)混凝土试件的性能试验报告;

6)装配式结构预制构件的合格证和安装验收记录;

7)预应力筋用锚具、连接器的合格证和进场复验报告;

8)预应力筋安装、张拉及灌浆记录;

9)隐蔽工程验收记录；

10)混凝土结构实体检验记录；

11)分项工程验收记录；

12)工程的最大质量问题的处理方案和验收记录；

13)其他必要的文件和记录。

(2)混凝土结构子分部工程施工质量验收合格应符合下列规定：

1)有关分项工程施工质量验收合格；

2)应有完整的质量控制资料；

3)观感质量验收合格；

4)结构实体检验结果满足规范的要求。

(3)优良：

1)在合格基础上，结构子分部工程所含分项中60%及以上分项为优良。

2)观感质量符合本标准相关条款中优良标准的符合率应达到80%及以上。

(4)当混凝土结构施工质量不符合要求时，应按下列规定进行处理：

1)经返工、返修或更换构件、部件的检验批，应重新进行验收；

2)经有资质的检测单位检测鉴定达到设计要求的检验批，应予以验收；

3)经有资质的检测单位检测鉴定达不到设计要求，但经原设计单位核算并确认仍可满足结构安全和使用功能的检验批，可予以验收；

4)经返修或加固处理能够满足结构安全使用要求的分项工程，可根据技术处理方案和协商文件进行验收。

(5)混凝土结构工程子分部工程施工质量验收合格后，应将所有的验收文件存档备案。

第六章 砌 体 工 程

第一节 基 本 规 定

(1)砌体结构工程所用的材料应有产品合格证书、产品性能型式检验报告，质量应符合国家现行有关标准的要求。块体、水泥、钢筋、外加剂尚应有材料主要性能的进场复验报告，并应符合设计要求。严禁使用国家明令淘汰的材料。

(2)砌筑基础前，应校核放线尺寸，允许偏差应符合表 6-1 的规定。

表 6-1 放线尺寸的允许偏差

长度 L、宽度 B (m)	允许偏差 (mm)	长度 L、宽度 B (m)	允许偏差 (mm)
L(或 B)≤30	±5	60<L(或 B)≤90	±15
30<L(或 B)≤60	±10	L(或 B)>90	±20

(3)砌筑顺序应符合下列规定：

1)基底标高不同时，应从低处砌起，并应由高处向低处搭砌。当设计无要求时，搭接长度应不小于基础底的高差，搭接长度范围内下层基础应扩大砌筑。

2)砌体的转角处和交接处应同时砌筑。当不能同时砌筑时，应按规定留槎、接槎。

(4)在墙上留置临时施工洞口，其侧边离交接处墙面应不小于 500mm，洞口净宽度不应超过 1m。抗震设防烈度为 9 度的地区建筑物的临时施工洞口位置，应会同设计单位确定。临时施工洞口应做好补砌。

(5)不得在下列墙体或部位设置脚手眼：

1)120mm 厚墙、清水墙、料石墙、独立柱和附墙柱；

2)过梁上与过梁成 60°角的三角形范围及过梁净跨度 1/2 的高度范围内；

3)宽度小于 1m 的窗间墙；

4)门窗洞口两侧石砌体 300mm，其他砌体 200mm 范围内；转角处石砌体 600mm，其他砌体 450mm 范围内；

5)梁或梁垫下及其左右 500mm 范围内；

6）设计不允许设置脚手眼的部位；

7）轻质墙体；

8）夹心复合墙外叶墙。

（6）施工脚手眼补砌时，应清除脚手眼内掉落的砂浆、灰尘；脚手眼处砖及填塞用砖应湿润，并应填实砂浆。

（7）设计要求的洞口、管道、沟槽应于砌筑时正确留出或预埋，未经设计同意，不得打凿墙体和在墙体上开凿水平沟槽。宽度超过 300mm 的洞口上部，应设置钢筋混凝土过梁。不应在截面长边小于 500mm 的承重墙体、独立柱内埋设管线。

（8）尚未施工楼板或屋面的墙或柱，其抗风允许自由高度不得超过表 6-2 的规定。如超过表中限值时，必须采用临时支撑等有效措施。

表 6-2 墙和柱的允许自由高度

墙（柱）厚（mm）	砌体密度＞1600（kg/m³）			砌体密度 1300～1600（kg/m³）		
	风载（kN/m²）			风载（kN/m²）		
	0.3（约7级风）	0.4（约8级风）	0.5（约9级风）	0.3（约7级风）	0.4（约8级风）	0.5（约9级风）
190	—	—	—	1.4	1.1	0.7
240	2.8	2.1	1.4	2.2	1.7	1.1
370	5.2	3.9	2.6	4.2	3.2	2.1
490	8.6	6.5	4.3	7.0	5.2	3.5
620	14.0	10.5	7.0	11.4	8.6	5.7

注：①本表适用于施工处相对标高 H 在 10m 范围内的情况。如 10m＜H≤15m，15m＜H≤20m 时，表中的允许自由高度应分别乘以 0.9、0.8 的系数；如 H＞20m 时，应通过抗倾覆验算确定其允许自由高度。

②当所砌筑的墙有横墙或其他结构与其连接，而且间距小于表中相应墙、柱的允许自由高度的 2 倍时，砌筑高度可不受本表的限制。

③当砌体密度小于 1300kg/m³ 时，墙和柱的允许自由高度应另行验算确定。

（9）砌筑完基础或每一楼层后，应校核砌体的轴线和标高。在允许偏差范围内，轴线偏差可在基础顶面或楼面上校正，标高偏差宜通过调整上部砌体灰缝厚度校正。

（10）搁置预制梁、板的砌体顶面应平整，标高一致。

（11）砌体施工质量控制等级应分为三级，并应符合表 6-3 的规定。

（12）砌体结构中钢筋（包括夹心复合墙内外叶墙间的拉结件或钢筋）的防腐，应符合设计规定。

（13）雨天不宜在露天砌筑墙体，对下雨当日砌筑的墙体应进行遮盖。继续施工时,应复核墙体的垂直度,如果垂直度超过允许偏差,应拆除重新砌筑。

表 6-3　砌体施工质量控制等级

项　目	施工质量控制等级		
	A	B	C
现场质量管理	监督检查制度健全,并严格执行;施工方有在岗专业技术管理人员,人员齐全,并持证上岗	监督检查制度基本健全,并能执行;施工方有在岗专业技术管理人员,人员齐全,并持证上岗	有监督检查制度;施工方有在岗专业技术管理人员
砂浆、混凝土强度	试块按规定制作,强度满足验收规定,离散性小	试块按规定制作,强度满足验收规定,离散性较小	试块按规定制作,强度满足验收规定,离散性大
砂浆拌合	机械拌合;配合比计量控制严格	机械拌合;配合比计量控制一般	机械或人工拌合;配合比计量控制较差
砌筑工人	中级工以上,其中,高级工不少于30%	高、中级工不小于70%	初级工以上

注:①砂浆、混凝土强度离散性大小根据强度标准差确定;

　　②配筋砌体不得为 C 级施工。

(14)砌体施工时,楼面和屋面堆载不得超过楼板的允许荷载值。当施工层进料口处施工荷载较大时,楼板下宜采取临时支撑措施。

(15)正常施工条件下,砖砌体、小砌块砌体每日砌筑高度宜控制在 1.5m 或一步脚手架高度内;石砌体不宜超过 1.2m。

(16)砌体结构工程检验批的划分应同时符合下列规定:

1)所用材料类型及同类型材料的强度等级相同;

2)不超过 250m³ 砌体;

3)主体结构砌体一个楼层(基础砌体可按一个楼层计);填充墙砌体量少时可多个楼厚合并。

(17)砌体结构工程检验批验收时,其主控项目应全部符合本章的规定;一般项目应有 80% 及以上的抽检处符合本章的规定;有允许偏差的项目,最大超差值为允许偏差值的 1.5 倍。

(18)砌体结构分项工程中检验批抽检时,各抽检项目的样本最小容量除有特殊要求外,按不应小于 5 确定。

(19)在墙体砌筑过程中,当砌筑砂浆初凝后,块体被撞动或需移动时,应将砂浆清除后再铺浆砌筑。

第二节　砌　筑　砂　浆

1.材料控制要点

(1)水泥

1)水泥进场时应对其品种、等级、包装或散装仓号、出厂日期等进行检查,并应对其强度、安定性进行复验,其质量必须符合现行国家标准《通用硅酸盐水泥》(GB 175—2007)的有关规定。

2)当在使用中对水泥质量有怀疑或水泥出厂超过三个月(快硬硅酸盐水泥超过一个月)时,应复查试验,并按复验结果使用。

3)不同品种的水泥,不得混合使用。

(2)砂

砂浆用砂宜采用过筛中砂,并应满足下列要求:

1)不应混有草根、树叶、树枝、塑料、煤块、炉渣等杂物;

2)砂中含泥量、泥块含量、石粉含量、云母、轻物质、有机物、硫化物、硫酸盐及氯盐含量(配筋砌体砌筑用砂)等应符合现行行业标准《普通混凝土用砂、石质量及检验方法标准》(JGJ 52—2006)的有关规定;

3)人工砂、山砂及特细砂,应经试配能满足砌筑砂浆技术条件要求。

(3)拌制水泥混合砂浆的粉煤灰、建筑生石灰、建筑生石灰粉及石灰膏应符合下列规定:

1)粉煤灰、建筑生石灰、建筑生石灰粉的品质指标应符合现行行业标准《粉煤灰混凝土应用技术规范》(GB/T 50146—2014)《建筑生石灰》(JC/T 479—2013)的有关规定;

2)建筑生石灰、建筑生石灰粉熟化为石灰膏,其熟化时间分别不得少于 7d 和 2d;沉淀池中储存的石灰膏,应防止干燥、冻结和污染;建筑生石灰粉、消石灰粉不得替代石灰膏配制水泥石灰砂浆;

(4)外加剂

应符合国家现行有关标准《砌筑砂浆增塑剂》(JG/T 164—2014)、《混凝土外加剂》(GB 8076—2008)、《砂浆、混凝土防水剂》(JC 474—2008)的质量要求。

2.施工及质量控制要点

(1)配制要求、配合比及强度等级的确定。

1)配制水泥石灰砂浆时,不得采用脱水硬化的石灰膏。

2)石灰膏的用量,应按稠度 120±5mm 计量,现场施工中石灰膏不同稠度的换算系数,可按表 6-4 确定。

表 6-4　石灰膏不同稠度的换算系数

稠度(mm)	120	110	100	90	80	70	60	50	40	30
换算系数	1.00	0.99	0.97	0.95	0.93	0.92	0.90	0.88	0.87	0.86

3)拌制砂浆用水,水质应符合国家现行标准《混凝土用水标准》(JGJ 63—2006)的规定。

4)砌筑砂浆应通过试配确定配合比。当砌筑砂浆的组成材料有变更时,其配合比应重新确定。砌筑砂浆的稠度宜按表 6-5 的规定采用。

表 6-5　砌筑砂浆的稠度

砌体种类	砂浆稠度(mm)
烧结普通砖砌体 蒸压粉煤灰砖砌体	70～90
混凝土实心砖、混凝土多孔砖砌体 普通混凝土小型空心砌块砌体 蒸压灰砂砖砌体	50～70
烧结多孔砖、空心砖砌体 轻骨料小型空心砌块砌体 蒸压加气混凝土砌块砌体	60～80
石砌体	30～50

注:①采用薄灰砌筑法砌筑蒸压加气混凝土砌块砌体时,加气混凝土黏结砂浆的加水量按照其产品说明书控制;

②当砌筑其他块体时,其砌筑砂浆的稠度可根据块体吸水特性及气候条件确定。

(2)施工中不应采用强度等级小于 M15 水泥砂浆替代同强度等级水泥混合砂浆,如需替代,应将水泥砂浆提高一个强度等级。

(3)在砂浆中掺入的砌筑砂浆增塑剂、早强剂、缓凝剂、防冻剂、防水剂等砂浆外加剂,其品种和用量应经有资质的检测单位检验和试配确定。

(4)配制砌筑砂浆时,各组分材料应采用质量计量,水泥及各种外加剂配料的允许偏差为±2%;砂、粉煤灰、石灰膏等配料的允许偏差为±5%。

(5)砌筑砂浆应采用机械搅拌,搅拌时间自投料完起算应符合下列规定:

1)水泥砂浆和水泥混合砂浆不得少于 120s;

2)水泥粉煤灰砂浆和掺用外加剂的砂浆不得少于 180s;

3)掺增塑剂的砂浆,其搅拌方式、搅拌时间应符合现行行业标准《砌筑砂浆增塑剂》(JG/T 164—2014)的有关规定;

4)干混砂浆及加气混凝土砌块专用砂浆宜按掺用外加剂的砂浆确定搅拌时

间或按产品说明书采用。

(6)现场拌制的砂浆应随拌随用,拌制的砂浆应在 3h 内使用完毕;当施工期间最高气温超过 30℃时,应在 2h 内使用完毕。预拌砂浆及蒸压加气混凝土砌块专用砂浆的使用时间应按照厂方提供的说明书确定。

(7)砌体结构工程使用的湿拌砂浆,除直接使用外必须储存在不吸水的专用容器内,并根据气候条件采取遮阳、保温、防雨雪等措施,砂浆在储存过程中严禁随意加水。

3.施工质量验收

(1)砌筑砂浆试块强度验收时其强度合格标准应符合下列规定。

1)同一验收批砂浆试块强度平均值应大于或等于设计强度等级值的 1.10 倍。

2)同一验收批砂浆试块抗压强度的最小一组平均值应大于或等于设计强度等级值的 85%。

注:①砌筑砂浆的验收批,同一类型、强度等级的砂浆试块不应少于 3 组;同一验收批砂浆只有 1 组或 2 组试块时,每组试块抗压强度平均应大于或等于设计强度等级值的 1.10 倍;对于建筑结构的安全等级为一级或设计使用年限为 50 年及以上的房屋,同一验收批砂浆试块的数量不得少于 3 组;

②砂浆强度应以标准养护,28d 龄期的试块抗压强度为准;

③制作砂浆试块的砂浆稠度应与配合比设计一致。

抽检数量:每一检验批且不超过 250m³ 砌体的各类、各强度等级的普通砌筑砂浆,每台搅拌机应至少抽检一次。验收批的预拌砂浆、蒸压加气混凝土砌块专用砂浆,抽检可为 3 组。

检验方法:在砂浆搅拌机出料口或在湿拌砂浆的储存容器出料口随机取样制作砂浆试块(现场拌制的砂浆,同盘砂浆只应作 1 组试块),试块标养 28d 后作强度试验。预拌砂浆中的湿拌砂浆稠度应在进场时取样检验。

(2)当施工中或验收时出现下列情况,可采用现场检验方法对砂浆或砌体强度进行实体检测,并判定其强度:

1)砂浆试块缺乏代表性或试块数量不足;

2)对砂浆试块的试验结果有怀疑或有争议;

3)砂浆试块的试验结果,不能满足设计要求;

4)发生工程事故,需要进一步分析事故原因。

第三节 砖砌体工程

1.材料控制要点

(1)砖的品种、强度等级必须符合设计要求,并应有产品合格证书和性能检测报告。

(2)用于清水墙、柱表面的砖,应边角整齐,色泽均匀。

(3)砌体砌筑时,混凝土多孔砖、混凝土实心砖、蒸压灰砂砖、蒸压粉煤灰砖等块体的产品龄期不应小于 28d。

(4)有冻胀环境和条件的地区,地面以下或防潮层以下的砌体,不应采用多孔砖。

(5)不同品种的砖不得在同一楼层混砌。

2.施工及质量控制要点

(1)砌筑烧结普通砖、烧结多孔砖、蒸压灰砂砖、蒸压粉煤灰砖砌体时,砖应提前 1~2d 适度湿润,严禁采用干砖或处于吸水饱和状态的砖砌筑,块体湿润程度宜符合下列规定:

1)烧结类块体的相对含水率 60%~70%;

2)混凝土多孔砖及混凝土实心砖不需浇水湿润,但在气候干燥炎热的情况下,宜在砌筑前对其喷水湿润。其他非烧结类块体的相对含水率 40%~50%。

(2)放线和皮数杆

1)建筑物的标高,应引自标准水准点或设计指定的水准点。基础施工前,应在建筑物的主要轴线部位设置标志板。标志板上应标明基础、墙身和轴线的位置及标高。外形或构造简单的建筑物,可用控制轴线的引桩代替标志板。

2)砌筑前,弹好墙基大放脚外边沿线、墙身线、轴线、门窗洞口位置线,并必须用钢尺校核放线尺寸。

3)砌筑基础前,应校核放线尺寸,允许偏差应符合表 6-1 的规定。

4)按设计要求,在基础及墙身的转角及某些交接处立好皮数杆,其间距每隔 10~15m 立一根,皮数杆上划有每皮砖和灰缝厚度及门窗洞口、过梁、楼板等竖向构造的变化位置,控制楼层及各部位构件的标高。砌筑完每一楼层(或基础)后,应校正砌体的轴线和标高。

(3)砖砌体灰缝

1)水平灰缝砌筑方法宜采用"三一"砌砖法,即"一铲灰、一块砖、一揉挤"的操作方法。竖向灰缝宜采用挤浆法或加浆法,使其砂浆饱满,严禁用水冲浆灌缝。

如采用铺浆法砌筑砌体,铺浆长度不得超过 750mm;当施工期间气温超过 30℃时,铺浆长度不得超过 500mm。

2)清水墙面不应有上下二皮砖搭接长度小于 25mm 的通缝,不得有三分头砖,不得在上部随意变活乱缝。

3)空斗墙的水平灰缝厚度和竖向灰缝宽度一般为 10mm,但不应小于

7mm,也不应大于 13mm。

4)筒拱拱体灰缝应全部用砂浆填满,拱底灰缝宽度宜为 5～8mm,筒拱的纵向缝应与拱的横断面垂直。筒拱的纵向两端,不宜砌入墙内。

5)为保持清水墙面立缝垂直一致,当砌至一步架子高时,水平间距每隔 2m,在丁砖竖缝位置弹两道垂直立线,控制游丁走缝。

6)清水墙勾缝应采用加浆勾缝,勾缝砂浆宜采用细砂拌制的 1∶1.5 水泥砂浆。勾凹缝时深度为 4～5mm,多雨地区或多孔砖可采用稍浅的凹缝或平缝。

7)弧拱式及平拱式过梁的灰缝应砌成楔形缝,拱底灰缝宽度不宜小于 5mm,拱顶灰缝宽度不应大于 15mm,拱体的纵向及横向灰缝应填实砂浆;平拱式过梁拱脚下面应伸入墙内不小于 20mm;砖砌平拱过梁底应有 1% 的起拱。

8)砌体的伸缩缝、沉降缝、防震缝中,不得夹有砂浆、碎砖和杂物等。

9)砖过梁底部的模板及其支架拆除时,灰缝砂浆强度不应低于设计强度的 75%。

10)竖向灰缝不应出现瞎缝、透明缝和假缝。

11)砖砌体施工临时间断处补砌时,必须将接槎处表面清理干净,洒水湿润,并填实砂浆,保持灰缝平直。

(4)240mm 厚承重墙的每层墙的最上一皮砖,砖砌体的阶台水平面上及挑出层的外皮砖,应整砖丁砌。

(5)多孔砖的孔洞应垂直于受压面砌筑。半盲孔多孔砖的封底面应朝上砌筑。

(6)夹心复合墙的砌筑应符合下列规定:

1)墙体砌筑时,应采取措施防止空腔内掉落砂浆和杂物;

2)拉结件设置应符合设计要求,拉结件在叶墙上的搁置长度不应小于叶墙厚度的 2/3,并不应小于 60mm;

3)保温材料品种及性能应符合设计要求。保温材料的浇注压力不应对砌体强度、变形及外观质量产生不良影响。

3.施工质量验收

(1)主控项目

1)砖和砂浆的强度等级必须符合设计要求。

抽检数量:每一生产厂家,烧结普通砖、混凝土实心砖每 15 万块,烧结多孔砖、混凝土多孔砖、蒸压灰砂砖及蒸压粉煤灰砖每 10 万块各为一验收批,不足上述数量时按 1 批计,抽检数量为 1 组。砂浆试块的抽检数量执行《砌体结构工程施工质量验收规范》(GB 50203—2011)第 4.0.12 条的有关规定。

检验方法:查砖和砂浆试块试验报告。

2)砌体灰缝砂浆应密实饱满,砖墙水平灰缝的砂浆饱满度不得低于 80%;

砖柱水平灰缝和竖向灰缝饱满度不得低于 90%。

抽检数量:每检验批抽查不应少于 5 处。

检验方法:用百格网检查砖底面与砂浆的黏结痕迹面积,每处检测 3 块砖,取其平均值。

3)砖砌体的转角处和交接处应同时砌筑,严禁无可靠措施的内外墙分砌施工。在抗震设防烈度为 8 度及 8 度以上地区,对不能同时砌筑而又必须留置的临时间断处应砌成斜槎,普通砖砌体斜槎水平投影长度不应小于高度的 2/3,多孔砖砌体的斜槎长高比不应小于 1/2。斜槎高度不得超过一步脚手架的高度。

抽检数量:每检验批抽查不应少于 5 处。

检验方法:观察检查。

4)非抗震设防及抗震设防烈度为 6 度、7 度地区的临时间断处,当不能留斜槎时,除转角处外,可留直槎,但直槎必须做凸槎,且应加设拉结钢筋,拉结钢筋应符合下列规定:

①每 120mm 墙厚放置 1ϕ6 拉结钢筋(120mm 厚墙应放置 2ϕ6 拉结钢筋);

②间距沿墙高不应超过 500mm,且竖向间距偏差不应超过 100mm;

③埋入长度从留槎处算起每边均不应小于 500mm,对抗震设防烈度 6 度、7 度的地区,不应小于 1000mm;

④末端应有 90°弯钩(图 6-1)。

抽检数量:每检验批抽查不应少于 5 处。

检验方法:观察和尺量检查。

(2)一般项目

1)砖砌体组砌方法应正确,内外搭砌,上、下错缝。清水墙、窗间墙无通缝;混水墙中不得有长度大于 300mm 的通缝,长度 200～300mm 的通缝每间不超过 3 处,且不得位于同一面墙体上。砖柱不得采用包心砌法。

抽检数量:每检验批抽查不应少于 5 处。

检验方法:观察检查。砌体组砌方法抽检每处应为 3～5m。

2)砖砌体的灰缝应横平竖直,厚薄均匀,水平灰缝厚度及竖向灰缝宽度宜为 10mm,但不应小于 8mm,也不应大于 12mm。

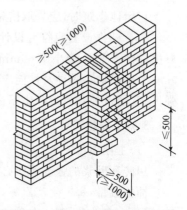

图 6-1　直槎处拉结钢筋示意图

抽检数量:每检验批抽查不应少于 5 处。

检验方法:水平灰缝厚度用尺量 10 皮砖砌体高度折算;竖向灰缝宽度用尺

量 2m 砌体长度折算。

3)砖砌体尺寸、位置的允许偏差及检验应符合表 6-6 的规定。

表 6-6　砖砌体尺寸、位置的允许偏差及检验

项次	项　目			允许偏差（mm）	检验方法	抽检数量
1	轴线位移			10	用经纬仪和尺或用其他测量仪器检查	承重墙、柱全数检查
2	基础、墙、柱顶面标高			±15	用水准仪和尺检查	不应少于 5 处
3	墙面垂直度	每层		5	用 2m 托线板检查	不应少于 5 处
		全高	≤10m	10	用经纬仪、吊线和尺或用其他测量仪器检查	外墙全部阳角
			>10m	20		
4	表面平整度	清水墙、柱		5	用 2m 靠尺和楔形塞尺检查	不应少于 5 处
		混水墙、柱		8		
5	水平灰缝平直度	清水墙		7	拉 5m 线和尺检查	不应少于 5 处
		混水墙		10		
6	门窗洞口高、宽(后塞口)			±10	用尺检查	不应少于 5 处
7	外墙上下窗口偏移			20	以底层窗口为准,用经纬仪吊线检查	不应少于 5 处
8	清水墙游丁走缝			20	以每层第一破砖为准,用吊线和尺检查	不应少于 5 处

第四节　混凝土小型空心砌块砌体工程

1.材料控制要点

(1)小砌块包括普通混凝土小型空心砌块和轻集料混凝土小型空心砌块,施工时所用的小砌块的产品龄期不应小于 28d。

(2)砌筑小砌块时,应清除表面污物,剔除外观质量不合格的小砌块。

(3)砌筑小砌块砌体,宜选用专用小砌块砌筑砂浆。

(4)承重墙体使用的小砌块应完整、无破损、无裂缝。

2.施工及质量控制要点

(1)小砌块砌筑

1)小砌块砌筑前应应按房屋设计图编绘小砌块平、立面排块图,施工中应按

排块图施工。

2)底层室内地面以下或防潮层以下的砌体,应采用强度等级不低于 C20(或 Cb20)的混凝土灌实小砌块的孔洞。

3)砌筑普通混凝土小型空心砌块砌体,不需对小砌块浇水湿润,如遇天气干燥炎热,宜在砌筑前对其喷水湿润;对轻集料混凝土小砌块,应提前浇水湿润,块体的相对含水率宜为 40%～50%。雨天及小砌块表面有浮水时,不得施工。

4)小砌块墙体应孔对孔、肋对肋错缝搭砌。单排孔小砌块的搭接长度应为块体长度的 1/2;多排孔小砌块的搭接长度可适当调整,但不宜小于小砌块长度的 1/3,且不应小于 90mm。墙体的个别部位不能满足上述要求时,应在灰缝中设置拉结钢筋或钢筋网片,但竖向通缝仍不得超过两皮小砌块。

5)小砌块应将生产时的底面朝上反砌于墙上。

6)常温下,普通混凝土小砌块日砌高度控制在 1.8m 以内;轻集料混凝土小砌块日砌高度控制在 2.4m 以内。

7)小砌块墙体宜逐块坐(铺)浆砌筑。

8)在散热器、厨房和卫生间等设备的卡具安装处砌筑的小砌块,宜在施工前用强度等级不低于 C20(或 Cb20)的混凝土将其孔洞灌实。

9)厕浴间和有防水要求的楼面,墙底部浇筑高度不宜小于 200mm 的混凝土坎。

(2)小砌块砌体灰缝

1)小砌块砌体铺灰长度不宜超过两块主规格块体的长度。

2)小砌块清水墙的勾缝应采用加浆勾缝,当设计无具体要求时宜采用平缝形式。

3)每步架墙(柱)砌筑完后,应随即刮平墙体灰缝。

(3)混凝土芯柱

1)每次连续浇筑的高度宜为半个楼层,但不应大于 1.8m;

2)浇筑芯柱混凝土时,砌筑砂浆强度应大于 1MPa;

3)清除孔内掉落的砂浆等杂物,并用水冲淋孔壁;

4)浇筑芯柱混凝土前,应先注入适量与芯柱混凝土成分相同的去石砂浆;

5)每浇筑 400～500mm 高度捣实一次,或边浇筑边捣实。

(4)芯柱处小砌块墙体砌筑应符合下列规定:

1)砌筑芯柱(构造柱)部位的墙体,应采用不封底的通孔小砌块,砌筑时要保证上下孔通畅且不错孔,确保混凝土浇筑时不侧向流窜。

2)在芯柱部位,每层楼的第一皮块体,应采用开口小砌块或 U 形小砌块砌出操作孔,操作孔侧面宜预留连通孔;

3)砌筑时应随砌随清除小砌块孔内的毛边,并将灰缝中挤出的砂浆刮净。

3.施工质量验收

(1)主控项目

1)小砌块和芯柱混凝土、砌筑砂浆的强度等级必须符合设计要求。

抽检数量:每一生产厂家,每 1 万块小砌块为一验收批,不足 1 万块按一批计,抽检数量为 1 组;用于多层以上建筑的基础和底层的小砌块抽检数量不应少于 2 组。砂浆试块的抽检数量应执行《砌体结构工程施工质量验收规范》(GB 50203—2011)的有关规定。

检验方法:检查小砌块和芯柱混凝土、砌筑砂浆试块试验报告。

2)砌体水平灰缝和竖向灰缝的砂浆饱满度,按净面积计算不得低于 90%。

抽检数量:每检验批抽查不应少于 5 处。

检验方法:用专用百格网检测小砌块与砂浆黏结痕迹,每处检测 3 块小砌块,取其平均值。

3)墙体转角处和纵横交接处应同时砌筑。临时间断处应砌成斜槎,斜槎水平投影长度不应小于斜槎高度。施工洞口可预留直槎,但在洞口砌筑和补砌时,应在直槎上下搭砌的小砌块孔洞内用强度等级不低于 C20(或 Cb20)的混凝土灌实。

抽检数量:每检验批抽查不应少于 5 处。

检验方法:观察检查。

4)小砌块砌体的芯柱在楼盖处应贯通,不得削弱芯柱截面尺寸;芯柱混凝土不得漏灌。

抽检数量:每检验批抽查不应少于 5 处。

检验方法:观察检查。

(2)一般项目

1)墙体的水平面灰缝厚度和竖向灰缝宽度宜为 10mm,但不应小于 8mm,也不应大于 12mm。

检查数量:每检验批抽查不应小于 5 处。。

检验方法:水平灰缝厚度用尺量 5 皮小砌块的高度折算;竖向灰缝宽度用尺量 2m 砌体长度折算。

2)小砌块墙体的一般尺寸、允许偏差应按表 6-6 的规定执行。

第五节　石砌体工程

1.材料控制要点

(1)石砌体采用的石材应质地坚实,无裂纹和无明显风化剥落;

（2）用于清水墙、柱表面的石材，尚应色泽均匀；

（3）石材的放射性应经检验，其安全性应符合现行国家标准《建筑材料放射性核素限量》（GB 6566—2010）的有关规定。

（4）石材表面的泥垢、水锈等杂质，砌筑前应清除干净。

（5）当有振动荷载时，墙、柱不宜采用毛石砌体。

（6）细料石：通过细加工，外表规则，叠砌面凹入深度不应大于 10mm，截面宽度、高度不宜小于 200mm，且不宜小于长度的 1/4。

（7）半细料石：规格尺寸同上，但叠砌面凹入深度不应大于 15mm。

（8）粗料石：规格尺寸同上，但叠砌面凹入深度不应大于 20mm。

（9）毛料石：外形大致方正，高度不应小于 200mm，叠砌面凹入深度不应大于 25mm。

2.施工及质量控制要点

（1）石砌体接槎

1）毛石砌体的第一皮及转角处、交接处和洞口处，应用较大的平毛石砌筑。每个楼层（包括基础）砌体的最上一皮，宜选用较大的毛石砌筑。

2）在毛石和实心砖的组合墙中，毛石砌体与砖砌体应同时砌筑，并每隔 4～6 皮砖用 2～3 皮丁砖与毛石砌体拉结砌合。两种砌体间的空隙应用砂浆填满。

3）毛石墙和砖墙相接的转角处和交接处应同时砌筑。转角处、交接处应自纵墙（或横墙）每隔 4～6 皮砖高度引出不小于 120mm 与横墙（或纵墙）相接。

4）在料石和毛石或砖的组合墙中，料石砌体和毛石砌体或砖砌体应同时砌筑，并每隔 2～3 皮料石层用丁砌层与毛石砌体或砖砌体拉结砌合。丁砌料石的长度宜与结合墙厚度相同。

（2）石砌体错缝与灰缝

1）毛石砌体宜分皮卧砌，各皮石块间应利用自然形状经敲打修整，使能与先砌石块基本吻合，搭砌紧密；并应上下错缝、内外搭砌，不得采用外面侧立石块中间填心的砌筑方法；中间不得有铲口石（尖石倾斜向外的石块）、斧刃石和过桥石（仅在两端搭砌的石块）。

2）料石砌体应上下错缝搭砌。砌体厚度等于或大于两块料石宽度时，如同皮内全部采用顺砌，每砌两皮后，应砌一皮丁砌层；如同皮内采用丁顺组砌，丁砌石应交错设置，其中心间距不应大于 2m。

3）毛石砌筑时，对石块间存在较大的缝隙，应先向缝内填灌砂浆并捣实，然后再用小石块嵌填，不得先填小石块后填灌砂浆，石块间不得出现无砂浆相互接触现象。

4）毛石、毛料石、粗料石、细料石砌体灰缝厚度应均匀，毛石砌体外露面的灰

缝厚度不宜大于 40mm;

5)毛料石和粗料石的灰缝厚度不宜大于 20mm;

6)细料石的灰缝厚度不宜大于 5mm。

7)当设计未作规定时,石墙勾缝应采用凸缝或平缝,毛石墙尚应保持砌合的自然缝。

(3)石砌体基础

1)砌筑毛石基础的第一皮石块应坐浆,并将大面向下。砌筑料石基础的第一皮石块应用丁砌层坐浆砌筑。

2)砌筑料石基础的第一皮应用丁砌层坐浆砌筑。阶梯形料石基础,上级阶梯的料石应至少压砌下级阶梯的 1/3。

(4)石砌挡土墙

1)砌筑毛石挡土墙应按分层高度砌筑,并应符合下列规定:

2)每砌 3～4 皮为一个分层高度,每个分层高度应将顶层石块砌平;

3)两个分层高度间分层处的错缝不得小于 80mm。

4)料石挡土墙,当中间部分用毛石砌筑时,丁砌料石伸入毛石部分的长度不应小于 200mm。

5)挡土墙的泄水孔当设计无规定时,泄水孔应均匀设置,在每米高度上间隔 2m 左右设置一个泄水孔;泄水孔与土体间铺设长宽各为 300mm、厚 200mm 的卵石或碎石作疏水层。

6)挡土墙内侧回填土必须分层夯填,分层松土厚度宜为 300mm。墙顶土面应有适当坡度使流水流向挡土墙外侧面。

3.施工质量验收

(1)主控项目

1)石材及砂浆强度等级必须符合设计要求。

抽检数量:同一产地的同类石材抽检不应少于 1 组。

检验方法:料石检查产品质量证明书,石材、砂浆检查试块试验报告。

2)砂浆饱满度不应小于 80%。

抽检数量:每检验批抽查不应少于 5 处。

检验方法:观察检查。

(2)一般项目

1)石砌体尺寸、位置的允许偏差及检验方法应符合表 6-7 的规定。

抽检数量:每检验批抽查不应少于 5 处。

2)石砌体的组砌形式应符合下列规定:

①内外搭砌,上下错缝,拉结石、丁砌石交错设置;

②毛石墙拉结石每墙面每 0.7m² 墙面不应少于 1 块。

检查数量:每检验批抽查不应少于 5 处。

检验方法:观察检查。

表 6-7　石砌体尺寸、位置的允许偏差及检验方法

项次	项 目		允许偏差(mm)						检验方法
			毛石砌体		料石砌体				
			基础	墙	毛料石		粗料石		细料石	
					基础	墙	基础	墙	墙、柱	
1	轴线位置		20	15	20	15	15	10	10	用经纬仪和尺检查,或用其他测仪器检查
2	基础和墙砌体顶面标高		±25	±15	±25	±15	±15	±15	±10	用水准仪和尺检查
3	砌体厚度		+30	+20 −10	+30	+20 −10	+15	+10 −5	+10 −5	用尺检查
4	墙面垂直度	每层	—	20	—	20	—	10	7	用经纬仪、吊线和尺检查或用其他测仪器检查
		全高	—	30	—	30	—	25	10	
5	表面平整度	清水墙、柱	—	—	—	20	—	—	5	细料石用 2m 靠尺和楔形塞尺检查,其他用两直尺垂直于灰缝拉 2m 线和尺检查
		混水墙、柱	—	—	—	20	—	15	—	
6	清水墙水平灰缝平直度		—	—	—	—	—	10	5	拉 10m 线和尺检查

第六节　配筋砌体工程

1.材料控制要点

(1)用于砌体工程的钢筋品种、强度等级必须符合设计要求。并应有产品合格证书和性能检测报告,进场后应进行复验。

(2)设置在潮湿或有化学侵蚀性介质环境中的砌体灰缝内的钢筋,应采用镀锌钢材、不锈钢或有色金属材料,或对钢筋表面涂刷防腐涂料或防锈剂。

(3)施工配筋小砌块砌体剪力墙,应采用专用的小砌块砌筑砂浆砌筑,专用小砌块灌孔混凝土浇筑芯柱。

2.施工及质量控制要点

(1)配筋

1)配筋砌体剪力墙的灌孔混凝土中竖向受拉钢筋,钢筋搭接长度不应小于35d 用不小于 300mm。

2)砌体与构造柱、芯柱的连接处应的 2φ6 拉结筋或 φ4 钢筋网片,间距沿墙高不应超过 500mm(小砌块为 600mm);埋入墙内长度每边不宜小于 600mm;对抗震设防地区不宜小于 1m;钢筋末端应有 90°弯钩。

3)钢筋网可采用连弯网或方格网。钢筋直径宜采用 3～4mm;当采用连弯网时,钢筋的直径不应大于 8mm。

4)钢筋网中钢筋的间距不应大于 120mm,并不应小于 30mm。

5)设置在灰缝内的钢筋,应居中置于灰缝内,水平灰缝厚度应大于钢筋直径4mm 以上。

(2)构造柱、芯柱

1)配筋砌块芯柱在楼盖处应贯通,并不得削弱芯柱截面尺寸。

2)构造柱纵筋应穿过圈梁,保证纵筋上下贯通;构造柱箍筋在楼层上下各500mm 范围内应进行加密,间距宜为 100mm。

3)墙体与构造柱连接处应砌成马牙槎,从每层柱脚起,先退后进,马牙槎的高度不应大于 300,并应先砌墙后浇混凝土构造柱。

4)小砌块墙中设置构造柱时,与构造柱相邻的砌块孔洞,当设计未具体要求时,6 度(抗震设防烈度,下同)时宜灌实,7 度时应灌实,8 度时应灌实并插筋。

(3)构造柱、芯柱中箍筋

1)当纵向钢筋的配筋率大于 0.25%,且柱承受的轴向力大于受压承载力设计值的 25%时,柱应设箍筋;当配筋率不大于 0.25%时,或柱承受的轴向力小于受压承载力设计值的 25%时,柱中可不设置箍筋。

2)箍筋直径不宜小于 6mm。

3)箍筋的间距不应大于 16 倍的纵向钢筋直径、48 倍箍筋直径及柱截面短边尺寸中较小者。

4)箍筋应做成封闭式,端部应弯钩。

5)箍筋应设置在灰缝或灌孔混凝土中。

3.施工质量验收

(1)主控项目

1)钢筋的品种、规格和数量和设置部位应符合设计要求。

检验方法:检查钢筋的合格证书、钢筋性能复试试验报告、隐蔽工程记录。

2)构造柱、芯柱、组合砌体构件、配筋砌体剪力墙构件的混凝土及砂浆的强度等级应符合设计要求。

抽检数量:每检验批砌体,试块不应少于1组,验收批砌体试块不得少于3组。

检验方法:检查混凝土和砂浆试块试验报告。

3)构造柱与墙体的连接应符合下列规定:

①墙体应砌成马牙槎,马牙槎凹凸尺寸不宜小于60mm,高度不应超过300mm,马牙槎应先退后进,对称砌筑;马牙槎尺寸偏差每一构造柱不应超过2处;

②预留拉结钢筋的规格、尺寸、数量及位置应正确,应沿墙高每隔500mm设2φ6拉结钢筋,伸入墙内不宜小于600mm,钢筋的竖向移位不应超过100mm,且竖向移位每一构造柱不得超过2处;

③施工中不得任意弯折拉结钢筋。

抽检数量:每检验批抽查不应少于5处。

检验方法:观察检查和尺量检查。

4)配筋砌体中受力钢筋的连接方式及锚固长度、搭接长度应符合设计要求。

检查数量:每检验批抽查不应少于5处。

检验方法:观察检查。

(1)一般项目

1)构造柱一般尺寸允许偏差及检验方法应符合表6-8的规定。

表6-8　构造柱一般尺寸允许偏差及检验方法

项次	项　　目			允许偏差 (mm)	检 验 方 法
1	中心线位置			10	用经纬仪和尺检查或用其他测量仪器检查
2	层间错位			8	用经纬仪和尺检查或用其他测量仪器检查
3	垂直度	每层		10	用2m托线板检查
		全高	≤10m	15	用经纬仪、吊线和尺检查或用其他测量仪器检查
			>10m	20	

抽检数量:每检验批抽查不应少于5处。

2)钢筋防护层完好,不应有肉眼可见裂纹、剥落和擦痕等缺陷。

抽检数量:每检验批抽查不应少于5处。

检验方法:观察检查。

3)网状配筋砖砌体中,钢筋网规格及放置间距应符合设计规定。每一构件钢筋网沿砌体高度位置超过设计规定一皮砖厚不得多于一处。

抽检数量:每检验批抽查不应少于5处。

检验方法:通过钢筋网成品检查钢筋规格,钢筋网放置间距采用局部剔缝观察,或用探针刺入灰缝内检查,或用钢筋位置测定仪测定。

4)钢筋安装位置的允许偏差及检验方法应符合表 6-9 的规定。

抽检数量:每检验批抽查不应少于 5 处。

表 6-9 钢筋安装位置的允许偏差和检验方法

项 目		允许偏差（mm）	检 验 方 法
受力钢筋保护层厚度	网状配筋砌体	±10	检查钢筋网成品,钢筋网放置位置局部剔缝观察,或用探针刺入灰缝内检查,或用钢筋位置测定仪测定
	组合砖砌体	±5	支模前观察与尺量检查
	配筋小砌块砌体	±10	浇筑灌孔混凝土前观察与尺量检查
配筋小砌块砌体墙凹槽中水平钢筋间距		±10	钢尺量连续三档,取最大值

第七节 填充墙砌体工程

1.材料控制要点

(1)砌筑填充墙时,轻集料混凝土小型空心砌块和蒸压加气混凝土砌块的产品龄期不应小于 28d,蒸压加气混凝土砌块的含水率宜小于 30%。

(2)烧结空心砖、蒸压加气混凝土砌块、轻集料混凝土小型空心砌块等的运输、装卸过程中,严禁抛掷和倾倒;进场后应按品种、规格堆放整齐,堆置高度不宜超过 2m。蒸压加气混凝土砌块在运输及堆放中应防止雨淋。

(3)加气混凝土砌块不得在以下部位砌筑:

1)建筑物底层地面以下部位。

2)长期浸水或经常干湿交替部位。

3)受化学环境侵蚀部位。

4)经常处于 80℃以上高温环境中。

2.施工及质量控制要点

(1)喷水湿润

1)吸水率较小的轻集料混凝土小型空心砌块及采用薄灰砌筑法施工的蒸压加气混凝土砌块,砌筑前不应对其浇(喷)水湿润;在气候干燥炎热的情况下,对吸水率较小的轻集料混凝土小型空心砌块宜在砌筑前喷水湿润。

2)采用普通砌筑砂浆砌筑填充墙时,烧结空心砖、吸水率较大的轻集料混凝土小型空心砌块应提前 1～2d 浇（喷）水湿润。蒸压加气混凝土砌块采用蒸压加气混凝土砌块砌筑砂浆或普通砌筑砂浆砌筑时，应在砌筑当天对砌块砌筑面喷水湿润。块体湿润程度宜符合下列规定：

①烧结空心砖的相对含水率 60%～70%；

②吸水率较大的轻集料混凝土小型空心砌块、蒸压加气混凝土砌块的相对含水率 40%～50%。

（2）填充墙砌筑

1）填充墙的水平灰缝砂浆饱满度均应不小于 80%；小砌块、加气混凝土砌块砌体的竖向灰缝也不应小于 80%，其他砖砌体的竖向灰缝应填满砂浆，并不得有透明缝、瞎缝、假缝。

2）填充墙砌筑时应错缝搭砌。单排孔小砌块应对孔错缝砌筑，当不能对孔时，搭接长度不应小于 90mm，加气砌块搭接长度不小于砌块长度的 1/3；当不能满足时，应在水平灰缝中设置钢筋加强。

3）填充墙砌至梁、板底部时，应留一空隙，至少间隔 7d 再砌筑、挤紧；或用坍落度较小的混凝土或水泥砂浆填嵌密实。在封砌施工洞口及外墙井架洞口时，尤其应严格控制，千万不能一次到顶。

4）钢筋混凝土结构中砌筑填充墙时，应沿框架柱（剪力墙）全高每隔 500mm（砌块模数不能满足时可为 600mm）设 2ϕ6 拉结筋，拉结筋伸入墙内的长度应符合设计要求；当设计未具体要求时：非抗震设防及抗震设防烈度为 6 度、7 度时，不应小于墙长的 1/5 且不小于 700mm；烈度为 8 度、9 度时宜沿墙全长贯通。

5）在厨房、卫生间、浴室等处采用轻集料混凝土小型空心砌块、蒸压加气混凝土砌块砌筑墙体时，墙底部宜现浇混凝土坎台，其高度宜为 150mm。

6）填充墙拉结筋处的下皮小砌块宜采用半盲孔小砌块或用混凝土灌实孔洞的小砌块；薄灰砌筑法施工的蒸压加气混凝土砌块砌体，拉结筋应放置在砌块上表面设置的沟槽内。

7）蒸压加气混凝土砌块、轻集料混凝土小型空心砌块不应与其他块体混砌，不同强度等级的同类块体也不得混砌。

注：窗台处和因安装门窗需要，在门窗洞口处两侧填充墙上、中、下部可采用其他块体局部嵌砌；对与框架柱、梁不脱开方法的填充墙，填塞填充墙顶部与梁之间缝隙可采用其他块体。

3.施工质量验收

（1）主控项目

1）烧结空心砖、小砌块和砌筑砂浆的强度等级应符合设计要求。

抽检数量：烧结空心砖每 10 万块为一验收批，小砌块每 1 万块为一验收批，不足上述数量时按一批计，抽检数量为 1 组。

检验方法：查砖、小砌块进场复验报告和砂浆试块试验报告。

2）填充墙砌体应与主体结构可靠连接，其连接构造应符合设计要求，未经设计同意，不得随意改变连接构造方法。每一填充墙与柱的拉结筋的位置超过一皮块体高度的数量不得多于一处。

抽检数量：每检验批抽查不应少于 5 处。

检验方法：观察检查。

3）填充墙与承重墙、柱、梁的连接钢筋，当采用化学植筋的连接方式时，应进行实体检测。锚固钢筋拉拔试验的轴向受拉非破坏承载力检验值应为6.0KN。抽检钢筋在检验值作用下应基材无裂缝、钢筋无滑移宏观裂损现象；持荷期间荷载值降低不大于 5%。检验批验收可按表 6-10、6-11 通过正常检验一次、二次抽样判定。

抽检数量：按表 6-12 确定。

检验方法：原位试验检查。

（2）一般项目

1）填充墙砌体尺寸、位置的允许偏差及检验方法应符合表 6-13 的规定。

表 6-10　正常一次性抽样的判定

样本容量	合格判定数	不合格判定数	样本容量	合格判定数	不合格判定数
5	0	1	20	2	3
8	1	2	32	3	4
13	1	2	50	5	6

表 6-11　正常二次性抽样的判定

抽样次数与样本容量	合格判定数	不合格判定数	抽样次数与样本容量	合格判定数	不合格判定数
(1)—5	0	2	(1)—20	1	3
(2)—10	1	2	(2)—40	3	4
(1)—8	0	2	(1)—32	2	5
(2)—16	1	2	(2)—64	6	7
(1)—13	0	3	(1)—50	3	6
(2)—26	3	4	(2)—100	9	10

注：本表应用参照现行国家标准《建筑结构检测技术标准》（GB/T 50344—2004）第 3.3.14 条条文说明。

表 6-12　检验批抽检锚固钢筋样本最小容量

检验批的容量	样本最小容量	检验批的容量	样本最小容量
≤90	5	281～500	20
91～150	8	501～1200	32
151～280	13	1201～3200	50

表 6-13　填充墙砌体尺寸、位置允许偏差及检验方法

项次	项　目		允许偏差（mm）	检 验 方 法
1	轴线位移		10	用尺检查
2	垂直度（每层）	≤3m	5	用 2m 托线板或吊线、尺检查
		>3m	10	
3	表面平整度		8	用 2m 靠尺和楔形尺检查
4	门窗洞口高、宽（后塞口）		±10	用尺检查
5	外墙上、下窗口偏移		20	用经纬仪或吊线检查

抽检数量：每检验批抽查不应少于 5 处。

2）填充墙砌体的砂浆饱满度及检验方法应符合表 6-14 的规定。

表 6-14　填充墙砌体的砂浆饱满度及检验方法

砌体分类	灰缝	饱满度及要求	检验方法
空心砖砌体	水平	≥80%	采用百格网检查块体底面或侧面砂浆的黏结痕迹面积
	垂直	填满砂浆，不得有透明缝、瞎缝、假缝	
蒸压加气混凝土砌块、轻骨料混凝土小型空心砌块砌体	水平	≥80%	
	垂直	≥80%	

抽检数量：每检验批抽查不应少于 5 处。

3）填充墙留置的拉结钢筋或网片的位置应与块体皮数相符合。拉结钢筋或网片应置于灰缝中，埋置长度应符合设计要求，竖向位置偏差不应超过一皮高度。

抽检数量：每检验批抽查不应少于 5 处。

检验方法：观察和用尺量检查。

4）砌筑填充墙时应错缝搭砌，蒸压加气混凝土砌块搭砌长度不应小于砌块长度的 1/3；轻集料混凝土小型空心砌块搭砌长度不应小于 90mm；竖向通缝不应大于 2 皮。

抽检数量：每检验批抽查不应少于 5 处。

检验方法：观察检查。

5）填充墙的水平灰缝厚度和竖向灰缝宽度应正确，烧结空心砖、轻集料混凝土小型空心砌块砌体的灰缝应为 8～12mm；蒸压加气混凝土砌块砌体当采用水泥砂浆、水泥混合砂浆或蒸压加气混凝土砌块砌筑砂浆时，水平灰缝厚度和竖向灰缝宽度不应超过 15mm；当蒸压加气混凝土砌块砌体采用蒸压加气混凝土砌块黏结砂浆时，水平灰缝厚度和竖向灰缝宽度宜为 3～4mm。

抽检数量：每检验批抽查不应少于 5 处。

检验方法：水平灰缝厚度用尺量 5 皮小砌块的高度折算；竖向灰缝宽度用尺量 2m 砌体长度折算。

第八节　冬 期 施 工

砌体工程冬期施工的概念：当室外日平均气温连续 5d 稳定低于 5℃或冬期施工期限以外，当日最低气温低于 0℃时，(气温根据当地气象资料确定)，根据完整的冬期施工方案，采取冬期施工措施砌筑砌体工程。

1.质量预控要求

砌体工程冬期施工应有完整的冬期施工方案，并应采取冬期施工措施。

2.质量验收的规定

冬期施工的砌体工程质量验收应符合本章本节要求外，尚应符合《建筑工程冬期施工规程》(JGJ/T 104—2011)规定。

3.冬期施工的材料

(1)石灰膏、电石膏等应防止受冻。如遭冻结，应经融化后使用；

(2)拌制砂浆用砂，不得含有冰块和大于 10mm 的冻结块；

(3)砌体用块体不得遭水浸冻。

4.留置试块的要求

冬期施工砂浆试块的留置，除应按常温规定要求外，尚应增留不少于 1 组与砌体同条件养护的试块，用于检验转入常温 28d 的强度。如有特殊需要，可另外增加相应龄期的同条件养护的试块。

5.砖、小砌块浇(喷)水湿润的要求

(1)烧结普通砖、烧结多孔砖、蒸压灰砂砖、蒸压粉煤灰砖、烧结空心砖、吸水率较大的轻集料混凝土小型空心砌块在气温高于 0℃条件下砌筑时，应浇水湿润；在气温低于、等于 0℃条件下砌筑时，可不浇水，但必须增大砂浆稠度；

(2)普通混凝土小型空心砌块、混凝土多孔砖、混凝土实心砖及采用薄灰砌筑法的蒸压加气混凝土砌块施工时，不应对其浇(喷)水湿润；

(3)抗震设防烈度为 9 度的建筑物，当烧结普通砖、烧结多孔砖、蒸压粉煤灰砖、烧结空心砖无法浇水湿润时，如无特殊措施，不得砌筑。

6.施工温度要求

(1)拌合砂浆时水的温度不得超过 80℃，砂的温度不得超过 40℃。

(2)采用砂浆掺外加剂法、暖棚法施工时，砂浆使用温度不应低于 5℃。

(3)采用暖棚法施工，块体在砌筑时的温度不应低于 5℃，距离所砌的结构底面 0.5m 处的棚内温度也不应低于 5℃。

(4)在暖棚内的砌体养护时间,应根据暖棚内温度,按表 6-15 确定。

表 6-15　暖棚法砌体的养护时间

暖棚的温度(℃)	5	10	15	20
养护时间(d)	≥6	≥5	≥4	≥3

(5)采用外加剂法配制的砌筑砂浆,当设计无要求,且最低气温等于或低于－15℃时,砂浆强度等级应较常温施工提高一级。

(6)基土无冻胀性时,基础可在冻结的地基上砌筑;基土有冻胀性时,应在未冻的地基上砌筑。并应防止在施工期间和回填前地基受冻。

(7)配筋砌体不得采用掺氯盐的砂浆施工。

第九节　子分部工程验收

(1)砌体工程验收前,应提供下列文件和记录:

1)设计变更文件;

2)施工执行的技术标准;

3)原材料出厂合格证书、产品性能检测报告和进场复验报告;

4)混凝土及砂浆配合比通知单;

5)混凝土及砂浆试件抗压强度试验报告单;

6)砌体工程施工记录;

7)隐蔽工程验收记录;

8)分项工程检验批的主控项目、一般项目验收记录;

9)填充墙砌体植筋锚固力检测记录;

10)重大技术问题的处理方案和验收记录;

11)其他必要的文件和记录。

(2)砌体子分部工程验收时,应对砌体工程的观感质量作出总体评价。

(3)当砌体工程质量不符合要求时,应按第二章第四节"五、质量不符合要求时的处理规定"执行。

(4)有裂缝的砌体应按下列情况进行验收:

1)对不影响结构安全性的砌体裂缝,应予以验收,对明显影响使用功能和观感质量的裂缝,应进行处理;

2)对有可能影响结构安全性的砌体裂缝,应由有资质的检测单位检测鉴定,需返修或加固处理的,待返修或加固处理满足使用要求后进行二次验收。

第七章 钢结构工程

第一节 基本规定

(1)钢结构工程施工单位应具备相应的钢结构工程施工资质,施工现场质量管理应有相应的施工技术标准、质量管理体系、质量控制及检验制度,施工现场应有经项目技术负责人审批的施工组织设计、施工方案等技术文件。

(2)钢结构工程施工质量的验收,必须采用经计量检定、校准合格的计量器具。

(3)钢结构工程应按下列规定进行施工质量控制:

1)采用的原材料及成品应进行进场验收。凡涉及安全、功能的原材料及成品应按钢结构规范规定进行复验,并应经监理工程师(建设单位技术负责人)见证取样、送样;

2)各工序应按施工技术标准进行质量控制,每道工完成后,应进行检查;

3)相关各专业工种之间,应进行交接检验,并经监理工程师(建设单位技术负责人)检查认可。

4)隐蔽工程在封闭前进行质量验收。

(4)钢结构分项工程应由一个或若干检验批组成,各分项工程检验批应按钢结构规范的规定遵循以下原则进行划分。

1)单层钢结构按变形缝划分;

2)多层及高层钢结构按楼层或施工段划分;

3)压型金属板工程可按屋面、墙板、楼面等划分;

4)对于原材料及成品进场时的验收,可以根据工程规模及进料实际情况合并成分检验批。

(5)分项工程检验批合格质量标准应符合下列规定:

1)主控项目必须符合钢结构规范合格质量标准的要求;

2)一般项目检验结果应有80%及以上的检查点(值)符合钢结构规范合格质量标准的要求,且最大值不应超过其允许偏差值的1.2倍;

3)质量检查记录、质量证明文件等资料应完整;

第二节　原材料及成品进场

一、材料控制要点

（1）为保证采购的产品符合规定的要求，应选择合适的供货方。

（2）钢结构工程所用的材料应符合设计文件和国家现行有关标准的规定，应具有质量合格证明文件，并应经进场检验合格后使用

（3）凡标志不清或怀疑质量有问题的材料、钢结构构件，受工程重要性程度决定应进行一定比例试验的材料，需要进行追踪检验以控制和保证其质量可靠性的材料和钢结构构件等，均应进行抽检，对于进口材料应进行商检。

（4）材料质量抽样和检验方法，应符合国家有关规准和设计要求，并能反映该批材料的质量特性。对于重要的构件应按合同或设计规定增加采样的数量。

（5）对材料的性能、质量标准、适用范围和对施工的要求必须充分了解，慎重选择和使用材料。如焊条的选用应符合母材的等级，油漆应注意上、下层的用料选择。

（6）材料的代用要征得设计者的认可。

二、施工质量验收

1.钢材

（1）主控项目

1）钢材、钢铸件的品种、规格、性能等应符合现行国家产品标准和设计要求。进口钢材产品的质量应符合设计和合同规定标准的要求。

钢结构工程中承重结构使用的钢材应满足如下要求：

①钢材的物理性能：抗拉强度、伸长率、屈服点、冲击韧性等。

②钢材的化学成分：主要控制硫、磷有害元素的极限含量，用于焊接的钢材应控制碳的极限含量。

检查数量：全数检查。

检验方法：检查质量合格证明文件、中文标志及检验报告等。

2）对属于下列情况之一的钢材，应进行抽样复验，其复验结果应符合现行国家产品标准和设计要求。

①国外进口钢材。

②钢材混批。混批是指混炉号，钢材的合格证是按炉号和批号颁发的。钢材在运输、调剂方面失控，容易使钢材造成混乱。

③板厚等于或大于 40mm,且设计有 Z 向性能要求的厚板。

④建筑结构安全等级为一级,大跨度钢结构主要受力构件(如弦杆或梁用钢板)所采用的钢材。

⑤设计有复验要求的钢材。

⑥对有质量疑义的钢材。

质量疑义主要是指:对质量证明文件有疑义;质量证明文件不全;质量证明书中的项目少于设计要求的。

检查数量:全数检查。

检验方法:检查复验报告。

(2)一般项目

1)钢板厚度及允许偏差应符合其产品标准的要求。

检查数量:每一品种、规格的钢板抽查 5 处。

检验方法:用游标卡尺量测。

2)型钢的规格尺寸及允许偏差应符合产品标准的要求。

检查数量:每一品种、规格的型钢抽查 5 处。

检验方法:用钢尺和游标卡尺量测。

3)钢材的表面外观质量除应符合国家现行有关标准的规定外,尚应符合下列规定:

①当钢材的表面有锈蚀、麻点或划痕等缺陷时,其深度不得大于该钢材厚度负允许偏差值的 1/2。

②钢材表面的锈蚀等级应符合现行国家标准《涂装前钢材表面锈蚀等级和除锈等级》(GB 8923—2011)规定的 C 级及 C 级以上。

③钢材端边或断口处不应有分层、夹渣等缺陷。

检查数量:全数检查。

检验方法:观察检查。

2.焊接材料

(1)主控项目

其品种、规格、性能等应符合现行国家产品标准和设计要求。

焊接材料的质量直接影响焊接质量,乃至钢结构工程的安全和可靠性。

检查数量:全数检查。

检验方法:检查焊接材料的质量合格证明文件、中文标志及检验报告等。

重要钢结构采用的焊接材料应进行抽样复验,复验结果应符合现行国家产品标准和设计要求。

重要钢结构中的"重要"是指:

1）建筑结构安全等级为一级的一、二级焊缝；

2）建筑结构安全等级为二级的一级焊缝；

3）大跨度结构中一级焊缝；

4）重级工作制吊车梁结构中一级焊缝；

5）设计要求。

检查数量：全数检查。

检验方法：检查复验报告。

（2）一般项目

1）焊钉及焊接瓷环的规格、尺寸及偏差应符合现行国家标准《圆柱头焊钉》（GB/T 10433—2002）中的规定。

检查数量：按量抽查1‰，且不应少于10套。

检验方法：用钢尺和游标卡尺量测。

2）焊条外观不应有药皮脱落、焊芯生锈等缺陷；焊剂不应受潮结块。

检查数量：按量抽查1‰，且不应少于10包。

检查方法：观察检查。

3. 连接用紧固标准件

（1）主控项目

1）钢结构连接用高强度大六角头螺栓连接副、扭剪型高强度螺栓连接副、钢网架用高强度螺栓、普通螺栓、铆钉、自攻钉、拉铆钉、射钉、锚栓（机械型和化学试剂型）、地脚锚栓等紧固标准件及螺母、垫圈等标准配件，其品种、规格、性能等应符合现行国家产品标准和设计要求。高强度大六角头螺栓连接副和扭剪型高强度螺栓连接副出厂时应分别随箱带有扭矩系数和紧固轴力（预拉力）的检验报告。

检查数量：全数检查。

检验方法：检查产品的质量合格证明文件、中文标志及检验报告等。

2）高强度大六角头螺栓连接副应按附录A规定检验其扭矩系数，其检验结果应符合规范要求。

检查数量：参见附录A有关规定。

检验方法：检查复验报告。

3）扭剪型高强度螺栓连接副应按《钢结构工程施工质量验收规范》（GB 50205—2001）规定检验预拉力，其检验结果应符合附录A的要求。

检查数量：附录A有关规定。

检验方法：检查复验报告。

（2）一般项目

1）高强度螺栓连接副,应按包装箱配套供货,包装箱上应标明批号、规格、数量及生产日期。螺栓、螺母、垫圈外观表面应涂油保护,不应出现生锈和沾染脏物,螺纹不应损伤。

检查数量:按包装箱数抽查5%,且不应少于3箱。

检验方法:观察检查。

2）对建筑结构安全等级为一级,跨度40m及以上的螺栓球节点钢网架结构,其连接高强度螺栓应进行表面硬度试验,对8.8级的高强度螺栓其硬度应为HRC21～29;10.9级高强度螺栓其硬度应为 HRC32～36,且不得有裂纹或损伤。

检查数量:按规格抽查8只。

检验方法:硬度计、10倍放大镜或磁粉探伤。

4.焊接球

焊接球是指焊接空心球,是作为产品对待,不是指施工的质量控制,而是指焊接球进场的质量验收。

（1）主控项目

1）焊接球及制造焊接球所采用的原材料,其品种、规格、性能等应符合现行国家产品标准和设计要求。

2）焊接球焊缝应进行无损检查,其质量应符合设计要求,当设计无要求时应符合规范中规定的二级质量标准。

检查数量:每一规格按数量抽查5%,且不应少于3个。

检验方法:超声波探伤或检查检验报告。

（2）一般项目

1）焊接球直径、圆度、壁厚减薄量等尺寸及允许偏差应符合规范的规定。

检查数量:每一规格按数量抽查5%,且不应少于3个。

检验方法:用卡尺和测厚仪检查。

2）焊接球表面无明显波纹及局部凹凸不平不大于1.5mm。

检查数量:每一规格按数量抽查5%,且不应少于3个。

检验方法:用弧形套模、卡尺和观察检查。

5.螺栓球

（1）主控项目

1）螺栓球及制造螺栓球节点所采用的原材料,其品种、规格、性能等应符合现行国家产品标准和设计要求。

检查数量:全数检查。

检验方法:检查产品的质量合格证明文件、中文标志及检验报告等。

2)螺栓球不得有过烧、裂纹及褶皱。

检查数量:每种规格抽查5%,且不应少于5只。

检验方法:用10倍放大镜观察和表面探伤。

(2)一般项目

1)螺栓球纹尺寸应符合现行国家标准《普通螺纹基本尺寸》(GB 196—2003)中粗牙螺纹的规定,螺纹公差必须符合现行国家标准《普通螺纹公差与配合》(GB/T 197—2003)中6H级精度的规定。

检查数量:每种规格抽查5%,且不应少于5只。

检验方法:用标准螺纹规。

2)螺栓球直径、圆度、相邻两螺栓孔中心线夹角等尺寸及允许偏差应符合规范的规定。

检查数量:每一规格按数量抽查5%,且不应少于3个。

检验方法:用卡尺和分度头仪检查。

6.封板、锥头和套筒

封板、锥头和套筒这里是指成品用于螺栓球节点网架中的材料,是进场质量的验收。

主控项目:

1)封板、锥头和套筒及制造封板、锥头和套筒所采用的原料,其品种、规格、性能等应符合现行国家产品标准和设计要求。

检查数量:全数检查。

检验方法:检查产品的质量合格证明文件、中文标志及检验报告等。

2)封板、锥头、套筒外观不得有裂纹、过烧及氧化皮。

检查数量:每种抽查5%,且不应少于10只。

检验方法:用放大镜观察检查和表面探伤。

7.金属压型板

金属压型板包括单层压型金属板、保温板、扣板等屋面、墙面围护板材及零配件,是作为成品进场质量验收项目。

(1)主控项目

1)金属压型板及制造金属压型板所采用的原材料,其品种、规格、性能等应符合现行国家产品标准和设计要求。

检查数量:全数检查。

检验方法:检查产品的质量合格证明文件、中文标志及检验报告等。

2)压型金属泛水板、包角板和零配件的品种、规格以及防水密封材料的性能应符合现行国家产品标准和设计要求。

检查数量：全数检查。

检验方法：检查产品的质量合格证明文件、中文标志及检验报告等。

（2）一般项目

压型金属板的规格尺寸及允许偏差、表面质量、涂层质量等应符合设计要求和规范的规定。

检查数量：每种规格抽查 5％，且不应少于 3 件。

检验方法：观察和用 10 倍放大镜检查及尺量。

8.涂装材料

（1）主控项目

1）钢结构防腐涂料、稀释剂和固化剂等材料的品种、规格、性能等应符合现行国家产品标准和设计要求。

检查数量：全数检查。

检验方法：检查产品的质量合格证明文件、中文标志及检验报告等。

2）钢结构防火涂料的品种和技术性能应符合设计要求，并应经过具有资质的检测机构检测符合国家现行有关标准的规定。

检查数量：全数检查。

检验方法：检查产品的质量合格证明文件、中文标志及检验报告等。

（2）一般项目

防腐涂料和防火涂料的型号、名称、颜色及有效期应与其质量证明文件相符。开启后，不应存在结皮、结块、凝胶等现象。

检查数量：按桶数抽查 5％，且不应少于 3 桶。

检查方法：观察检查。

9.其他材料

主控项目：

1）钢结构用橡胶垫的品种、规格、性能等应符合现行国家产品标准和设计要求。

检查数量：全数检查。

检验方法：检查产品的质量合格证明文件、中文标志及检验报告等。

2）钢结构工程所涉及的其他特殊材料，其品种、规格、性能等应符合现行国家产品标准和设计要求。

检查数量：全数检查。

检验方法：检查产品的质量合格证明文件、中文标志及检验报告等。

第三节　钢结构焊接工程

一、一般规定

(1)检验批的划分

检验批的划分应符合钢结构施工检验的检验要求,当不同的钢结构工程检验批其焊缝数量有较大差异,可将焊接工程划分一个或几个检验批。

(2)焊缝验收的条件

1)碳素结构钢应在焊缝冷却到环境温度后,方可进行焊缝探伤检验(普通碳素钢产生延迟裂纹的可能性小)。

2)低合金结构钢焊缝延迟时间较长,在焊接完后24h后可进行探伤检验。

3)为了加强焊工施焊质量的动态管理,焊缝施焊后应在工艺规定的焊缝及部位打上焊工钢印。

二、材料控制要点

(1)钢结构手工焊接用焊条的质量,应符合现行国家标准《非合金钢及细晶粒钢焊条》(GB/T 5117—2012)或《热强钢焊条》(GB/T 5118—2012)的规定。选用的型号应与母材强度相匹配。低碳钢含碳量低,产生焊接裂纹的倾向小,焊接性能好,一般按焊缝金属与母材等强度的原则选择焊条。低合金高强度结构钢应选择低氢型焊条,打底的第一层还可选用超低氢型焊条。为了使焊缝金属的机械性能与母材基本相同,选择的焊条强度应略低于母材强度。当不同强度等级的钢材焊接时,宜选用与低级强度钢材相适应的焊接材料。

(2)自动焊接或半自动焊接采用的焊丝和焊剂,应与母材强度相适应,焊丝应符合现行国家标准《熔化焊用钢丝》(GB/T 14957—1994)或《气体保护焊用钢丝》(GB/T 14958—1994)的规定。

(3)施工单位应按设计要求对采购的焊接材料进行验收,并经监理认可。

(4)焊接材料应存放在通风干燥、适温的仓库内,存放时间超过一年的,原则上应进行焊接工艺及机械性能复检。

(5)根据工程重要性、特点、部位,必须进行同环境焊接工艺评定试验,其试验标准、内容及其结果均应得到监理及质量监督部门的认可。

(6)对重要结构必须有经焊接专家认可的焊接工艺,施工过程中有焊接工程师做现场指导。

三、质量控制与施工要求

1.焊接温度

当焊接作业环境温度低于 0℃且不低于−10℃时,应采取加热或防护措施,应将焊接接头和焊接表面各方向大于或等于钢板厚度的 2 倍且不小于 100mm 范围内的母材,加热到规定的最低预热温度且不低于 20℃后再施焊。

2.焊缝裂纹

(1)焊缝裂纹分类

1)结晶裂纹。限制焊缝钢材中碳、硫含量,在焊接工艺上调整焊缝形状系数,减小深度比,减小线能量,采取预热措施,减少焊件约束度。

2)液化裂纹。减少焊接线能量,限制母材与焊缝金属的碳、硫、磷含量,提高锰含量,减少焊缝熔透深度。

3)再热裂纹。防止未焊透、咬边、定位焊或正式焊的凹陷弧坑,减少约束、应力集中,降低残余应力,尽量减少工件的刚度,合理预热和焊后热处理,延长后热时间,预防再热裂纹产生。

4)氢致延迟裂纹。选择合理的焊接方法及线能量,改善焊缝及热影响区组织状态。焊前预热,控制层间温度及焊后缓慢冷却或后热,加快氢分子逸出。焊前认真清除焊丝及坡口的油锈、水分,焊条严格按规定温度烘干,低氢型焊条 300～350℃保温 1h,酸性焊条 100～150℃保温 1h,焊剂 200～250℃保温 2h。

(2)钢结构焊缝一旦出现裂纹,焊工不得擅自处理,应及时通知焊接工程师找有关单位的焊接专家及原结构设计人员进行分析采取处理措施,再进行返修,返修次数不宜超过两次。

(3)受负荷的钢结构出现裂纹,应根据情况进行补强或加固。

1)卸荷补强加固。

2)负荷状态下进行补强加固,应尽量减少活荷载和恒载,通过验算其应力不大于设计的 80%,拉杆焊缝方向应与构件拉应力方向一致。

3)轻钢结构不宜在负荷情况下进行焊接补强或加固,尤其对受拉构件更要禁止。

(4)焊缝金属中的裂纹在修补前应用超声波探伤确定裂纹深度及长度,用碳弧气刨刨掉的实际长度应比实测裂纹长两端各加 50mm,而后修补。对焊接母材中的裂纹原则上更换母材。

3.焊件变形的控制

(1)焊接工件线膨胀系数不同,焊后焊缝收缩量也随之有变化。焊缝纵向和横向参数参考收缩值见表 7-1。

表 7-1 钢构件焊接收缩余量

结构类型	焊接特征和板厚		焊缝收缩量
钢板对接	各种板厚		长度方向:0.7mm/m;宽度方向:1.0mm/每个接口
实腹结构及焊接 H 型钢	断面高≤1000mm 板厚≤25mm		4 条纵向焊缝 0.6mm/m,焊透梁高收缩1.0mm,每对加颈焊缝,梁的长度收缩 0.3mm
	断面高≤1000mm 板厚>25mm		4 条纵向焊缝 1.4mm/m,焊透梁高收缩1.0mm,高对加颈焊缝,梁的长度收缩0.7mm
	断面高>1000mm 的各种板厚		4 条纵向焊缝 0.2mm/m,焊透梁高收缩1.0mm,高对加颈焊缝,梁的长度收缩0.5mm
格构式结构	屋架、托架、支架等轻型桁架		接头焊缝每个接口 1.0mm,搭接贴角焊缝0.5mm/m
	实腹柱及重型桁架		搭接贴角焊缝 0.25mm/m
圆筒形结构	板厚≤16mm		直焊缝每个接口周长 1.0mm;环焊缝每个接口周长 1.0mm
	板厚>16mm		直焊缝每个接口周长 2.0mm;环焊缝每个接口周长 2.0mm
焊接球节点网架杆件下料长度预加焊接收缩量	钢管厚度	≤6mm	每端焊缝放 1~1.5mm(参考值)
		≥8mm	每端焊缝放 1~2.0mm(参考值)

(2)采用的焊接工艺和焊接顺序应使构件的变形和收缩最小,可采用下列控制变形的焊接顺序:

1)对接接头、T 形接头和十字接头,在构件放置条件允许或易于翻转的情况下,宜双面对称焊接;有对称截面的构件,宜对称于构件中性轴焊接;有对称连接杆件的节点,宜对称于节点轴线同时对称焊接;

2)非对称双面坡口焊缝,宜先焊深坡口侧部分焊缝,然后焊满浅坡口侧,最后完成深坡口侧焊缝。特厚板宜增加轮流对称焊接的循环次数;

3)长焊缝宜采用分段退焊法、跳焊法或多人对称焊接法。

(3)构件焊接时,宜采用预留焊接收缩余量或预置反变形方法控制收缩和变形,收缩余量和反变形值宜通过计算或试验确定。

(4)构件装配焊接时,应先焊收缩量较大的接头、后焊收缩量较小的接头,接头应在拘束较小的状态下焊接。

4.定位焊

定位焊焊缝的厚度不应小于 3mm,不宜超过设计焊缝厚度的 2/3;长度不宜小于 40mm 和接头中较薄部件厚度的 4 倍;间距宜为 300～600mm。

5.引弧板和引出板

焊接接头的端部应设置焊缝引弧板、引出板。焊条电弧焊和气体保护电弧焊焊缝引出长度应大于 25mm,埋弧焊缝引出长度应大于 80mm。焊接完成并完全冷却后,除去引弧板、引出板,并应修磨平整,禁用锤击落。

四、施工质量验收

1.钢结构焊接工程

(1)主控项目

1)焊条、焊丝、焊剂、电渣焊熔嘴等焊接材料与母材的匹配应符合设计要求及国家现行行业标准《建筑钢结构焊接技术规程》JGJ81 的规定。焊条、焊剂、药芯焊丝、熔嘴等在使用前,应按其产品说明书及焊接工艺文件的规定进行烘焙和存放。

检查数量:全数检查。

检验方法:检查质量证明书和烘焙记录。

2)焊工必须经考试合格并取得合格证书。持证焊工必须在其考试合格项目及其认可范围内施焊。

检查数量:全数检查。

检验方法:检查焊工合格证及其认可范围、有效期。

3)施工单位对其首次采用的钢材、焊接材料、焊接方法、焊后热处理等,应进行焊接工艺评定,并应根据评定报告确定焊接工艺。

检查数量:全数检查。

检验方法:检查焊接工艺评定报告。

4)设计要求全焊透的一、二级焊缝应采用超声波探伤进行内部缺陷的检查,超声波探伤不能对缺陷作为判断时,应采用射线探伤,其内部缺陷分级及探伤方法应符合现行国家标准《焊缝无损检测、超声检测、检测等级和评定》(GB/T 11345—2013)或《金属熔化焊焊接接头射线照相》(GB/T 3323—2005)的规定。

焊接球节点网架焊缝、螺栓球节点网架焊缝及圆管 T、K、Y 形节点相贯线焊缝,其内部缺陷分级及探伤方法应分别符合国家现行标准《钢结构超声波探伤及质量分级法》(JG/T 203—2007)、《建筑钢结构焊接技术规程》JGJ81 的规定。一级、二级焊缝的质量等级及缺陷分级应符合表 7-2 的规定。

检查数量:全数检查。

检验方法:检查超声波或射线探伤记录。

表 7-2　一、二级焊缝质量等级及缺陷分别

焊缝质量等级		一级	二级
内部缺陷超声波探伤	评定等级	Ⅱ	Ⅲ
	检验等级	B 级	B 级
	探伤比例	100%	20%
内部缺陷射线探伤	评定等级	Ⅱ	Ⅲ
	检验等级	AB 级	AB 级
	探伤比例	100%	20%

注:探伤比例的计数方法应按以下原则确定:

①对工厂制作焊缝,应按每条焊缝计算百分比,且探伤长度应不小于 200mm。当焊缝长度不足 200mm 时应对整条焊缝进行探伤;

②对现场安装焊缝,应按同一类型、同一施焊条件的焊缝条数计算百分比。探伤长度应不小于 200mm,并应不少于 1 条焊缝。

5)T 形接头、十字接头、直接接头等要求熔透的对接和角对接组合焊缝,其焊脚尺寸不应小于 t/4[图 8-1(a)、(b)、(c)];设计有疲劳验算要求的吊车梁或类似构件的腹板与上翼缘连接焊缝的焊脚尺寸为 t/2[图 8-1(d)],且不应大于 10mm。焊脚尺寸的允许偏差为 0~4mm。

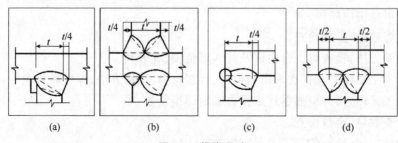

图 7-1　焊脚尺寸

检查数量:资料全数检查;同类焊缝抽查 10%,且不应少于 3 条。

检验方法:观察检查,用焊缝量规抽查测量。

6)焊缝表面不得有裂纹、焊瘤等缺陷。一级、二级焊缝不得有表面气孔、夹渣、弧坑裂纹、电弧擦伤等缺陷,且一级焊缝不得有咬边、未焊满、根部收缩等缺陷。

检查数量:每批同类构件抽查 10%,且不应少于 3 件;被抽查构件中每一类型焊缝按条数抽查 5%,且不应少于 1 条;每条检查 1 处,总抽查数不应少于 10 处。

检验方法:观察检查或使用放大镜、焊缝量规和钢尺检查,当存在疑义时,采用渗透或磁粉探伤检查。

（2）一般项目

1）对于需要进行焊前预热或焊后热处理的焊缝,其预热温度或后热温度应符合国家现行有关标准的规定或通过工艺试验确定。预热区在焊道两侧,每侧宽度均应大于焊件厚度的 1.5 倍,且不应小于 100mm;后热处理应在焊后立即进行,保温时间应根据板厚按每 25mm 板厚 1h 确定。

检查数量:全数检查。

检验方法:检查预、后热施工记录和工艺试验报告。

2）二级、三级焊缝外观质量标准应符合表 7-3 的规定。三级对接焊缝应按二级焊缝标准进行外观质量检验。

表 7-3　二级、三级焊缝外观质量标准（单位:mm）

项　目	允 许 偏 差			
缺陷类型	二级		三级	
未焊满(指不满足设计要求)	$\leqslant 0.2+0.02l$,且$\leqslant 1.0$		$\leqslant 0.2+0.04l$,且$\leqslant 2.0$	
	每 100.0 焊缝内缺陷长$\leqslant 25.0$			
根部收缩	$\leqslant 0.2+0.02l$,且$\leqslant 1.0$		$\leqslant 0.2+0.04l$,且$\leqslant 2.0$	
	长度不限			
	合格	优良	合格	优良
咬边	$\leqslant 0.05l$,且$\leqslant 0.5$;连续长度$\leqslant 100.0$,且焊缝两侧咬边总长$\leqslant 10\%$焊缝全长	$\leqslant 0.05l$,且$\leqslant 0.5$;连续长度$\leqslant 100.0$,且焊缝两侧咬边总长$\leqslant 6\%$焊缝全长	$\leqslant 0.1l$,且$\leqslant 1.0$,长度不限	$\leqslant 0.1l$,且$\leqslant 0.5$,咬边长度$\leqslant 20\%$焊缝全长
弧坑裂纹	—		允许存在个别长度$\leqslant 5.0$的弧坑裂纹	
电弧擦伤	—		允许存在个别电弧擦伤	
接头不良	$\leqslant$缺口深度$0.05l$,且$\leqslant 0.5$		$\leqslant$缺口深度$0.1l$,且$\leqslant 1.0$	
	每 1000.0 焊缝不应超过 1 处			
表面夹渣	深$\leqslant 0.2l$,长$\leqslant 0.5l$,且$\leqslant 20.0$			
			合格	优良
表面气孔	—		每 50.0 焊缝长度内允许直径$\leqslant 0.4l$,且$\leqslant 3.0$的气孔2个,孔距$\geqslant 6$倍孔径	每 50.0 焊缝长度内允许直径$\leqslant 0.3l$,且$\leqslant 2.0$的气孔2个,孔距> 6倍孔径

注:表内 l 为连接处较薄的板厚。

检查数量:每批同类构件抽查 10%,且不应少于 3 件;被抽查构件中,每一类型焊缝按条数抽查 5%,且不应少于 1 条;每条检查 1 处,总抽查数不应少于 10 处。

检验方法:观察检查或使用放大镜、焊缝量规和钢尺检查。

3)焊缝尺寸允许偏差应符合本标准表 7-4 的规定。

表 7-4　对接焊缝及完全熔透组合焊缝尺寸允许偏差(单位:mm)

序号	项目	图　例	允许偏差	
			一、二级	三级
1	对接焊缝余高 C		$B<20:0\sim3.0$ $B\geqslant20:0\sim4.0$	$B<20:0\sim4.0$ $B\geqslant20:0\sim5.0$
2	对接焊缝错边 d		$d<0.15l$ 且$\leqslant2.0$	$d<0.15l$ 且$\leqslant3.0$

检查数量:每批同类构件抽查 10%,且不应少于 3 件;被抽查构件中,每种焊缝按条数各抽查 5%,但不应少于 1 条;每条检查 1 处,总抽查数不应少于 10 处。

检验方法:用焊缝量规检查。

4)焊成凹形的角焊缝,焊缝金属与母材间应平缓过渡;加工成凹形的角焊缝,不得在其表面留下切痕。

检查数量:每批同类构件抽查 10%,且不应少于 3 件。

检验方法:观察检查。

5)焊缝感观应达到:外形均匀、成型较好,焊道与焊道、焊道与基本金属间过渡平滑,焊渣和飞溅物基本清除干净。

优良:在合格基础上,焊道与焊道、焊道与金属之间过渡平滑,焊渣和飞溅物清除干净。

检查数量:每批同类构件抽查 10%,且不应少于 3 件;被抽查构件中,每种焊缝数量各抽查 5%,总抽查处不应少于 5 处。

检验方法:观察检查。

2.焊钉(栓钉)焊接工程

(1)主控项目

1)施工单位对其采用的焊钉和钢材焊接应进行焊接工艺评定,其结果应符合设计要求和国家现行有关标准的规定。瓷环应按其产品说明书进行烘焙。

检查数量:全数检查。

检验方法:检查焊接工艺评定报告和烘焙记录。

2)焊钉焊接后应进行弯曲试验检查,其焊缝和热影响区不应有肉眼可见的裂纹。

检查数量:每批同类构件抽查 10%,且不应少于 10 件;被抽查构件中,每件检查焊钉数量的 1%,但不应少于 1 个。

检验方法:焊钉弯曲 30°后用角尺检查和观察检查。

(2)一般项目

焊钉根部焊脚应均匀,焊脚立面有局部未熔合或不足 360°的焊脚应进行修补。

优良:在合格基础上,个别不足 360°的焊脚修补平整。

检查数量:按总焊钉数量抽查 1%,且不应少于 10 个。

检验方法:观察检查。

第四节　紧固件连接工程

一、材料控制要点

(1)钢结构连接用高强度大六角螺栓连接副、扭剪型高强度螺栓连接副、钢网架用高强度螺栓、普通螺栓、铆钉、自攻钉、拉铆钉、射钉、锚栓(膨胀型和化学试剂型)、地脚锚栓等紧固标准件及螺母、垫圈等标准配件应具有质量证明书或出厂合格证,其品种、型号、规格及质量应符合设计要求和国家现行有关产品标准的规定;出厂时应分别随箱带有扭矩系数和紧固轴力(预拉力)的检验报告,并符合设计要求和国家现行有关产品标准的规定;在施工现场应见证随机抽样检验其扭矩系数,复验报告的资料应符合国家现行有关规范的规定。

(2)扭剪型高强度螺栓连接副应在施工现场见证随机抽样检验其预拉力,复验报告的资料应符合国家现行有关规范的规定。

(3)普通螺栓作为永久连接螺栓时,当设计有要求或其质量有疑义时,应进行螺栓实物最小拉力载荷复验,其结果应符合《紧固件机械性能、螺栓、螺钉和螺柱》(GB 3098—2000)的规定。

(4)高强度螺栓连接副应按批号、规格用包装箱配套供货,包装箱上应注明批号、规格、数量及生产日期。

(5)螺栓、螺母、垫圈外观表面应涂油保护,不得出现生锈和沾染脏物,螺纹不应损伤。

(6)表面硬度试验。对建筑结构安全等级为一级,跨度 40m 及以上的螺栓球节点钢网架结构,其连接高强度螺栓应进行表面硬度试验,其中 8.8 级高强度螺栓硬度应为 HRC21～23,10.9 级高强度螺栓应为 HRC32～36,且均不得有裂纹或损伤。

二、质量控制与施工要点

1.普通紧固件

(1)普通螺栓作为永久性连接螺栓时,紧固连接应符合下列规定:

1)螺栓头和螺母侧应分别放置平垫圈,螺栓头侧放置的垫圈不应多于2个,螺母侧放置的垫圈不应多于1个;

2)承受动力荷载或重要部位的螺栓连接,设计有防松动要求时,应采取有防松动装置的螺母或弹簧垫圈,弹簧垫圈应放置在螺母侧;

3)对工字钢、槽钢等有斜面的螺栓连接,宜采用斜垫圈;

4)同一个连接接头螺栓数量不应少于2个;

5)螺栓紧固后外露丝扣不应少于2扣,紧固质量检验可采用锤敲检验。

(2)连接薄钢板采用的拉铆钉、自攻钉、射钉等,其规格尺寸应与被连接钢板相匹配,其间距、边距等应符合设计文件的要求。钢拉铆钉和自攻螺钉的钉头部分应靠在较薄的板件一侧。自攻螺钉、钢拉铆钉、射钉等与连接钢板应紧固密贴,外观应排列整齐。

2.高强螺栓连接

(1)高强螺栓连接应对构件摩擦面进行喷砂、砂轮打磨或酸洗加工处理。

(2)经表面处理后的高强度螺栓连接摩擦面,应保持干燥、清洁,不应有飞边、毛刺、焊接飞溅物、焊疤、氧化铁皮、污垢等;经处理后的摩擦面应采取保护措施,不得在摩擦面上作标记。

(3)处理后的摩擦面应在生锈前进行组装,或加涂无机富锌漆;亦可在生锈后组装,组装时应用钢丝清除表面上的氧化铁皮、黑皮、泥土、毛刺等,至略呈赤锈色即可。

(4)高强螺栓应顺畅穿入孔内,不得强行敲钉,在同一连接面上穿入方向宜一致,以便于操作;对连接构件不重合的孔,应用钻头或绞刀扩孔或修孔,使符合要求时方可进行安装。

(5)高强度螺栓安装时应先使用安装螺栓和冲钉。在每个节点上穿入的安装螺栓和冲钉数量,其穿入数量不得少于安装孔总数的1/3,且不少于两个螺栓;冲钉穿入数量不宜多于安装螺栓数量的30%;不得用高强度螺栓兼做安装螺栓。

(6)安装时先在安装临时螺栓余下的螺孔中投满高强螺栓,并用扳手扳紧,然后将临时普通螺栓逐一换成高强螺栓,并用扳手扳紧。

(7)高强螺栓的紧固,应分二次拧紧(即初拧和终拧),每组拧紧顺序应从节点中心开始逐步向边缘两端施拧。整体结构的不同连接位置或同一节点的不同位置有两个连接构件时,应先紧主要构件,后紧次要构件。

(8)高强螺栓紧固宜用电动扳手进行。扭剪型高强螺栓初拧一般用60%～70%轴力控制,以拧掉尾部梅花卡头为终拧结束。不能使用电动扳手的部位,则用测力扳手紧固,初拧扭矩值不得小于终拧扭矩值的30%,终拧扭矩值MA(N·m)应符合设计要求。

（9）螺栓初拧、复拧和终拧后，要做出不同标记，以便识别，避免重拧或漏拧。高强螺栓终拧后外露丝扣不得小于 2 扣。

（10）当日安装的螺栓应在当日终拧完毕，以防构件摩擦面、螺纹沾污、生锈和螺栓漏拧。

（11）高强螺栓紧固后要求进行检查和测定。如发现欠拧、漏拧时，应补拧；超拧时应更换。处理后的扭矩值应符合设计规定。

三、施工质量验收

1.普通紧固件连接

（1）主控项目

1）普通螺栓作为永久性连接螺栓时，当设计有要求或对其质量有疑义时，应进行螺栓实物最小拉力载荷复验，试验方法见附录 A，其结果应符合现行国家标准《紧固件机械性能螺栓、螺钉和螺柱》（GB 3098—2000）的规定。

检查数量：每一规格螺栓抽查 8 个。

检验方法：检查螺栓实物复验报告。

2）连接薄钢板采用的自攻钉、拉铆钉、射钉等其规格尺寸应与被连接钢板相匹配，其间距、边距等应符合设计要求。

检查数量：按连接节点数抽查 1%，且不应少于 3 个。

检验方法：观察和尺量检查。

（2）一般项目

1）永久性普通螺栓紧固应牢固、可靠，外露丝扣不应少于 2 扣。

优良：在合格基础上，螺栓穿入方向一致，外露长度不应少于 2 扣。

检查数量：按连接节点数抽查 10%，且不应少于 3 个。

检验方法：观察和用小锤敲击检查。

2）自攻螺钉、钢拉铆钉、射钉等与连接钢板应紧固密贴，外观排列整齐。

检查数量：按连接节点数抽查 10%，且不应少于 3 个。

检验方法：观察或用小锤敲击检查。

2.高强度螺栓连接

（1）主控项目

1）钢结构制作和安装应按附录 A 的规定分别进行高强度螺栓连接摩擦面的抗滑移系数试验和复验。现场处理的构件摩擦面应单独进行摩擦面抗滑移系数试验。其结果应符合设计要求。

检查数量：参见附录 A。

检验方法：检查摩擦面抗滑移系数试验报告和复验报告。

2)高强度大六角头螺栓连接副终拧完成 1h 后、48h 内应进行终拧扭检查，检查结果应符合附录 A 的规定。

检查数量：按节点数抽查 10%，且不应少于 10 个；每个被抽查节点按螺栓数抽查 10%，且不应少于 2 个。

检验方法：参见附录 A。

3)扭剪型高强度螺栓连接副终拧后，除因构造原因无法使用专用扳手终拧掉梅花头者外，未在终拧中拧掉梅花头的螺栓数不应大于该节点螺栓数的 5%。对所有梅花头未拧掉的扭剪型高强度螺栓连接副应采用扭矩法或转角法进行终拧并作标记，且按第②条的规定进行终拧扭矩检查。

检查数量：按节点数抽查 10%，但不应少于 10 个节点，被抽查节点中梅花头未拧掉的扭剪型高强度螺栓连接副全数进行终拧扭矩检查。

检验方法：观察检查及参见附录 A。

(2)一般项目

1)高强度螺栓连接副的施拧顺序和初拧、复拧扭矩应符合设计要求和国家现行行业标准《钢结构高强度螺栓连接的设计施工及验收规范》(JGJ 82—2011)的规定。

检查数量：全数检查资料。

检验方法：检查扭矩扳手标定记录和螺栓施工记录。

2)高强度螺栓连接副终拧后，螺栓丝扣外露应为 2~3 扣，其中允许有 10% 的螺栓丝扣外露 1 扣或 4 扣。

检查数量：按节点数抽查 5%，且不应少于 10 个。

检验方法：观察检查。

3)高强度螺栓连接摩擦面应保持干燥、整洁，不应有飞边、毛刺、焊接飞溅物、焊疤、氧化铁皮、污垢等，除设计要求外摩擦面不应涂漆。

检查数量：全数检查。

检验方法：观察检查。

4)高强度螺栓应自由穿入螺栓孔。高强度螺栓孔不应采用气割扩孔，扩孔数量应征得设计同意，扩孔后的孔径不应超过 1.2d(d 为螺栓直径)。

检查数量：被扩螺栓孔全数检查。

检验方法：观察检查及用卡检查。

5)螺栓球节点网架总拼完成后，高强度螺栓与球节点应紧固连接，高强度螺栓拧入螺栓球内的螺纹长度不应小于 1.0d(d 为螺栓直径)，连接处不应出现有间隙、松动等未拧紧情况。

检查数量：按节点数抽查 5%，且不应少于 10 个。

检验方法：普通扳手及尺量检查。

第五节 钢零件及钢部件加工工程

一、质量控制与施工要点

(1)放样

1)放样工作包括：核对构件各部分尺寸及安装尺寸和孔距；以 1：1 的大样放出节点；制作样板和样杆作为切割、弯制、铣、刨、制孔等加工的依据。

2)放样应在专门的钢平台或平板上进行。平台应平整，尺寸应满足工程构件的尺度要求。放样画线应准确清晰。

3)放样时，要先划出构件的中心线，然后再划出零件尺寸，得出实杆，实样完成后，应复查一次主要尺寸，发现差错应及时改正。焊接构件放样重点控制连接焊缝长度和型钢重心。并根据工艺要求预留切割余量、加工余量或焊接收缩余量符合表 7-5 的规定。放样时，桁架上下弦应同时起拱，竖腹杆方向尺寸保持不变，吊车梁应按 L/500 起拱。

表 7-5 切割、加工及焊接收缩预留余量

名　　称	加工或焊接形式	预留余量(mm)
切割余量(切割和等离子切割)	自动或半自动切割	3.0～4.0
	手工切割	
加工余量(刨、铣加工)	剪切后刨边或端铣	4.0～5.0
	气割后刨边或端铣	
焊接收缩余量	纵向收缩：对接焊缝(每米焊缝)	0.15～0.30
	连续角焊缝(每米焊缝)	0.20～0.40
	间断角焊缝(每米焊缝)	0.05～0.10
	横向收缩值：对接焊缝(板厚 3～50mm)	0.80～3.10
	连接角焊缝(板厚 3～30mm)	0.50～0.80
	间断角焊缝(板厚 3～25mm)	0.20～0.40

(2)样板、样杆

1)样板分号料样板和成型板两类，前者用于画线下料，后者多用于卡型和检查曲线成型偏差。样板多用 0.3～0.75mm 铁皮或塑料板制作，对一次性样板可用油毡黄纸板制作。

2)对又长又大的型钢号料、号孔，批量生产时多用样杆号料，可避免大量麻烦出错。样杆多用 20mm×0.8mm 扁钢制作，长度较短时，可用木尺杆。

3)放样和样板(样杆)的允许偏差应符合表 7-6 的规定。

表 7-6 　放样和样板(样杆)的允许偏差

项　目	允　许　偏　差
平行线距离和分段尺寸	±0.5mm
样板长度	±0.5mm
样板宽度	±0.5mm
样板对角线差	1.0mm
样杆长度	±1.0mm
样板的角度	±20′

(3)下料

1)号料采用样板、样杆,根据图纸要求在板料或型钢上划出零件形状及切割、铣、刨、弯曲等加工线以及钻孔、打冲孔位置。

2)号料前要根据图纸用料要求和材料尺寸合理理料。

3)配料时,对焊缝较多、加工量大的构件,应先号料;拼接口应避开安装孔和复杂部位;工型部件的上下翼板和腹板的焊接口应错开 200mm 以上;同一构件需要拼接料时,必须同时号料,并要标明接料的号码、坡口形式和角度。

4)在焊接结构上号孔,应在焊接完毕经整形以后进行,孔眼应距焊缝边缘50mm 以上。

5)号料的允许偏差应符合表 7-7 的规定。

表 7-7 　号料的允许偏差

项　目	允　许　偏　差
零件外形尺寸	±1.0
孔距	±0.5

(4)切割

1)切割时,应清除钢材表面切割区域内的铁锈,油污等;切割后,断口上不得有裂纹和大于 1.0mm 的缺棱,并应清除边缘上的熔瘤和飞溅物等。

2)切割的质量要求:切割截面与钢材表面不垂直度应不大于钢材厚度的10%,且不得大于 2.0;机械剪切割的零件,剪切线与号料线的允许偏差为 2mm;断口处的截面上不得有裂纹和大于 1.0mm 的缺棱;机械剪切的型钢,其端部剪切斜度不大于 2.0mm,并均应清除毛刺;切割面必须整齐,个别处出现缺陷,要进行修磨处理。

二、施工质量验收

1.切割

(1)主控项目

钢材切割面或剪切面应无裂纹、夹渣、分层和大于 1mm 的缺棱。

检查数量:全数检查。

检验方法:观察或用放大镜及百分尺检查,有疑义时作渗透、磁粉或超声波探伤检查。

(2)一般项目

1)气割的允许偏差应符合表 7-8 的规定。

检查数量:按切割面数抽查 10%,且不应少于 3 个。

检查方法:观察检查或用钢尺、塞尺检查。

2)机械剪切的允许偏差应符合表 7-9 的规定。

检查数量:按剪切面数抽查 10%,且不应少于 3 个。

检查方法:观察检查或用钢尺、塞尺检查。

表 7-8 气割的允许偏差

项　　目	允许偏差(mm)
零件宽度、长度	±3.0
切割面平面度	0.05t,且不应大于 2.0
割纹深度	0.3
局部缺口深度	1.0

注:t 为切割面厚度。

表 7-9 机械剪切的允许偏差

项　　目	允许偏差(mm)
零件宽度、长度	±3.0
边缘缺棱	2.0
型钢端部垂直度	1.0

2.矫正和成型

(1)主控项目

1)碳素结构钢在环境温度低于 $-16℃$、低合金结构钢在环境温度低于 $-12℃$ 时,不应进行冷矫正和冷弯曲。碳素结构钢和低合金结构钢在加热矫正时,加热温度不应超过 900℃。低合金结构钢在加热矫正后应自然冷却。

最低环境温度限制,是为了保证钢材在低温情况下受到外力时不致产生冷脆断裂。

检查数量:全数检查。

检验方法:检查制作工艺报告和施工记录。

2)当零件采用热加工成型时,加热温度应控制在 900~1000℃;碳素结构钢和低合金结构钢在温度分别下降到 700℃和 800℃之前,应结束加工;低合金结构钢应自然冷却。

检查数量:全数检查。

检验方法:检查制作工艺报告和施工记录。

(2)一般项目

1)矫正后的钢材表面,不应有明显的凹面或损伤,划痕深度不得大于0.5mm,且不应大于该钢材厚度允许偏差的1/2。

检查数量:全数检查。

检验方法:观察检查和实测检查。

2)冷矫正和冷弯曲的最小曲率半径和最大弯曲矢高应符合表7-10的规定。

检查数量:按冷矫正和冷弯曲的件数抽查10%,且不应少于3个。

检验方法:观察检查和实测检查。

3)钢材矫正后的允许偏差,应符合表7-11的规定。

表 7-10　冷矫正和冷弯曲的最小曲率半径和最大弯曲矢高(单位:mm)

钢材类型	图　例	对应轴	矫正		弯曲	
			r	f	r	f
钢板扁钢		$x-x$	$50t$	$L^2/400t$	$25f$	$L^2/200t$
		$y-y$ (仅对扁钢轴线)	$100b$	$L^2/800b$	$50b$	$L^2/400b$
角钢		$x-x$	$90b$	$L^2/720b$	$45b$	$L^2/360b$
槽钢		$x-x$	$50h$	$L^2/400h$	$25h$	$L^2/200h$
		$y-y$	$90b$	$L^2/720h$	$25b$	$L^2/360h$
工字钢		$x-x$	$50h$	$L^2/400h$	$25h$	$L^2/200h$
		$y-y$	$90b$	$L^2/720h$	$25b$	$L^2/360h$

注:r 为曲率半径;f 为弯曲矢高;L 为弯曲弦长;t 为钢板厚度。

表 7-11　钢材矫正后的允许偏差(单位:mm)

项　目		允许偏差	图　例
钢板的局部平面度	$t\leqslant14$	1.5	
	$t>14$	1.0	
型钢弯曲矢高		$L/1000$ 且不应大于 5.0	

（续）

项 目	允许偏差	图 例
角钢肢的垂直度	b/100 双肢栓接角钢的角度不得大于 90°	
槽钢翼缘对腹板的垂直度	b/80	
工字钢、H 型钢翼缘对腹板的垂直度	b/100 且不大于 2.0	

检查数量：按矫正件数抽查 10%，且不应少于 3 件。

检验方法：观察检查和实测检查。

3.边缘加工

（1）主控项目

气割或机械剪切的零件，需要进行边缘加工时，其刨削量不应小于 2.0mm。

规定边缘加工的最小刨削量，是为消除切割（气割或机械剪切）主体钢材造成的热影响或冷却、硬化等不利现象。

（2）一般项目

边缘加工允许偏差应符合表 7-12 的规定。

检查数量：按加工面数抽查 10%，且不应少于 3 件。

检验方法：观察检查和实测检查。

表 7-12 边缘加工的允许偏差（单位:mm）

项 目	允许偏差	项 目	允许偏差
零件宽度、长度	±1.0	加工面垂直度	0.025t，且不应大于 0.5
加工边直线度	L/3000，且不应大于 2.0	加工表面粗糙度	$\overset{50}{\nabla}$
相邻两边夹角	±6′		

4.管、球加工

（1）主控项目

1）螺栓球成型后，不应裂纹、褶皱、过烧。

螺栓球是网架杆件互连接的受力部件,热锻成型质量容易得到保证。应着重检查锻造球是否有裂纹、叠痕、过烧。

检查数量:每种规格抽查 10％,且不应少于 5 个。

检验方法:10 倍放大镜观察检查或表面探伤。

2)钢板压成半圆球后,表面不应有裂纹、褶皱;焊接球其对接坡口应采用机械加工,对接焊缝表面应打磨平整。

检查数量:每种规格抽查 10％,且不应少于 5 个。

检验方法:10 倍放大镜观察检查或表面探伤。

(2)一般项目

1)螺栓球加工的允许偏差应符合表 7-13 的规定。

检查数量:每种规格抽查 10％,且不应少于 5 个。

检验方法:见表 7-13。

表 7-13　螺栓球加工的允许偏差(单位:mm)

项　　目		允许偏差	检 验 方 法
圆度	$d \leqslant 120$	1.5	用卡尺和游标卡尺检查
	$d > 120$	2.5	
同一轴线上两铣平面平行度	$d \leqslant 120$	0.2	用百分表 V 形块检查
	$d > 120$	0.3	
铣平面距球中心距离		±0.2	用游标卡尺检查
相邻两螺栓孔中心线夹角		±30′	用分度头检查
两铣平面与螺栓孔轴线垂直度		0.005	用百分表检查
球毛坯直径	$d \leqslant 120$	+0.2 −1.0	用卡尺和游标卡尺检查
	$d > 120$	+3.0 −1.5	

2)焊接球加工的允许偏差应符合表 7-14 的规定。

检查数量:每种规格抽查 10％,且不应少于 5 个。

检查方法:见表 7-14。

表 7-14　焊接球加工的允许偏差(单位:mm)

项　　目	允许偏差	检 验 方 法
直径	±0.005d ±2.5	用卡尺和游标卡尺检查
圆度	2.5	用卡尺和游标卡尺检查
壁厚减薄量	0.13t,且不应大于 1.5	用卡尺和测厚仪检查
两半球对口错边	1.0	用套模和游标卡尺检查

3）钢网架（桁架）用钢管杆件加工的允许偏差应符合表 7-15 的规定。

检查数量：每种规格抽查 10％，且不应少于 5 根。

检查方法：见表 7-15。

表 7-15　钢网架（桁架）用钢管杆件加工的允许偏差（单位：mm）

项　　目	允许偏差	检验方法
长度	±1.0	用钢尺和百分表检查
端面对管轴的垂直度	0.005	用百分表 V 形块检查
管口曲线	1.0	用套模和游标卡尺检查

5.制孔

（1）主控项目

A、B 级螺栓孔（Ⅰ类孔）应具有 H12 的精度，孔壁表面粗糙度 Ra 不应大于 12.5μm。其孔径的允许偏差应符合表 7-16 的规定。

表 7-16　A、B 级螺栓孔径的允许偏差（单位：mm）

序号	螺栓公称直径、螺栓孔直径	螺栓公称直径允许偏差	螺栓孔直径允许偏差
1	10～18	0.00 −0.18	+0.18 0.00
2	18～30	0.00 −0.21	+0.21 0.00
3	30～50	0.00 −0.25	+0.25 0.00

C 级螺栓孔（Ⅱ类孔），孔壁表面粗糙度 Ra 不应大于 25μm，其允许偏差应符合表 7-17 的规定。

表 7-17　C 级螺栓孔的允许偏差（单位：mm）

项　目	允许偏差	项　目	允许偏差	项　目	允许偏差
直径	+1.0 0.0	圆度	2.0	垂直度	$0.03t$，且不应大于 2.0

Ra 是根据现行国家标准《产品几何技术规范（GPS）表面结构　轮廓法　表面粗糙度参数及其数值》（GB/T 1031—2009）确定的。

A、B 级螺栓孔的精度偏差和孔壁表面粗糙度是指先钻小孔，组装后绞孔或铣孔应达到的质量标准。

C 级螺栓孔，包括普通螺栓孔和高强度螺栓孔。

检查数量：按钢构件数量抽查 10％，且不应少于 3 件。

检验方法:用游标卡尺或径量规检查。

(2)一般项目

1)螺栓孔孔距的允许偏差应符合表7-18的规定。

检查数量:按钢构件数量抽查10%,且不应少于3件。

检验方法:用钢尺检查。

2)螺栓孔孔距的允许偏差超过表7-18规定的允许偏差时,应采用与母材材质相匹配的焊条补焊后重新制孔。

检查数量:全数检查。

检验方法:观察检查。

表7-18 螺栓孔孔距允许偏差(单位:mm)

螺栓孔孔距范围	≤500	501~1200	1201~3000	>3000
同一组内任意两孔间距离	±1.0	±1.5	—	—
相邻两组的端孔间距离	±1.5	±2.0	±2.5	±3.0

注:①在节点中连接板与一根杆件相连的所有螺栓孔为一组;

②对接接头在拼接板一侧的螺栓孔为一组;

③在两相邻节点或接头的螺栓孔为一组,但不包括上述两款所规定的螺栓孔;

④受弯构件翼缘上的连接螺栓孔,每米长度范围内的螺栓孔为一组。

第六节 钢构件组装工程

一、材料控制要点

1.材料的拼接

(1)焊接H型钢的翼缘板拼接长度不应小于2倍板宽。

(2)腹板拼接宽度不应小于300mm,长度不应少于600mm。

2.零部件质量

(1)零部件表面不允许有结疤、裂纹、折叠和分层等缺陷,钢材表面锈蚀、麻点或划痕,不得超过其厚度负偏差。

(2)零部件尺寸与外观质量应在允许偏差之内。

(3)零部件应按构件编号做好标识。

二、质量控制与施工要点

1.拼接缝尺寸

(1)翼缘板只允许长度拼接。

（2）翼缘板拼接缝和腹板拼接缝的间距不应小于 200mm。

（3）翼缘板拼接长度不应少于 2 倍板宽；腹板拼接宽度不应少于 300mm,长度不应小于 600mm。

2.表面质量

（1）组装前,连接表面及沿焊缝每边 30～50mm 范围内铁锈,毛刺和油污必须清除干净。

（2）铆接或高强度螺栓连接组装前的叠板应平紧。用 0.3mm 的塞尺检查,塞入深度不得大于 20mm。接头接缝两边各 100mm 范围内,其间隙不得大于 0.3mm。

（3）顶紧接触的部位应有 75％的面积紧贴。用 0.3mm 塞尺检查,其塞入面积之和应小于总面积的 25％,边缘最大间隙错位应控制在 3.0mm 以下。

3.组装偏差

（1）组装时,应有适当的工具和设备、胎架,以保证组装有足够的精度。

（2）组装时,如有隐蔽部位,应经质控人员检查认可签发隐蔽部位验收记录,方可封闭。

（3）焊接 H 型钢的外形尺寸允许偏差应符合表 7-19 的规定。

表 7-19　焊接 H 型钢的外形尺寸允许偏差(单位:mm)

项　目		允许偏差	图　例
截面高度 h	$h<500$	±2.0	
	$500<h<1000$	±3.0	
	$h>1000$	±4.0	
截面宽度 b		±3.0	
腹板中心偏移		2.0	
翼缘板垂直度		$b/100$,且不应大于 3.0	
弯曲矢高(受压构件除外)		$L/1000$,且不应大于 10.0	
扭曲		$h/250$,且不应大于 5.0	
腹板局部平面度 f	$t<14$	3.0	
	$t\geq14$	2.0	

（4）焊接连接制作组装的尺寸允许偏差应符合表 7-20 的规定。

表 7-20　焊接连接制作组装的尺寸允许偏差（单位:mm）

项　　目		允　许　偏　差	图　　例
对口错边 $\triangle$		$t/100$，且不应大于 3.0	
间隙 a		±1.0	
搭接长度 a		±5.0	
缝隙 $\triangle$		1.5	
高度 h		±2.0	
垂直度 $\triangle$		$b/100$，且不应大于 3.0	
中心偏移 e		±2.0	
型钢错位	连接处	1.0	
	其他处	2.0	
箱形截面高度 h		±2.0	
宽度 b		±2.0	
垂直度 $\triangle$		$b/200$，且不应大于 3.0	

（5）钢构件外形尺寸应符合国家现行标准《钢结构工程施工质量验收规范》（GB 50205—2001）的有关规定。

（6）吊车梁和吊车桁架不应下挠。

4. 端部铣平与保护

（1）两端部铣平的构件长度允许偏差不应大于 2.0mm，两端部铣平零件长度不应大于 0.5mm，铣平面的平面度不大于 0.3mm，铣平面对轴线的垂直度不大于 L/1500。

（2）外露铣平面应除锈保护。

5. 安装焊缝坡口

（1）安装焊缝坡口可采用气割、刨边、手工打磨和铣加工等方法进行加工。

（2）安装焊缝坡口加工的精度除达到相应加工方法的精度要求外尚应满足坡口角度偏差不应大于 5°，其钝边偏差不应大于 1.0mm。

三、施工质量验收

（1）主控项目

钢结构组装工程质量控制主控项目见表 7-21。

（2）一般项目

钢结构组装工程质量控制一般项目见表 7-22。

表 7-21　主控项目

序号	项目	质量检准		检验方法	检查数量
1	吊车梁（桁架）	吊车梁和吊车桁架不应下挠		构件直立，在工作点支持后，用水准仪和钢尺检查	全部检查
2	端部铣平精度	项目	允许偏差	用钢尺、角尺、塞尺等检查	按铣平面数量检查 10%，且不应少于 3 个
		两端铣构件长度	±2.0		
		两端铣零件长度	±0.5		
		铣平面的平面度	0.3		
		铣平面对轴线的垂直度			
3	外形尺寸	单层柱、梁、桁架受力支柱（支承面）表面至第一个安装孔距离	±1.0	用钢尺检查	全数检查
		多节柱铣平面至每一个安装孔距离	±1.0		
		实腹梁两端最外侧安装孔距离	±3.0		
		构件连接处的截面几何尺寸	±3.0		
		柱、梁连接处的腹板中心线偏移	2.0		
		受压构件（杆件）弯曲矢高	$L/1000$，且不应大于 10.0		

表 7-22　一般项目

序号	项目	质量标准			检验方法	检查数量
1	焊接 H 型钢接缝	焊接 H 型钢的翼缘板拼接缝和腹板拼接缝的间距不应小于 200mm。翼缘板拼接长度不应小于 2 倍板宽；腹板拼接宽度不应小于 300mm，长度不应小于 600mm			观察和用钢尺检查	全数检查
2	焊接 H 型钢精度	焊接 H 型钢的允许偏差应符合表 8-17 的规定			用钢尺、角尺、塞尺等检查	按钢构件数抽查 10%，宜不应少于 3 件
3	焊接组装精度	焊接连接组装的允许偏差应符合表 8-18 的规定			用钢尺检查	按构件数抽查 10%，且不应少于 3 个
4	顶紧接触面	顶紧接触面应有 75%以上的面积紧贴			用 0.3mm 塞尺检查，其塞入面积应少于 25%，边缘间隙不应大于 0.8mm	按接触面的数量抽查 10%，且不应少于 10 个
5	轴线交点错位	桁架结构杆件轴线交点错位的允许偏差不得大于 3.0mm			尺量检查	按构件数量抽查 10%，宜不应少于 3 个，每抽查构件按节点数抽查 10%，且不应少于 3 个节点
6	焊缝坡口精度	项目	允许偏差		用焊缝量规检查	按坡口数量抽查 10%，且不应少于 3 条
		坡口角度	±5°			
		钝边	±10mm			
7	铣平面保护	外露铣平面应防锈保护			观察检查	全数检查
8	外形尺寸	单层钢柱	项目	允许偏差/mm	用钢尺检查	按构件数量抽查 10%，且不应小于 3 件
			柱底面到柱端与桁架连接的最上一个安装孔距离 L	±L/1500 ±15.0		
			柱底面到牛腿支承面距离 L₁	±L₁/2000 ±8.0		
			牛腿面的翘曲 Δ	2.0	用拉线、直角尺和钢尺检查	
			柱身弯曲矢高	H/1200，且不应大于 12.0		
			柱身扭曲 牛腿处	3.0	用拉线、吊线和钢尺检查	
			其他处	8.0		
			柱截面几何尺寸 连接处	±3.0	用钢尺检查	
			非连接处	±4.0		
			翼缘对腹板的垂直度 连接处	1.5	用直角尺和钢尺检查	
			其他处	b/100，且不应大于 5.0		
			柱脚底板平面度	5.0	用 1m 直尺和塞尺检查	
			柱脚螺栓孔中心对柱轴的距离	3.0	用钢尺检查	

· 276 ·

（续）

序号	项目	质量标准			检验方法	检查数量
8	外形尺寸	多层钢柱	项目	允许偏差/mm		按构件数量抽查10%，且不应小于3件
			一节柱高度 H	±3.0	用拉线和钢尺检查	
			两端最外侧安装孔距 L_3	±2.0		
			铣平面到第一个安装孔距离 a	±1.0		
			柱身弯曲矢高 f	$H/1500$，且不应大于5.0		
			一节柱的柱身扭曲	$h/250$，且不应大于5.0	用拉线、吊线和钢尺检查	
			牛腿端孔到柱曲线距离 L_2	±3.0	用钢尺检查	
			牛腿的翘曲或扭曲 Δ ‖ $L_2 \leqslant 1000$	2.0	用拉线、直角尺和钢尺检查	
			牛腿的翘曲或扭曲 Δ ‖ $L_2 > 1000$	3.0		
			柱截面尺寸 ‖ 连接处	±3.0	用钢尺检查	
			柱截面尺寸 ‖ 非连接处	±4.0		
			柱脚底板平面度	5.0	用直尺和塞尺检查	
			翼缘对腹板的垂直度 ‖ 连接处	±3.0	用直角尺和钢尺检查	
			翼缘对腹板的垂直度 ‖ 其他处	±4.0		
			柱脚螺栓孔对柱轴线的距离 a	3.0	用钢尺检查	
			箱型截面连接处对角线差	3.0		
			箱型柱身板垂直度	$h(b)/150$，且不应大于5.0	用直角尺和钢尺检查	
		焊接实腹板	梁长度 L ‖ 端部有凸缘支座板	0 −0.5	用钢尺检查	
			梁长度 L ‖ 其他形式	$-L/2500$ ±10.0		
			端部高度 h ‖ $h \leqslant 2000$	±2.0		
			端部高度 h ‖ $h > 2000$	±3.0		
			拱度 ‖ 设计要求起拱	$\pm L/2500$		
			拱度 ‖ 设计未要求起拱	10.0 −5.0	用拉线和钢尺检查	
			侧弯矢	$L/2000$，且不应大于10.0		
			扭曲	$h/250$，且不应大于10.0	用拉线、吊线和钢尺检查	
			腹板局部平面度 ‖ $t \leqslant 14$	5.0	用1m直尺和塞尺检查	
			腹板局部平面度 ‖ $t > 14$	4.0		

(续)

序号	项目		质量标准		检验方法	检查数量
8	外形尺寸	焊接实腹板	翼缘对腹板的垂直度	b/100，且不应大于3.0	用200mm、1m直尺和塞尺检查	按构件数量抽查10%，且不应小于3件
			吊车梁上翼缘与轨道接触面平面度	1.0		
			箱型截面对角线差	5.0	用钢尺检查	
			箱型截面两腹板至翼缘板中心线距离a	连接处 1.0		
				其他处 1.5		
			梁端板的平面度(只允许凹进)	h/500，且不应大于2.0	用直角尺和钢尺检查	
			梁端板与腹板的垂直度			
		钢桁架	桁架最外端两个孔或两端支承面最外侧距离	L≤24mm +3.0 −7.0	用钢尺检查	
				L>24mm +5.0 −10.0		
			桁架跨中高度	±10.0		
			桁架跨中拱度	设计要求起拱 ±L/250		
				设计未要求起拱 10.0 −5.0		
			相邻节间弦杆弯曲（受压除外）	L/1000		
			支承面到第一个安装孔距离a	±1.0		
			檩条连接支座间距	±5.0		
		钢管构件	直径d	±d/500 ±5.0		
			构件长度L	±3.0		
			管口圆度	d/500，且不应大于5.0		
			管面对管轴的垂直度	d/500，且不应大于3.0	用焊缝量规检查	
			弯曲矢高	d/500，且不应大于5.0	用拉线、吊线和钢尺检查	
			对口错边	t/10，且不应大于3.0	用拉线和钢尺检查	
		墙架檩条支撑系统	构件长度L	+4.0	用钢尺检查	
			构件两端最外侧安装孔距离L₁	±3.0		
			构件弯曲矢高	L/1000，且不应大于10.0	用拉线和钢尺检查	
			截面尺寸	+5.0 −2.0	用钢尺检查	

（续）

序号	项目		质量标准		检验方法	检查数量
8	外形尺寸	钢平台、钢梯和防护钢栏杆	平台长度和宽度	±5.0	用 1m 直尺和塞尺检查	按构件数量抽查 10%，且不应小于 3 件
			平面两对角线差 L_1-L_2	6.0		
			平台支柱高度	±3.0		
			平台支柱弯曲矢高	5.0		
			平台表面平面度（1m 范围内）	6.0		
			梯梁长度 L	±5.0	用钢尺检查	
			钢梯宽度 b	±5.0		
			钢梯安装孔距离 a	±3.0		
			钢梯纵向挠曲矢高	$L/1000$	用拉线和钢尺检查	
			踏步（棍）间距	±5.0		
			栏杆高度		用钢尺检查	
			栏杆立柱间距	±10.0		

第七节　钢结构涂装工程

一、质量控制与施工要点

（1）涂刷宜在晴天和通风良好的室内进行，作业温度室内宜在 5～38℃；室外宜在 15～35℃；气温低于 5℃或高于 35℃时不宜涂刷。

（2）涂装前要除去钢材表面的污垢、油脂、铁锈、氧化皮、焊渣和已失效的旧漆膜，且在钢材表面形成合适的"粗糙度"。

（3）涂漆前应对基层进行彻底清理，并保持干燥，在不超过 8h 内，尽快涂头道底漆。

（4）涂刷底漆时，应根据面积大小来选用适宜的涂刷方法。不论采用喷涂法还是手工涂刷法，其涂刷顺序均为：先上后下、先难后易、先左后右、先内后外。要保持厚度均匀一致，做到不漏涂、不流坠为好。待第一遍底漆充分干燥后（干燥时间一般不少于 48h）用砂布、水砂纸打磨，除去表面浮漆粉再刷第二遍底漆。

（5）涂刷面漆时，应按设计要求的颜色和品种的规定来进行涂刷，涂刷方法与底漆涂刷方法相同。对于前一遍漆面上留有的砂粒、漆皮等，应用铲刀刮去。对于前一遍漆表面过分光滑或干燥后停留时间过长（如两遍漆之间超过 7d），为了防止离层应将漆面打磨清理后再涂漆。

（6）应正确配套使用稀释剂。当油漆黏度过大需用稀释剂稀释时，应正确控制用量，以防掺用过多，导致涂料内固体含量下降，使得漆膜厚度和密实性不足，影响涂层质量。同时应注意稀释剂与油漆之间的配套问题，油基漆、酚醛漆、长油底醇酸磁漆、防锈漆等松香水（即 200 号溶剂汽油）、松节油；中油度醇酸漆用松香水与二甲苯 1∶1（质量比）的混合溶剂；短油度醇酸漆用二甲苯调配；过氯乙烯采用溶剂性强的甲苯、丙酮来调配。如果错用就会发生沉淀离析、咬底或渗色等病害。

二、施工质量验收

1.钢结构防腐涂料涂装

（1）主控项目

1）涂装前钢材表面除锈应符合设计要求和国家现行有关标准的规定。处理后的钢材表面不应有焊渣、焊疤、灰尘、油污、水和毛刺等。当设计无要求时，钢材表面除锈等级应符合表 7-23 规定。

检查数量：按构件数抽查 10％，且同类构件不应少于 3 件。

检验方法：用铲刀检查和用现行国家标准《涂覆涂料前钢材表面处理　表面清洁度的目视评定　第 1 部分：未涂覆过的钢材表面和全面清除原有涂层的钢材表面的锈蚀等级和处理等级》（GB/T 8923.1—2011）规定的图片对照观察检查。

表 7-23　各种底漆或防锈漆要求最低的除锈等级

涂 料 品 种	除锈等级
油性酚醛、醇酸等底漆或防锈漆	St2
高氯化聚乙烯、氯化橡胶、氯磺化聚乙烯、环氧树脂、聚氨酯等底漆或防锈漆	Sa2
无机富锌、有机硅、过氯乙烯等底漆	Sa2 $\frac{1}{2}$

2）涂料、涂装遍数、涂层厚度均应符合设计要求。涂层干漆膜总厚度：室外应为 150μm，室内应为 125μm，其允许偏差为 -25μm。每遍涂层干漆膜厚度的允许偏差为 -5μm。

检查数量：按构件数抽查 10％，且同类构件不应少于 3 件。

检验方法：用干漆膜测厚仪检查。每个构件检测 5 处，每处的数值为 3 个相距 50mm 测点涂层干漆膜厚度的平均值。

（2）一般项目

1）构件表面不应误涂、漏涂，涂层不应脱皮和返锈等。涂层应均匀，无明显皱皮、流坠、针眼和气泡等。

优良：在合格基础上，涂刷应均匀、色泽一致，无明显皱皮、流坠、针眼和气泡,附着良好。

检查数量:全数检查。

检验方法:观察检查。

2)当钢结构处在有腐蚀介质环境或外露且设计有要求时,应进行涂层附着力测试,在检测处范围内,当涂层完整程度达到70%以上时,涂层附着力达到合格质量标准要求。

检查数量:按构件数抽查1%,且不应少于3件,每件测3处。

检验方法:按照现行国家标准《漆膜附着力测定法》(GB/T 1720—1979)或《色漆和清漆、漆膜的划格试验》(GB/T 9286—1998)执行。

3)构件补刷漆应按涂装工艺分层补漆,漆膜应完整。

优良:在合格基础上,漆膜完整,附着良好。

检查数量:按每类构件数抽查10%,但均不应少于3件。

检查方法:观察检查。

4)涂装完成后,构件的标志、标记和编号应清晰完整。

检查数量:全数检查。

检验方法:观察检查。

2.钢结构防火涂料涂装

(1)主控项目

1)防火涂料涂装前钢材表面除锈及防锈底漆涂装应符合设计要求和国家现行有关标准的规定。

检查数量:按构件数抽查10%,且同类构件不应少于3件。

检验方法:表面除锈用铲刀检查和用现行国家标准《涂覆涂料前钢材表面处理　表面清洁度的目视评定　第1部分:未涂覆过的钢材表面和全面清除原有涂层的钢材表面的锈蚀等级和处理等级》(GB/T 8923.1—2011)规定的图片对照观察检查。底漆涂装用干漆膜测厚仪检查,每个构件检测5处,每处的数值为3个相距50mm测点涂层干漆膜厚度的平均值。

2)钢结构防火涂料的黏结强度、抗压强度应符合国家现行标准《钢结构防火涂料应用技术规程》(CECS24∶90)的规定。检验方法应符合现行国家标准《建筑构件防火喷涂材料性能试验方法》(GA 110—1995)的规定。

检查数量:每使用100t或不足100t薄涂型防火涂料应抽检一次黏结强度;每使用500t或不足500t厚涂型防火涂料应抽检一次黏结强度和抗压强度。

检验方法:检查复检报告。

3)薄涂型防火涂料的涂层厚度应符合有关耐火极限的设计要求。厚涂型防火涂料涂层的厚度,80%及以上面积应符合有关耐火极限的设计要求,且最薄处厚度不应低于设计要求的 85％。

检查数量：按同类构件数抽查 10％，且均不应少于 3 件。

检验方法：用涂层厚度测量仪、测针和钢尺检查。测量方法应符合国家现行标准《钢结构防火涂料应用技术规程》(CECS24：90)的规定及《钢结构工程施工质量验收规范》(GB50205—2001)附录 F。

4)薄涂型防火涂料涂层表面裂纹宽度不应大于 0.5mm；厚涂型防火涂料涂层表面裂纹宽度不应大于 1mm。

优良：在合格基础上，防火涂料涂层表面应无明显裂纹。

检查数量：按同类构件数抽查 10％，且均不应少于 3 件。

检验方法：观察和用尺量检查。

(2)一般项目

1)防火涂料涂装基层不应有油污、灰尘和泥沙等污垢。

检查数量：全数检查。

检验方法：观察检查。

2)防火涂料不应有误涂、漏涂，涂层应闭合无脱层、空鼓、明显凹陷、粉化松散和浮浆等外观缺陷，乳突已剔除。

优良：在合格基础上，涂层应颜色均匀，轮廓清晰，接槎平整，无凹陷，粘接牢固无粉化松散和浮浆，乳突已剔除。

检查数量：全数检查。

检验方法：观察检查。

第八节　子分部工程质量验收

(1)钢结构工程质量验收记录应符合下列规定：

1)设计变更文件；

2)原材料出厂合格证和进场复验报告；

3)分项工程检验批验收记录

4)分项工程验收记录

5)隐蔽工程验收记录；

6)工程的重大质量问题的处理方案和验收记录；

7)其他必要的文件和记录。

(2)钢结构分部工程合格质量标准应符合下列规定：

1)各分项工程质量均应符合合格质量标准；

2)质量控制资料和文件应完整；

3)有关安全及功能的检验和见证检测结果应符合相应合格质量标准的要求；

4)有关观感质量应符合相应合格质量标准的要求。钢结构工程有关观感质量检查项目应符合《钢结构工程施工质量验收规范》(GB 50205—2001)附录 H 的有关规定。

(3)当钢结构工程施工质量不符合规范要求时,应按下列规定进行处理：

1)经返工生做工或更换构(配)件的检验批,应重新进行验收；

2)经有资质的检测单位检测鉴定能够达到设计要求的检验批,应予以验收；

3)经有资质的检测单位检测鉴定达不到设计要求,但经原设计单位核算认可能够满足结构安全和使用功能的检验批,可予以验收；

4)经返修或加固处理的分项、分部工程,虽然改变了外形尺寸,但仍能满足安全使用要求,可按处理技术方案和协商文件进行验收；

5)通过返修或加固处理仍不能满足安全使用要求的钢结构分部工程,严禁验收。

第八章　木结构工程

第一节　基本规定

(1)木结构工程应按下列规定控制施工质量：

1)应有本工程的设计文件。

2)木结构工程所用的木材、木产品、钢材以及连接件等，应进行进场验收。凡涉及结构安全和使用功能的材料或半成品，应按《木结构工程工质量验收规范》(GB 50206—2012)或相应专业工程质量验收标准的规定进行见证检验，并应在监理工程师或建设单位技术负责人监督下取样、送检。

3)各工序应按《木结构工程工质量验收规范》(GB 50206—2012)的有关规定控制质量，每道工序完成后，应进行检查。

4)相关各专业工种之间，应进行交接检验并形成记录。未经监理工程师和建设单位技术负责人检查认可，不得进行下道工序施工。

5)应有木结构工程竣工图及文字资料等竣工文件。

(2)当木结构施工需要采用国家现行有关标准尚未列入的新技术(新材料、新结构、新工艺)时，建设单位应征得当地建筑工程质量行政主管部门同意，并应组织专家组，会同设计、监理、施工单位进行论证，同时应确定施工质量验收方法和检验标准，并应依此作为相关木结构工程施工的主控项目。

(3)木结构工程施工所用材料、构配件的材质等级应符合设计文件的规定。可使用力学性能、防火、防护性能超过设计文件规定的材质等级的相应材料、构配件替代。当通过等强(等效)换算处理进行材料、构配件替代时，应经设计单位复核，并应签发相应的技术文件认可。

(4)进口木材、木产品、构配件，以及金属连接件等，应有产地国的产品质量合格证书和产品标识，并应符合合同技术条款的规定。

第二节　方木和原木结构

1.材料控制要点

(1)进场木材的树种、规格和强度等级应符合设计文件的规定。

（2）原木与方木应分别按表 8-1、表 8-2 的规定划定每根木料的等级；不得采用普通商品材的等级标准替代。

表 8-1　方木材质标准

项次	缺陷名称		木材等级		
			Ⅰ a	Ⅱ a	Ⅲ a
1	腐朽	不允许	不允许	不允许	不允许
2	木节	在构件任一面任何 150mm 长度上所有木节尺寸的总和与所在面宽的比值	≤1/3 （连接部件≤1/4）	≤2/5	≤1/2
		死节	不允许	允许,但不包括腐朽节,直径不应大于 20mm,且每延米中不得多于 1 个	允许,但不包括腐朽节,直径不应大于 50mm,且每延米中不得多于 2 个
3	斜纹	斜率	≤5%	≤8%	≤12%
4	裂缝	在连接的受剪面上	不允许	不允许	不允许
		在连接部位的受剪面附近,其裂缝深度 （有对面裂缝时,用两者之和）不得大于材宽的	≤1/4	≤1/3	不限
5	髓心		不在受剪面上	不限	不限
6	虫眼		不允许	允许表层虫眼	允许表层虫眼

（3）工程中使用的木材,应按现行国家标准《木结构工程工质量验收规范》（GB 50206—2012）的有关规定做木材强度见证检验,强度等级应符合设计文件的规定。

2.质量控制与施工要点

（1）使用的钢尺应为检验有效的度量工具,同时以同一把尺子为宜。

（2）可按图纸确定起拱高度,或取跨度的 1/200,但最大起拱高度不大于 20mm。

（3）足尺大样当桁架完全对称时,可只放半个桁架,并将全部节点构造详尽绘入,除设计有特殊要求者外,各杆件轴线应汇交一点,否则会产生杆件附加弯矩与剪力。

表 8-2　原木的材质标准

项次	缺陷名称		木材等级		
			Ⅰ$_a$	Ⅱ$_a$	Ⅲ$_a$
1	腐朽	不允许	不允许	不允许	
2	木节	在构件任何150mm长度上沿周长所有木节尺寸的总和,与所测部位原木周长的比值	≤1/4	≤1/3	≤2/5
		每个木节的最大尺寸与所测部位原木周长的比值	≤1/10(普通部位);≤1/12(连接部位)	≤1/6	≤1/6
		死节	不允许	不允许	允许,但直径不大于原木直径的1/5,每2m长度内不多于1个
3	扭纹	斜率	≤8%	≤12%	≤15%
4	裂缝	在连接部位的受剪面上	不允许	不允许	不允许
		在连接部位的受剪面附近,其裂缝深度(有对面裂缝时,两者之和)与原木直径的比值	≤1/4	≤1/3	不限
5	髓心	位置	不在受剪面上	不限	不限
6	虫眼		不允许	允许表层虫眼	允许表层虫眼

注:木节尺寸按垂直于构件长度方向测量。直径小于10mm的木节不计。

（4）足尺大样的偏差要严格控制误差,允许偏差见表 8-3。

表 8-3　足尺大样的允许偏差

结构跨度(m)	跨度偏差(mm)	结构高度偏差(mm)	节点间距偏差(mm)
≤15	±5	±2	±2
>15	±7	±3	±2

（5）采用木纹平直不易变形的木材（如红松、杉木等）,且含水率不大于 18%板材按实样制作样板。样板的允许偏差为±1mm。按样板制作的构件长度允

许偏差为±2mm。

（6）桁架上弦或下弦需接头时，夹板所采用螺栓直径、数量及排列间距均应按图施工。螺栓排列要避开髓心。受拉构件在夹板区段的构件材质均应达到一等材的要求。

（7）受压接头端面应与构件轴线垂直，不应采用斜槎接头；齿连接或构件接头处不得采用凸凹榫。

（8）当采用木夹板螺栓连接的接头钻孔时，应各部固定，一次钻通以保证孔位完全一致。受剪螺栓孔径大于螺栓直径不超过1mm；系紧螺栓孔径大于螺栓直径不超过2mm。

（9）木结构中所用钢材等级应符合设计要求。钢件的连接不应用气焊或锻接。受拉螺栓垫板应根据设计要求设置。受剪螺栓和系紧螺栓的垫板若无设计要求时，应符合下列规定：厚度不小于0.25d（d为螺栓直径），且不应小于4mm；正方形垫板的边长或圆形垫板的直径不应小于3.5d。

（10）下列受拉螺栓必须戴双螺帽：如钢木屋架圆钢下弦；桁架主要受拉腹杆；受振动荷载的拉杆；直径等于或大于20mm的拉杆。受拉螺栓装配后，螺栓伸出螺帽的长度不应小于螺栓直径的0.8倍。

（11）使用钉连接时应注意：当钉径大于6mm时，或者采用易劈裂的树种木材（如落叶松、硬质阔叶树种等），应预先钻孔，孔径为钉径0.8～0.9倍，孔深不小于钉深度的0.6倍；扒钉直径宜取6～10mm。

（12）木屋架、梁、柱在吊装前，应对其制作、装配、运输根据设计要求进行检验，主要检查原材料质量，结构及其构件的尺寸正确程度及构件制作质量，并记录在案，验收合格后方可安装。

（13）屋架就位后要控制稳定，检查位置与固定情况。第一榀屋架吊装后立即找中、找直、找平，并用临时拉杆（或支撑）固定。第二榀屋架吊装后，立即上脊檩，装上剪力撑。支撑与屋架用螺栓连接。

（14）对于经常受潮的木构件以及木构件与砖石砌体及混凝土结构接触处进行防腐处理。在虫害（白蚁、长蠹虫、粉蠹虫及家天牛等）地区的木构件应进行防虫处理。

（15）木屋架支座节点、下弦及梁端部不应封闭在墙、保温层或其他通风不良处内，构件周边（除支承面）及端部均应留出不小于5cm的空隙。

（16）木材自身易燃，在50℃以上高温烘烤下，即降低承载力和产生变形。为此木结构与烟囱、壁炉的防火间距应严格符合设计要求。木结构支承在防火墙上时，不能穿过防火墙，并将端面用砖墙封闭隔开。

（17）在正常情况下，屋架端头应加以锚固，故屋架安装校正完毕后，应将锚固螺栓上螺帽并拧紧。

3.施工质量验收

(1)主控项目

1)方木、原木结构的形式、结构布置和构件尺寸,应符合设计文件的规定。

检查数量:检验批全数。

检验方法:实物与施工设计图对照、丈量

2)结构用木材应符合设计文件的规定,并应具有产品质量合格证书。

检查数量:检验批全数。

检验方法:实物与设计文件对照,检查质量合格证书、标识。

3)进场木材均应作弦向静曲强度见证检验,其强度最低值应符合表 8-4 的要求。

表 8-4 木材静曲强度检验标准

木材种类	针叶材				阔叶材				
强度等级	TC11	TC13	TC15	TC17	TB11	TB13	TB15	TB17	TB20
最低强度(N/mm²)	44	51	58	72	58	68	78	88	98

检查数量:每一检验批每一树种的木材随机抽取 3 株(根)。

检验方法:《木结构工程工质量验收规范》(GB 50206—2012)附录 A。

4)方木、原木及板材的目测材质等级不应低于表 8-5 的规定,不得采用普通商品材的等级标准替代。方木、原木及板材的目测材质等级应按表 8-1、8-2 评定。

检查数量:检验批全数。

检验方法:本章表 8-1、8-2。

表 8-5 方木、原木结构构件木材的材质等级

项 次	构 件 名 称	材质等级
1	受拉或拉弯构件	Ⅰa
2	受弯或压弯构件	Ⅱa
3	受压构件及次要受弯构件(如吊顶小龙骨)	Ⅲa

5)各类构件制作时及构件进场时木材的平均含水率,应符合下列规定:

①原木或方木不应大于 25%。

②板材及规格材不应大于 20%。

③受拉构件的连接板不应大于 18%。

④处于通风条件不畅环境下的木构件的木材,不应大于 20%。

检查数量：每一检验批每一树种每一规格木材随机抽取 5 根。

检验方法：《木结构工程工质量验收规范》（GB 50206—2012）附录 C。

6）承重钢构件和连接所用钢材应有产品质量合格证书和化学成分的合格证书。进场钢材应见证检验其抗拉屈服强度、极限强度和延伸率，其值应满足设计文件规定的相应等级钢材的材质标准指标，且不应低于现行国家标准《碳素结构钢》（GB/T 700—2006）有关 Q235 及以上等级钢材的规定。－30℃ 以下使用的钢材不宜低于 Q235D 或相应屈服强度钢材 D 等级的冲击韧性规定。钢木屋架下弦所用圆钢，除应作抗拉屈服强度、极限强度和延伸率性能检验外，尚应作冷弯检验，并应满足设计文件规定的圆钢材质标准。

检查数量：每检验批每一钢种随机抽取两件。

检验方法：取样方法、试样制备及拉伸试验方法应分别符合现行国家标准《钢及钢产品　力学性能试验取样位置及试样制备》（GB/T 2975—1998）和《金属材料　室温拉伸试验方法》（GB/T 228—2002）的有关规定。

7）焊条应符合现行国家标准《碳钢焊条》GB5117 和《低合金钢焊条》GB5118 的有关规定，型号应与所用钢材匹配，并应有产品质量合格证书。

检查数量：检验批全数。

检验方法：实物与产品质量合格证书对照检查。

8）螺栓、螺帽应有产品质量合格证书，其性能应符合现行国家标准《六角头螺栓》（GB/T 5782—2016）和《六角头螺栓　C 级》（GB/T 5780—2016）的有关规定。

检查数量：检验批全数。

检验方法：实物与产品质量合格证书对照检查。

9）圆钉应有产品质量合格证书，其性能应符合现行行业标准《一般用途圆钢钉》YB/T5002 的有关规定。设计文件规定钉子的抗弯屈服强度时，应作钉子抗弯强度见证检验。

检查数量：每检验批每一规格圆钉随机抽取 10 枚。

检验方法：检查产品质量合格证书、检测报告。强度见证检验方法应符合《木结构工程施工质量验收规范》（GB 50206—2012）附录 D 的规定。

10）圆钢拉杆应符合下列要求：

①圆钢拉杆应平直，接头应采用双面绑条焊。绑条直径不应小于拉杆直径的 75%，在接头一侧的长度不应小于拉杆直径的 4 倍。焊脚高度和焊缝长度应符合设计文件的规定。

②螺帽下垫板应符合设计文件的规定，且不应低于《木结构工程施工质量验收规范》（GB 50206—2012）第 4.3.3 条的要求。

③钢木屋架下弦圆钢拉杆、桁架主要受拉腹杆、蹬式节点拉杆及螺栓直径大

于 20mm 时,均应采用双螺帽自锁。受拉螺杆伸出螺帽的长度,不应小于螺杆直径的 80％。

检查数量:检验批全数。

检验方法:丈量、检查交接检验报告。

11)承重钢构件中,节点焊缝焊脚高度不得小于设计文件的规定,除设计文件另有规定外,焊缝质量不得低于三级,-30℃以下工作的受拉构件焊缝质量不得低于二级。

检查数量:检验批全部受力焊缝。

检验方法:按现行行业标准《钢结构焊接技术规范》(GB 50661—2011)的有关规定检查,并检查交接检验报告。

12)钉连接、螺栓连接节点的连接件(钉、螺栓)的规格、数量,应符合设计文件的规定。

检查数量:检验批全数。

检验方法:目测、丈量。

13)木桁架支座节点的齿连接,端部木材不应有腐朽、开裂和斜纹等缺陷,剪切面不应位于木材髓心侧;螺栓连接的受拉接头,连接区段木材及连接板均应采用工.等材,并应符合本章的有关规定;其他螺栓连接接头也应避开木材腐朽、裂缝、斜纹和松节等缺陷部位。

检查数量:检验批全数。

检验方法:目测。

14)在抗震设防区的抗震措施应符合设计文件的规定。当抗震设防烈度为 8 度及以上时,应符合下列要求:

①屋架支座处应有直径不小于 20mm 的螺栓锚固在墙或混凝土圈梁上。当支承在木柱上时,柱与屋架间应有木夹板式的斜撑,斜撑上段应伸至屋架上弦节点处,并应用螺栓连接(图 8-1)。柱与屋架下弦应有暗榫,并应用 U 形铁连接。桁架木腹杆与上弦杆连接处的扒钉应改用螺栓压紧承压面,与下弦连接处则应采用双面扒钉。

②屋面两侧应对称斜向放檩条,檐口瓦应与挂瓦条扎牢。

③檩条与屋架上弦应用螺栓连接,双脊檩应互相拉结。

④柱与基础间应有预埋的角钢连接,并应用螺栓固定。

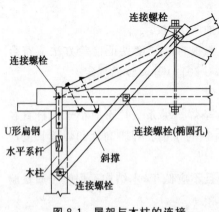

图 8-1 屋架与木柱的连接

⑤木屋盖房屋,节点处檩条应固定在山墙及内横墙的卧梁埋件上,支承长度不应小于120mm,并应有螺栓可靠锚固。

检查数量:检验批全数。

检验方法:目测、丈量。

(2)一般项目

1)各种原木、方木构件制作的允许偏差不应超出表8-6的规定。

表8-6 方木、原木结构和胶合木结构桁架、梁和柱的制作允许偏差

项次	项 目		允许偏差(mm)	检验方法
1	构件截面尺寸	方木和胶合木构件截面的高度、宽度	−3	钢尺量
		板材厚度、宽度	−2	
		原木构件梢径	−5	
2	构件长度	长度不大于15m	±10	钢尺量桁架支座节点中心间距,梁、柱全长
		长度大于15m	±15	
3	桁架高度	长度不大于15m	±10	钢尺量脊节点中心与下弦中心距离
		长度大于15m	±15	
4	受压或压弯构件纵向弯曲	方木、胶合木构件	$L/500$	拉线钢尺量
		原木构件	$L/200$	
5	弦杆节点间距		±5	钢尺量
6	齿连接刻槽深度		±2	
7	支座节点受剪面	长度	−10	钢尺量
		宽度 方木、胶合木	−3	
		原木	−4	
8	螺栓中心间距	进孔处	±0.2d	钢尺量
		出孔处 垂直木纹方向	±0.5d 且不大于4B/100	
		顺木纹方向	±1d	
9	钉进孔处的中心间距		±1d	—
10	桁架起拱		±20	以两支座节点下弦中心线为准,拉一水平线,用钢尺量
			−10	两跨中下弦中心线与拉线之间距离

注:d 为螺栓或钉的直径;L 为构件长度;B 为板的总厚度。

检查数量:检验批全数。

检验方法:表 8-6。

2)齿连接应符合下列要求:

①除应符合设计文件的规定外,承压面应与压杆的轴线垂直。单齿连接压杆轴线应通过承压面中心;双齿连接,第一齿顶点应位于上、下弦杆上边缘的交点处,第二齿顶点应位于上弦杆轴线与下弦杆上边缘的交点处,第二齿承压面应比第一齿承压面至少深 20mm。

②承压面应平整,局部隙缝不应超过 1mm,非承压面应留外口约 5mm 的楔形缝隙。

③桁架支座处齿连接的保险螺栓应垂直于上弦杆轴线,木腹杆与上、下弦杆间应有扒钉扣紧。

④桁架端支座垫木的中心线,方木桁架应通过上、下弦杆净截面中心线的交点;原木桁架则应通过上、下弦杆毛截面中心线的交点。

检查数量:检验批全数。

检验方法:目测、丈量,检查交接检验报告。

3)螺栓连接(含受拉接头)的螺栓数目、排列方式、间距、边距和端距,除应符合设计文件的规定外,尚应符合下列要求:

①螺栓孔径不应大于螺栓杆直径 1mm,也不应小于或等于螺栓杆直径。

②螺帽下应设钢垫板,其规格除应符合设计文件的规定外,厚度不应小于螺杆直径的 30%,方形垫板的边长不应小于螺杆直径的 3.5 倍,圆形垫板的直径不应小于螺杆直径的 4 倍,螺帽拧紧后螺栓外露长度不应小于螺杆直径的 80%。螺纹段剩留在木构件内的长度不应大于螺杆直径的 1.0 倍。

③连接件与被连接件间的接触面应平整,拧紧螺帽后局部可允许有缝隙,但缝宽不应超过 1mm。

检查数量:检验批全数。

检验方法:目测、丈量。

4)钉连接应符合下列规定:

①圆钉的排列位置应符合设计文件的规定。

②被连接件间的接触面应平整,钉紧后局部缝隙宽度不应超过 1mm,钉帽应与被连接件外表面齐平。

③钉孔周围不应有木材被胀裂等现象。

检查数量:检验批全数。

检验方法:目测、丈量。

5)木构件受压接头的位置应符合设计文件的规定,应采用承压面垂直于构件轴线的双盖板连接(平接头),两侧盖板厚度均不应小于对接构件宽度的50%,高度应与对接构件高度一致。承压面应锯平并彼此顶紧,局部缝隙不应超过 1mm。螺栓直径、数量、排列应符合设计文件的规定。

　　检查数量:检验批全数。

　　检验方法:目测、丈量,检查交接检验报告。

　　6)木桁架、梁及柱的安装允许偏差不应超出表 8-7 的规定。

　　检查数量:检验批全数。

　　检验方法:表 8-7。

表 8-7　方木、原木结构和胶合木结构桁架、梁和柱安装允许偏差

项次	项　　目	允许偏差 (mm)	检 验 方 法
1	结构中心线的间距	±20	钢尺量
2	垂直度	$H/200$ 且 不大于 15	吊线钢尺量
3	受压或弯构件纵向弯曲	$L/300$	吊(拉)线钢尺量
4	支座轴线对支承面中心位移	10	钢尺量
5	支座标高	±5	用水准仪

　　注:H 为桁架或柱的高度;L 为构件长度。

　　7)屋面木构架的安装允许偏差不应超出表 8-8 的规定。

　　检查数量:检验批全数。

　　检验方法:目测、丈量。

表 8-8　方木、原木结构和胶合木结构屋面木构架的安装允许偏差

项次	项　　目		允许偏差 (mm)	检 验 方 法
1	檩条、椽条	方木、胶合木截面	−2	钢尺量
		原木梢径	−5	钢尺量,椭圆时取大小径的平均值
		间距	−10	钢尺量
		方木、胶合木上表面平直	4	沿坡拉线钢尺量
		原木上表面平直	7	
2	油毡搭接宽度		−10	钢尺量
3	挂瓦条间距		±5	
4	封山、封檐板平直	下边缘	5	拉 10m 线,不足 10m 拉通线,钢尺量
		表面	8	

8)屋盖结构支撑系统的完整性应符合设计文件规定。

检查数量:检验批全数。

检验方法:对照设计文件、丈量实物,检查交接检验报告。

第三节 胶合木结构

1.材料控制要点

(1)进场层板胶合木或胶合木构件应有符合现行国家标准《木结构试验方法标准》(GB/T 50329—2012)规定的胶缝完整性检验和层板指接强度检验合格报告。用作受弯构件的层板胶合木应作荷载效应标准组合作用下的抗弯性能见证检验,并应符合现行国家标准《木结构工程施工质量验收规范》(GB 50206—2012)的有关规定。

(2)直线形层板胶合木构件的层板厚度不宜大于45mm,弧形层板胶合木构件的层板厚度不应大于截面最小曲率半径的1/125。

(3)层板胶合木构件应由经资质认证的专业加工企业加工生产

(4)已作防护处理的层板胶合木,应有防止搬运过程中发生磕碰而损坏保护层的包装。

2.质量控制与施工要点

(1)在制作工段内的温度应不低于15℃,空气相对湿度应在40％～75％的范围内。

(2)胶合构件养护室内的温度,当木材初始温度为18℃时,应不低于20℃;当木材初始温度为15℃时,应不低于25℃。养护空气相对湿度应不低于30％。

(3)在养护完全结束前,胶合构件不应受力或置于温度在15℃以下的环境中。

(4)需在胶合前进行化学处理的木材,应在胶合前完成机械加工。

(5)层板坯料纵向接长应采取指形接头(图8-2)。表8-9列出推荐指接剖面尺寸范围。指接剖面需按见证试验的规定验证。

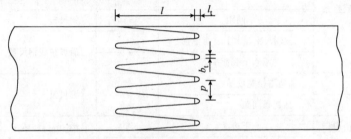

图8-2 指接剖面的几何关系

表 8-9　推荐的指接剖面尺寸

指端宽度 b_t(mm)	指长 l(m)	指边坡度 $s=(p-2b_t)/2(l-l_t)$
0.5～1.2	20～30	1/12～1/18

注:p 为指形接头的指距,mm;l_t 为指形接头指端缺口的长度,mm。

(6)指接的间距按层板的受力情况分别规定如下:

1)受拉构件。当构件应力达到或超过设计值的 75% 时,相邻层板之间的距离应为 150mm。

2)受弯构件的受拉区。在构件 1/8 高度的受拉外层再加一块层板的范围内,相邻层板之间的指接间距应为 150mm。

3)受拉构件或受弯构件的受拉区 10% 高度内,层板自身的指接间距不应小于 180mm。

4)需修补后出厂的构件的受拉区最外层和相邻的内层,距修补块端头的每一侧小于 150mm 的范围内,均不允许有指接接头。

5)木板应用指接胶合接长至计算的长度,经过养护后刨光。落叶松、花旗松等不易胶合的木材需化学剂处理的木材,应在刨光后 6h 内胶合。易胶合无需化学剂处理的木材,应在刨光后 24h 内胶合。

6)胶合时必须均匀加压,加压可从构件的任意位置开始,逐步延伸到端部。为在夹紧期间保持足够的压力,在夹紧后应立即开始拧紧螺栓加压器调整压力,压力应按表 8-10 所列数值控制。

表 8-10　不同层板厚度的胶合面压力

层板厚度 t(mm)	$t\leqslant35$	$35<t\leqslant45$ 底面有刻槽	$35<t\leqslant45$ 底面无刻槽
胶合面压力(N/mm²)	0.6	0.8	1.0

注:不应采用钉加压。

3.施工质量验收

(1)主控项目

1)胶合木结构的结构形式、结构布置和构件截面尺寸,应符合设计文件的规定。

检查数量:检验批全数。

检验方法:实物与设计文件对照、丈量。

2)结构用层板胶合木的类别、强度等级和组坯方式,应符合设计文件的规定,并应有产品质量合格证书和产品标识,同时应有满足产品标准规定的胶缝完整性检验和层板指接强度检验合格证书。

检查数量:检验批全数。

检验方法:实物与证明文件对照。

3)胶合木受弯构件应作荷载效应标准组合作用下的抗弯性能见证检验。在检验荷载作用下胶缝不应开裂,原有漏胶胶缝不应发展,跨中挠度的平均值不应大于理论计算值的 1.13 倍,最大挠度不应大于表 8-11 的规定。

检查数量:每一检验批同一胶合工艺、同一层板类别、树种组合、构件截面组坯的同类型构件随机抽取 3 根。

检验方法:《木结构工程施工质量验收规范》(GB 50206—2012)附录 F。

表 8-11　荷载效应标准组合作用下受弯木构件的挠度限制

项　　次	构　件　类　别		挠度限值(m)
1	檩条	$L \leqslant 3.3m$	$L/200$
		$L > 3.3m$	$L/250$
2	主梁		$L/250$

注:L 为受弯构件的跨度。

4)弧形构件的曲率半径及其偏差应符合设计文件的规定,层板厚度不应大于 R/125(R 为曲率半径)。

检查数量:检验批全数。

检验方法:钢尺丈量。

5)层板胶合木构件平均含水率不应大于 15%,同一构件各层板间含水率差别不应大于 5%。

检查数量:每一检验批每一规格胶合木构件随机抽取 5 根。

检验方法:《木结构工程施工质量验收规范》(GB 50206—2012)附录 C。

6)钢材、焊条、螺栓、螺帽的质量应分别符合《木结构工程施工质量验收规范》(GB 50206—2012)第 4.2.6~4.2.8 条的规定。

7)各连接节点的连接件类别、规格和数量应符合设计文件的规定。桁架端节点齿连接胶合木端部的受剪面及螺栓连接中的螺栓位置,不应与漏胶胶缝重合。

检查数量:检验批全数。

检验方法:目测、丈量。

(2)一般项目

1)层板胶合木构造及外观应符合下列要求:

①层板胶合木的各层木板木纹应平行于构件长度方向。各层木板在长度方向应为指接。受拉构件和受弯构件受拉区截面高度的 1/10 范围内同一层板上的指接间距,不应小于 1.5m,上、下层板间指接头位置应错开不小于木板厚的 10 倍。层板宽度方向可用平接头,但上、下层板间接头错开的距离不应小

于 40mm。

②层板胶合木胶缝应均匀,厚度应为 0.1mm～0.3mm。厚度超过 0.3mm 的胶缝的连续长度不应大于 300mm,且厚度不得超过 1mm。在构件承受平行于胶缝平面剪力的部位,漏胶长度不应大于 75mm,其他部位不应大于 150mm。在第 3 类使用环境条件下,层板宽度方向的平接头和板底开槽的槽内均应用胶填满。

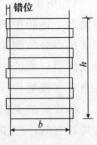

图 8-3 外观 C 级层板错位示意
b-截面宽度;
h-截面高度

③胶合木结构的外观质量应符合有关规定,对于外观要求为 C 级的构件截面,可允许层板有错位(图 8-3),截面尺寸允许偏差和层板错位应符合表 8-12 的要求。

检查数量:检验批全数。

检验方法:厚薄规(塞尺)、量器、目测。

表 8-12 外观 C 级时的胶合木构件截面允许偏差(mm)

截面的高度或宽度	截面高度或宽度的允许偏差	错位的最大值
(h 或 b)＜100	±2	4
100≤(h 或 b)＜300	±3	5
300≤(h 或 b)	±6	6

2)胶合木构件的制作偏差不应超出表 8-12 的规定。

检查数量:检验批全数。

检验方法:角尺、钢尺丈量,检查交接检验报告。

3)齿连接、螺栓连接、圆钢拉杆及焊缝质量,应符合本章的有关规定。

4)金属节点构造、用料规格及焊缝质量应符合设计文件的规定。除设计文件另有规定外,与其相连的各构件轴线应相交于金属节点的合力作用点,与各构件相连的连接类型应符合设计文件的规定,并应符合《木结构工程施工质量验收规范》(GB 50206—2012)第 4.3.3～4.3.5 条的规定。

检查数量:检验批全数。

检验方法:目测、丈量。

5)胶合木结构安装偏差不应超出表 8-7 的规定。

检查数量:过程控制检验批全数,分项验收抽取总数 10% 复检。

检验方法:表 8-7。

第四节　木结构防护

1.材料控制要点

(1)为确保木结构达到设计使用年限,应根据使用环境和使用树种的耐腐或抗虫蛀的性能,确定是否采用防护药剂进行处理。

(2)防护剂应具有毒杀木腐菌和害虫的功能,而不致危害人畜和污染环境,因此对下述防护剂应限制其使用范围:

1)混合防腐油和五氯酚只用于与地(或土壤)接触的房屋构件防腐和防虫,应用两层可靠的包皮密封,不得用于居住建筑的内部和农用建筑的内部,以防与人畜直接接触;并不得用于储存食品的房屋或能与饮用水接触的处所。

2)含砷的无机盐可用于居住、商业或工业房屋的室内,只需在构件处理完毕后将所有的浮尘清除干净,但不得用于储存食品的房屋或能与饮用水接触的处所。

(3)药剂验收、运输和储存

1)药剂应按说明书验收。

2)药剂运输和储存时,其包装应符合规定。

3)药剂应储存在封闭的仓库中,并与其他材料隔离。

4)可燃或易爆炸的药剂应遵守有关可燃或爆炸材料储存规程的规定。

5)药剂的运输、装卸和使用应遵守有关工业毒物安全技术规定。

2.质量控制与施工要点

(1)为确保木结构达到设计要求的使用年限,应根据使用环境和所使用的树种耐腐或抗虫蛀的性能,确定是否采用防腐药剂进行处理。

(2)木结构的使用环境分为三级:HJⅠ、HJⅡ及 HJⅢ,定义如下。

1)HJⅠ。木材和复合木材在地面以上用于:室内结构;室外有遮盖的木结构;室外暴露在大气中或长期处于潮湿状态的木结构。

2)HJⅡ。木材和复合木材用于与地面(或土壤)、淡水接触或处于其他易遭腐朽的环境(例如埋于砌体或混凝土中的木构件)以及虫害地区。

3)HJⅢ。木材和复合木材用于与地面(或土壤)接触处:

①园艺场或虫害严重地区;

②亚热带或热带。

注:不包括海事用途的木结构。

(3)防护剂的使用事项参见本节"1.材料控制要点"。

(4)用防护剂处理木材的方法有浸渍法、喷洒法和涂刷法。浸渍法包括常温浸渍法、冷热槽法和加压处理法。为了保证达到足够的防护剂透入度,锯材、层板胶合木、胶合板及结构复合木材均应采用加压处理法。

(5)用水溶性防护剂处理后的木材,包括层板胶合木、胶合板及结构复合木材均应重新干燥到使用环境所要求的含水率。

(6)木构件在处理前应加工至最后的截面尺寸,以消除已处理木材再度切割、钻孔的必要性。若有切口和孔眼,应用原来处理用的防护剂涂刷。

(7)木构件需做阻燃处理时,应符合下列规定:

1)阻燃剂的配方和处理方法应遵照国家标准《建筑设计防火规范》(GB 50016—2006)和设计对不同用途和截面尺寸的木构件耐火极限要求选用,但不得采用表面涂刷法。

2)对于长期暴露在潮湿环境中的木构件,经过防火处理后,尚应进行防水处理。

(8)锯材防护剂透入度应符合表 8-13 的规定。

表 8-13　锯材防护剂透入度检测规定与要求

木材特征	透入深度(mm)或边材吸收率		钻孔采样数量		试验合格率
	木材厚度		油类	其他防护剂	
	<127mm	≥127mm			
不刻痕	64%或85%	64%或85%	20	48	80%
刻痕	10%或90%	13%或90%	20	48	80%

1)刻痕:刻痕是对难于处理的树种木材保证防护剂更均匀透入的一项辅助措施。对于方木和原木每 100cm² 至少 80 个刻痕,对于规格材,刻痕深度 5～10mm。当采用含氨的防护剂(301,302,304 和 306)时可适当减少。构件的所有表面都应刻痕,除非构件侧面有图饰时,只能在宽面刻痕。

2)透入度的确定:当只规定透入深度或边材透入百分率时,应理解为二者之中较小者,例如要求 64mm 的透入深度除非 85% 的边材都已经透入防护剂;当透入深度和边材透入百分率都作规定时,则应取二者之中的较大者,例如要求 10mm 的透入深度和 90% 的边材透入百分率,应理解 10mm 为最低的透入深度,而超过 10mm 任何边材的 90% 必须透入。

一块锯材的最大透入度当从侧边(指窄面)钻取木心时不应大于构件宽度的一半,若从宽面钻取木心时,不应大于构件厚度的一半。

3)当 20 个木心的平均透入度满足要求,则这批构件应验收。

4)在每一批量中,最少应从 20 个构件中各钻取一个有外层边材的木心。至少有 10 个木心必须最少有 13mm 的边材渗透防护剂。没有足够边材的木心在确定透入度的百分率时,必须具有边材处理的证据。

(9)层板胶合木防护剂透入度应符合表 8-14 的规定。

用胶合前防护剂处理的木板制作的层板胶合梁在测定透入度时,可从每块层板的两侧采样。

表 8-14　层板胶合木防护剂透入度检测规定与要求

木材特征	胶合前处理		胶合后处理	
不刻痕	透入深度(mm)或边材吸收率			
	76%或90%		64%或85%	
刻痕	地面以上	与地面接触	木材厚度 $t<127mm$	木材厚度 $t\geqslant127mm$
	25	32	10%与90%	13%与90%

3.施工质量验收

（1）主控项目

1)所使用的防腐、防虫及防火和阻燃药剂应符合设计文件表明的木构件(包括胶合木构件等)使用环境类别和耐火等级,且应有质量合格证书的证明文件。经化学药剂防腐处理后的每批次木构件(包括成品防腐木材),应有符合《木结构工程施工质量验收规范》(GB 50206—2012)附录 K 规定的药物有效性成分的载药量和透入度检验合格报告。

检查数量:检验批全数

检验方法:实物对照、检查检验报告。

2)经化学药剂防腐处理后进场的每批次木构件应进行透入度见证检验,透入度应符合《木结构工程施工质量验收规范》(GB 50206—2012)附录 K 的规定。

检查数量:每检验批随机抽取 5～10 根构件,均匀地钻取 20 个(油性药剂)或 48 个(水性药剂)芯样。

检验方法:现行国家标准《木结构试验方法标准》(GB/T 50329—2012)。

3)木结构构件的各项防腐构造措施应符合设计文件的规定,并应符合下列要求:

①首层木楼盖应设置架空层,方木、原木结构楼盖底面距室内地面不应小于400mm,轻型木结构不应小于 150mm。支承楼盖的基础或墙上应设通风口,通风口总面积不应小于楼盖面积的 1/150,架空空间应保持良好通风。

②非经防腐处理的梁、檩条和桁架等支承在混凝土构件或砌体上时,宜设防腐垫木,支承面间应有卷材防潮层。梁、檩条和桁架等支座不应封闭在混凝土或墙体中,除支承面外,该部位构件的两侧面、顶面及端面均应与支承构件间留30mm 以上能与大气相通的缝隙。

③非经防腐处理的柱应支承在柱墩上,支承面间应有卷材防潮层。柱与土壤严禁接触,柱墩顶面距土地面的高度不应小于 300mm。当采用金属连接件固定并受雨淋时,连接件不应存水。

④木屋盖设吊顶时,屋盖系统应有老虎窗、山墙百叶窗等通风装置。寒冷地

区保温层设在吊顶内时,保温层顶距析架下弦的距离不应小于 100mm。

⑤屋面系统的内排水天沟不应直接支承在析架、屋面梁等承重构件上。

检查数量:检验批全数。

检验方法:对照实物、逐项检查。

4)木构件需作防火阻燃处理时,应由专业工厂完成,所使用的阻燃药剂应具有效性检验报告和合格证书,阻燃剂应采用加压浸渍法施工。经浸渍阻燃处理的木构件,应有符合设计文件规定的药物吸收量的检验报告。采用喷涂法施工的防火涂层厚度应均匀,见证检验的平均厚度不应小于该药物说明书的规定值。

检查数量:每检验批随机抽取 20 处测量涂层厚度。

检验方法:卡尺测量、检查合格证书。

5)凡木构件外部需用防火石膏板等包覆时,包覆材料的防火性能应有合格证书,厚度应符合设计文件的规定。

检查数量:检验批全数。

检验方法:卡尺测量、检查产品合格证书。

6)炊事、采暖等所用烟道、烟囱应用不燃材料制作且密封,砖砌烟囱的壁厚不应小于 240mm,并应有砂浆抹面,金属烟囱应外包厚度不小于 70mm 的矿棉保护层和耐火极限不低于 1.00h 的防火板,其外边缘距木构件的距离不应小于 120mm,并应有良好通风。烟囱出屋面处的空隙应用不燃材料封堵。

检查数量:检验批全数。

检验方法:对照实物。

7)墙体、楼盖、屋盖空腔内现场填充的保温、隔热、吸声等材料,应符合设计文件的规定,且防火性能不应低于难燃性 B_1 级。

检查数量:检验批全数。

检验方法:实物与设计文件对照、检查产品合格证书。

8)电源线敷设应符合下列要求:

①敷设在墙体或楼盖中的电源线应用穿金属管线或检验合格的阻燃型塑料管。

②电源线明敷时,可用金属线槽或穿金属管线。

③矿物绝缘电缆可采用支架或沿墙明敷。

检查数量:检验批全数。

检验方法:对照实物、查验交接检验报告。

9)埋设或穿越木结构的各类管道敷设应符合下列要求:

①管道外壁温度达到 120℃ 及以上时,管道和管道的包覆材料及施工时的

胶粘剂等,均应采用检验合格的不燃材料。

②管道外壁温度在 120℃ 以下时,管道和管道的包覆材料等应采用检验合格的难燃性不低于 B₁ 的材料。

检查数量:检验批全数。

检验方法:对照实物,查验交接检验报告。

10)木结构中外露钢构件及未作镀锌处理的金属连接件,应按设计文件的规定采取防锈蚀措施。

检查数量:检验批全数。

检验方法:实物与设计文件对照。

(2)一般项目

1)经防护处理的木构件,其防护层有损伤或因局部加工而造成防护层缺损时,应进行修补。

检查数量:检验批全数。

检验方法:根据设计文件与实物对照检查,检查交接报告。

2)墙体和顶棚采用石膏板(防火或普通石膏板)作覆面板并兼作防火材料时,紧固件(钉子或木螺钉)贯入构件的深度不应小于表 8-15 的规定。

检查数量:检验批全数。

检验方法:实物与设计文件对照,检查交接报告。

表 8-15　石膏板紧固件贯入木构件的深度(mm)

耐火极限	墙　　体		顶　　棚	
	钉	木螺钉	钉	木螺钉
0.75	20	20	30	30
1.00h	20	20	45	45
1.50h	20	20	60	60

3)木结构外墙的防护构造措施应符合设计文件的规定。

检查数量:检验批全数。

检验方法:根据设计文件与实物对照检查,检查交接报告。

4)楼盖、楼梯、顶棚以及墙体内最小边长超过 25mm 的空腔,其贯通的竖向高度超过 3m,水平长度超过 20m 时,均应设置防火隔断。天花板、屋顶空间,以及未占用的阁楼空间所形成的隐蔽空间面积超过 300m²,或长边长度超过 20m 时,均应设防火隔断,并应分隔成隐蔽空间。防火隔断应采用下列材料:

①厚度不小于 40mm 的规格材。

②厚度不小于 20mm 且由钉交错钉合的双层木板。

③厚度不小于 12mm 的石膏板、结构胶合板或定向木片板。

④厚度不小于 0.4mm 的薄钢板。

⑤厚度不小于 6mm 的钢筋混凝土板。

检查数量:检验批全数。

检验方法:根据设计文件与实物对照检查,检查交接报告。

第五节　子分部工程验收

(1)木结构子分部工程质量验收的程序和组织,应符合第二章"建筑工程质量验收的程序和组织"的规定。

(2)检验批及木结构分项工程质量合格,应符合下列规定:

1)检验批主控项目检验结果应全部合格。

2)检验批一般项目检验结果应有 80% 以上的检查点合格,且最大偏差不应超过允许偏差的 1.2 倍。

3)木结构分项工程所含检验批检验结果均应合格,且应有各检验批质量验收的完整记录。

(3)木结构子分部工程质量验收应符合下列规定:

1)子分部工程所含分项工程的质量验收均应合格。

2)子分部工程所含分项工程的质量资料和验收记录应完整。

3)安全功能检测项目的资料应完整,抽检的项目均应合格。

4)外观质量验收应符合下列规定:

①A 级,结构构件外露,外观要求很高而需油漆,构件表面洞孔需用木材修补,木材表面应用砂纸打磨。

②B 级,结构构件外露,外表要求用机具刨光油漆,表面允许有偶尔的漏刨、细小的缺陷和空隙,但不允许有松软节的孔洞。

③C 级,结构构件不外露,构件表面无需加工刨光。

(4)木结构工程施工质量不合格时,应按现行国家标准《建筑工程施工质量验收统一标准》(GB 50300—2013)的有关规定进行处理。

第九章 屋面工程

第一节 基本规定

(1)屋面工程应根据建筑物的类别,重要程度、使用功能要求确定防水等级,并应按相应等级进行防水设防;对防水有特殊要求的建筑屋面,应进行专项防水设计。屋面防水等级和设防要求应符合表 9-1 的规定。

表 9-1 屋面防水等级和设防要求

防水等级	建筑类别	设防要求
Ⅰ级	重要建筑和高层建筑	两道防水设防
Ⅱ级	一般建筑	一道防水设防

(2)施工单位应取得建筑防水和保温工程相应等级的资质证书;作业人员应持证上岗。

(3)施工单位应建立、健全施工质量的检验制度,严格工序管理,作好隐蔽工程的质量检查和记录。

(4)屋面工程施工前应通过图纸会审,施工单位应掌握施工图中的细部构造及有关技术要求;施工单位应编制屋面工程专项施工方案,并应经监理单位或建设单位审查确认后执行。

(5)对屋面工程采用的新技术,应按有关规定经过科技成果鉴定、评估或新产品、新技术鉴定。施工单位应对新的或首次采用的新技术进行工艺评价,并应制定相应技术质量标准。

(6)屋面工程所用的防水、保温材料应有产品合格证书和性能检测报告,材料的品种、规格、性能等必须符合国家现行产品标准和设计要求。产品质量应由经过省级以上建设行政主管部门对其资质认可和质量技术监督部门对其计量认证的质量检测单位进行检测。

(7)防水、保温材料进场验收应符合下列规定:

1)应根据设计要求对材料的质量证明文件进行检查,并应经监理工程师或建设单位代表确认,纳入工程技术档案;

2)应对材料的品种、规格、包装、外观和尺寸等进行检查验收,并应经监理工程师或建设单位代表确认,形成相应验收记录;

3)防水、保温材料进场检验项目及材料标准应符合《屋面工程质量验收规范》(GB 50207—2012)中附录 A 和附录 B 的规定。材料进场检验应执行见证取样送检制度,并应提出进场检验报告;

4)进场检验报告的全部项目指标均达到技术标准规定应为合格;不合格材料不得在工程中使用。

(8)屋面工程使用的材料应符合国家现行有关标准对材料有害物质限量的规定,不得对周围环境造成污染。

(9)屋面工程各构造层的组成材料,应分别与相邻层次的材料相容。

(10)屋面工程施工时,应建立各道工序的自检、交接检和专职人员检查的"三检"制度,并应有完整的检查记录。每道工序施工完成后,应经监理单位或建设单位检查验收,并应在合格后再进行下道工序的施工。

(11)当进行下道工序或相邻工程施工时,应对屋面已完成的部分采取保护措施。伸出屋面的管道、设备或预埋件等,应在保温层和防水层施工前安设完毕。屋面保温层和防水层完工后,不得进行凿孔、打洞或重物冲击等有损屋面的作业。

(12)屋面防水工程完工后,应进行观感质量检查和雨后观察或淋水、蓄水试验,不得有渗漏和积水现象。

(13)屋面工程各分项工程宜按屋面面积每 $500\sim1000m^2$ 划分为一个检验批,不足 $500m^2$ 应按一个检验批。

第二节　基层与保护工程

一、一般规定

(1)屋面找坡应满足设计排水坡度要求,结构找坡不应小于 3‰,材料找坡宜为 2‰;檐沟、天沟纵向找坡不应小于 1‰,沟底水落差不得超过 200mm。

(2)上人屋面或其他使用功能屋面,其保护及铺面的施工除应符合本章的规定外,尚应符合现行国家标准《建筑地面工程施工质量验收规范》(GB 50209—2010)等的有关规定。

(3)基层与保护工程各分项工程每个检验批的抽检数量,应按屋面面积每 $100m^2$ 抽查一处,每处应为 $10m^2$,且不得少于 3 处。

二、找坡层和找平层

1. 材料控制要点

（1）水泥的强度等级宜采用不低于 32.5 级的普通硅酸盐水泥，有产品合格证、出厂检验报告。

（2）洁净、级配良好的中砂，含泥量小于 3%。

（3）石应符合现行行业标准《普通混凝土用砂、石质量及检验方法标准（附条文说明）》（JGJ 52—2006）。

2. 施工及质量控制要点

（1）装配式钢筋混凝土板的板缝嵌填施工，应符合下列要求：

1）嵌填混凝土时板缝内应清理干净，并应保持湿润；

2）当板缝宽度大于 40mm 或上窄下宽时，板缝内应按设计要求配置钢筋

3）嵌填细石混凝土的强度等级不应低于 C20，嵌填深度宜低于板面 10～20mm，且应振捣密实浇水养护；

4）板端缝应按设计要求增加防裂的构造措施。

（2）找平层的抹平工序应在初凝前完成，压光工序应在终凝前完成，终凝后应进行养护。

（3）找平层分格缝纵横间距不宜大于 6m，分格缝的宽度宜为 5～20mm。

（4）水泥砂浆找平层表面应压实，无脱皮、起砂等缺陷；沥青砂浆找平层的铺设，是在干燥的基层上满涂冷底子油 1～2 道，干燥后再铺设沥青砂浆，滚压后表面应平整、密实、无蜂窝、无压痕。

（5）水泥砂浆、细石混凝土找平层，在收水后，应作二次压光，确保表面坚固密实和平整。终凝后应采取浇水、覆盖浇水、喷养护剂等养护措施，保证水泥充分水化，确保找平层质量。同时严禁过早堆物、上人和操作。应特别注意：在气温低于 0℃ 或终凝前可能下雨的情况下，不宜进行施工。

（6）沥青砂浆找平层施工，应在冷底子油干燥后，开始铺设。虚铺厚度一般应按 1.3～1.4 倍压实厚度的要求控制。对沥青砂浆在拌制、铺设、滚压过程中的温度，必须按规定准确控制，常温下沥青砂浆的拌制温度为 140～170℃，铺设温度为 90～120℃。

（7）内部排水的水落口杯应牢固地固定在承重结构上，均应预先清除铁锈，并涂上专用底漆（锌磺类或磷化底漆等）。水落口杯与竖管承口的连接处，应用沥青与纤维材料拌制的填料或油膏填塞。

（8）准确设置转角圆弧。对各类转角处的找平层宜采用细石混凝土或沥青砂浆，做出圆弧形。施工前可按照设计规定的圆弧半径，采用木材、铁板或其他

光滑材料制成简易圆弧操作工具,用于压实、拍平和抹光,并统一控制圆弧形状和半径。

(9)找坡层应按屋面排水方向和设计坡度要求进行,找坡层最薄处厚度不宜小于 20mm。

(10)找坡层和找平层的施工环境温度不宜下雨 5℃。

3. 施工质量验收

(1)主控项目

1)找坡层和找平层所用材料的质量及配合比,应符合设计要求。

检验方法:检查出厂合格证、质量检验报告和计量措施。

2)找坡层和找平层的排水坡度,应符合设计要求。

检验方法:坡度尺检查。

(2)一般项目

1)找平层应抹平、压光,不得有酥松、起砂、起皮现象。

检验方法:观察检查。

2)卷材防水层的基层与突出屋面结构的交接处,以及基层的转角处,找平层应做成圆弧形,且应整齐平顺。

检验方法:观察检查。

3)找平层分格缝的宽度和间距,均应符合设计要求。

检验方法:观察和尺量检查。

4)找坡层表面平整度的允许偏差为 7mm,找平层表面平整度的允许偏差为 5mm。

检验方法:2m 靠尺和塞尺检查。

三、隔气层

1. 材料控制要点

隔气层应选用气密性、水密性好的材料。

2. 施工及质量控制要点

(1)隔气层的基层应进行清理,保证平整、干净、干燥。

(2)隔气层应设置在结构层与保温层之间。

(3)在屋面与墙的连接处,隔气层应沿墙面向上连续铺设,高出保温层上表面不得小于 150mm。

(4)隔气层采用卷材时宜空铺,卷材搭接缝应满粘,其搭接宽度不应小于 80mm;隔气层采用涂料时,应涂刷均匀。

（5）穿过隔气层的管线周围应封严，转角处应无折损；隔气层凡有缺陷或破损的部位，均应进行返修。

3. 施工质量验收

（1）主控项目

1）隔气层所用材料的质量，应符合设计要求。

检验方法：检查出厂合格证、质量检验报告和进场检验报告。

2）隔气层不得有破损现象。

检验方法：观察检查。

（2）一般项目

1）卷材隔气层应铺设平整，卷材搭接缝应黏结牢固，密封应严密，不得有扭曲、皱折和起泡等缺陷。

检验方法：观察检查。

2）涂膜隔气层应黏结牢固，表面平整，涂布均匀，不得有堆积、起泡和露底等缺陷。

检验方法：观察检查。

四、保护层和隔离层

1. 材料控制要点

（1）隔离层可采用干铺塑料膜、土工布、卷材或铺抹低强度等级砂浆。干铺塑料膜、土工布、卷材时，其搭接宽度不应小于 50mm。

（2）倒置式屋面宜采用块体材料或细石混凝土做保护层；

（3）保护层材料的适用范围和技术要求见表 9-2。

表 9-2　保护层材料的适用范围和技术要求

保护层材料	适用范围	技 术 要 求
浅色涂料	不上人屋面	丙烯酸系反射涂料
铝箔	不上人屋面	0.05mm 厚铝箔反射膜
矿物粒料	不上人屋面	不透明的矿物粒料
水泥砂浆	不上人屋面	20mm 厚 1：2.5 或 M15 水泥砂浆
块体材料	上人屋面	地砖或 30mm 厚 C20 细石混凝土预制块
细石混凝土	上人屋面	40mm 厚 C20 细石混凝土或 50mm 厚 C20 细石混凝土内配 $\phi4@100$ 双向钢筋网片

(4)隔离层材料的适用范围和技术要求宜符合表 9-3 的规定。

表 9-3　隔离层材料的适用范围和技术要求

隔离层材料	适 用 范 围	技 术 要 求
塑料膜	块体材料、水泥砂浆保护层	0.4mm 厚聚乙烯膜或 3mm 厚发泡聚乙烯膜
土工布	块体材料、水泥砂浆保护层	200g/m² 聚酯无纺布
卷材	块体材料、水泥砂浆保护层	石油沥青卷材一层
低强度等级砂浆	细石混凝土保护层	10mm 厚黏土砂浆,石灰膏:砂:黏土＝1:2.4:3.6
		10mm 厚石灰砂浆,石灰膏:砂＝1:4
		5mm 厚掺有纤维的石灰砂浆

2. 施工及质量控制要点

(1)防水层上的保护层施工,应待卷材铺贴完成或涂料固化成膜,并经检验合格后进行。

(2)用块体材料做保护层时,宜设置分格缝,分格缝纵横间距不应大于 10m,分格缝宽度宜为 20mm。

(3)用水泥砂浆做保护层时,表面应抹平压光,并应设表面分格缝,分格面积宜为 1m²。

(4)用细石混凝土做保护层时,混凝土应振捣密实,表面应抹平压光,分格缝纵横间距不应大于 6m。分格缝的宽度宜为 10～20mm。

(5)块体材料、水泥砂浆或细石混凝土保护层与女儿墙和山墙之间,应预留宽度为 30mm 的缝隙,缝内宜填塞聚苯乙烯泡沫塑料,并应用密封材料嵌填密实。

(6)保护层和隔离层施工时,应避免破坏防水层和保温层。

(7)块体材料、水泥砂浆、细石混凝土保护层的坡度应符合设计要求,不得有积水现象。

(8)保护层的施工环境温度应符合下列规定:

1)块体材料干铺不宜低于−5℃,湿铺不宜低于 5℃;

2)水泥砂浆及细石混凝土宜为 5～35℃;

3)浅色涂料不宜低于 5℃。

(9)隔离层施工环境温度应符合下列规定:

1)干铺塑料膜、土工布、卷材可在负温下施工;

2)铺抹低强度等级砂浆宜为 5～35℃。

3. 施工质量验收

(1)保护层

1)主控项目

①保护层所用材料的质量及配合比,应符合设计要求。

检验方法:检查出厂合格证、质量检验报告和计量措施。

②块体材料、水泥砂浆或细石混凝土保护层的强度等级,应符合设计要求。

检验方法:检查块体材料、水泥砂浆或混凝土抗压强度试验报告。

③保护层的排水坡度,应符合设计要求。

检验方法:坡度尺检查。

2)一般项目

①块体材料保护层表面应干净,接缝应平整,周边应顺直,镶嵌应正确,应无空鼓现象。

检查方法:小锤轻击和观察检查。

②水泥砂浆、细石混凝土保护层不得有裂纹、脱皮、麻面和起砂等现象。

检验方法:观察检查。

③浅色涂料应与防水层黏结牢固,厚薄应均匀,不得漏涂。

检验方法:观察检查。

④保护层的允许偏差和检验方法应符合表9-4的规定。

表9-4　保护层的允许偏差和检验方法

项　　目	允许偏差(mm)			检验方法
	块体材料	水泥砂浆	细石混凝土	
表面平整度	4.0	4.0	5.0	2m靠尺和塞尺检查
缝格平直	3.0	3.0	3.0	拉线和尺量检查
接缝高低差	1.5	—	—	直尺和塞尺检查
板块间隙宽度	2.0	—	—	尺量检查
保护层厚度	设计厚度的10%,且不得大于5mm			钢针插入和尺量检查

(2)隔离层

1)主控项目

①隔离层所用材料的质量及配合比,应符合设计要求。

检验方法:检查出厂合格证和计量措施。

②隔离层不得有破损和漏铺现象。

检验方法:观察检查。

2)一般项目

①塑料膜、土工布、卷材应铺设平整,其搭接宽度不应小于50mm,不得有皱折。

检验方法：观察和尺量检查。

②低强度等级砂浆表面应压实、平整，不得有起壳、起砂现象。

检验方法：观察检查。

第三节 保温与隔热工程

一、一般规定

(1)铺设保温层的基层应平整、干燥和干净。

(2)保温材料在施工过程中应采取防潮、防水和防火等措施。

(3)保温与隔热工程的构造及选用材料应符合设计要求。

(4)保温与隔热工程质量验收除应符合本章规定外、尚应符合现行国家标准《建筑节能工程施工质量验收规范》(GB 50411—2014)的有关规定。

(5)保温材料应满足以下要求：

1)保温材料使用时的含水率，应相当于该材料在当地自然风干状态下的平衡含水率。

2)保温材料的导热系数、表观密度或干密度、抗压强度或压缩强度、燃烧性能，必须符合设计要求。

3)倒置式屋面保温层应采用吸水率低，且长期浸水不变质的保温材料。

4)保温层及其保温材料应符合表 9-5 的要求：

表 9-5　保温层及其保温材料

保温层	保温材料
板状材料保温层	聚苯乙烯泡沫塑料，硬质聚氨酯泡沫塑料，膨胀珍珠岩制品，泡沫玻璃制品，加气混凝土砌块，泡沫混凝土砌块
纤维材料保温层	玻璃棉制品，岩棉、矿渣棉制品
整体材料保温层	喷涂硬泡聚氨酯，现浇泡沫混凝土

(6)种植、架空、蓄水隔热层施工前，防水层均应验收合格。

(7)保温层的施工环境温度应符合下列规定：

1)干铺的保温材料可在负温度下施工；

2)用水泥砂浆粘贴的板状保温材料不宜低于 5℃；

3)喷涂硬泡聚氨酯宜为 15～35℃，空气相对湿度宜小于 85％，风速不宜大于三级；

4)现浇泡沫混凝土宜为 5～35℃。

(8)保温与隔热工程各分项工程每个检验批的抽检数量，应按屋面面积每

$100m^2$ 抽查 1 处,每处应为 $10m^2$,且不得少于 3 处。

二、板状材料保温层

1. 施工材料控制要点

板状保温材料主要性能指标见表 9-6。

表 9-6　板状保温材料主要性能指标

项目	指标						
	聚苯乙烯泡沫塑料		硬质聚氨酯泡沫塑料	泡沫玻璃	憎水型膨胀珍珠岩	加气混凝土	泡沫混凝土
	挤塑	模塑					
表观密度或干密度(kg/m^3)	—	≥20	≥30	≤200	≤350	≤425	≤530
压缩强度(kPa)	≥150	≥100	≥120	—	—	—	—
抗压强度(MPa)	—	—	—	≥0.4	≥0.3	≥1.0	≥0.5
导热系数	≤0.030	≤0.041	≤0.024	≤0.070	≤0.087	≤0.120	≤0.120
尺寸稳定性(70℃,48h,%)	≤2.0	≤3.0	≤2.0	—	—	—	—
水蒸气渗透系数[ng/(Pa·m·s)]	≤3.5	≤4.5	≤6.5	—	—	—	—
吸水率(v/v,%)	≤1.5	≤4.0	≤4.0	≤0.5	—	—	—
燃烧性能	不低于 B_2 级			A 级			

2. 施工及质量控制要点

(1)板状材料保温层采用干铺法施工时,板状保温材料应紧靠在基层表面上,应铺平垫稳;分层铺设的板块上下层接缝应相互错开,板间缝隙应采用同类材料的碎屑嵌填密实。

(2)板状材料保温层采用粘贴法施工时,胶粘剂应与保温材料的材性相容,并应贴严、粘牢;板状材料保温层的平面接缝应挤紧拼严,不得在板块侧面涂抹胶粘剂,超过 2mm 的缝隙应采用相同材料板条或片填塞严实。

(3)板状保温材料采用机械固定法施工时,应选择专用螺钉和垫片;固定件与结构层之间应连接牢固。

3. 施工质量验收

(1)主控项目

1)板状保温材料的质量,应符合设计要求。

检验方法:检查出厂合格证、质量检验报告和进场检验报告。

2)板状材料保温层的厚度应符合设计要求,其正偏差应不限,负偏差应为5％,且不得大于 4mm。

检验方法:钢针插入和尺量检查。

3)屋面热桥部位处理应符合设计要求。

检验方法:观察检查。

(2)一般项目

1)板状保温材料铺设应紧贴基层,应铺平垫稳,拼缝应严密,粘贴应牢固。

检验方法:观察检查。

2)固定件的规格、数量和位置均应符合设计要求;垫片应与保温层表面齐平。

检验方法:观察检查。

3)板状材料保温层表面平整度的允许偏差为 5mm。

检验方法:2m 靠尺和塞尺检查。

4)板状材料保温层接缝高低差的允许偏差为 2mm。

检验方法:直尺和塞尺检查。

三、纤维材料保温层

1. 材料控制要点

纤维材料主要性能指标见表 9-7。

表 9-7　纤维材料主要性能指标

项目	指标			
	岩棉、矿渣棉板	岩棉、矿渣棉毡	玻璃棉板	玻璃棉毡
表观密度(kg/m³)	≥40	≥40	≥24	≥10
导热系数[W/(m・K)]	≤0.040	≤0.040	≤0.043	≤0.050
燃烧性能	A 级			

2. 施工及质量控制要点

(1)纤维材料保温层施工应符合下列规定:

1)纤维保温材料应紧靠在基层表面上,平面接缝应挤紧拼严,上下层接缝应相互错开;

2)屋面坡度较大时,宜采用金属或塑料专用固定件将纤维保温材料与基层固定;

3)纤维材料填充后,不得上人踩踏;

4)纤维保温材料在施工时,应避免重压,并应采取防潮措施。

(2)装配式骨架纤维保温材料施工时,应先在基层上铺设保温龙骨或金属龙骨,龙骨之间应填充纤维保温材料,再在龙骨上铺钉水泥纤维板。金属龙骨和固定件应经防锈处理,金属龙骨与基层之间应采取隔热断桥措施。

3. 施工质量验收

(1)主控项目

1)纤维保温材料的质量,应符合设计要求。

检验方法:检查出厂合格证、质量检验报告和进场检验报告。

2)纤维材料保温层的厚度应符合设计要求,其正偏差应不限,毡不得有负偏差,板负偏差应为 4%,且不得大于 3mm。

检验方法:钢针插入和尺量检查。

3)屋面热桥部位处理应符合设计要求。

检验方法:观察检查。

(2)一般项目

1)纤维保温材料铺设应紧贴基层,拼缝应严密,表面应平整。

检验方法:观察检查。

2)固定件的规格、数量和位置应符合设计要求;垫片应与保温层表面齐平。

检验方法:观察检查。

3)装配式骨架和水泥纤维板应铺钉牢固,表面应平整;龙骨间距和板材厚度应符合设计要求。

检验方法:观察和尺量检查。

4)具有抗水蒸气渗透外覆面的玻璃棉制品,其外覆面应朝向室内,拼缝应用防水密封胶带封严。

检验方法:观察检查

四、喷涂硬泡聚氨酯保温层

1. 材料控制要点

喷涂硬泡聚氨酯主要性能指标见表 9-8。

表 9-8　喷涂硬泡聚氨酯主要性能指标

项　目	指　标
表观密度(kg/m³)	≥35
导热系数[W/(m·K)]	≤0.024
压缩强度(kPa)	≥150
尺寸稳定性(70℃,48h,%)	≤1
闭孔率(%)	≥92
水蒸气渗透系数[ng/(Pa·m·S)]	≤5
吸水率(v/v,%)	≤3
燃烧性能	不低于 B₂ 级

2. 施工及质量控制要点

（1）保温层施工前应对喷涂设备进行调试，并应制备试样进行硬泡聚氨酯的性能检测。

（2）喷涂硬泡聚氨酯的配比应准确计量，发泡厚度应均匀一致。喷涂时喷嘴与施工基面的间距应由试验确定。

（3）一个作业面应分遍喷涂完成，每遍厚度不宜大于 15mm；当日的作业面应当日连续地喷涂施工完毕。

（4）喷涂作业时，应采取防止污染的遮挡措施。

（5）硬泡聚氨酯喷涂后 20min 内严禁上人；喷涂硬泡聚氨酯保温层完成后，应及时做保护层。

（6）喷涂硬泡聚氨酯防水保温层表面在无后续保护工序时，应设置一层防紫外线照射的防护层。防护层可选用耐紫外线的保护涂料或聚合物水泥砂浆保护层。

（7）当采用聚合物水泥砂浆保护层时，可将聚合物水泥砂浆刮涂在保温层表面，应分 3 次刮涂，保护层厚度宜在 5mm 左右，每遍刮涂时间不应小于 24h。

3. 施工质量验收

（1）主控项目

1）喷涂硬泡聚氨酯所用原材料的质量及配合比，应符合设计要求。

检验方法：检查原材料出厂合格证、质量检验报告和计量措施。

2）喷涂硬泡聚氨酯保温层的厚度应符合设计要求，其正偏差应不限，不得有负偏差。

检验方法：钢针插入和尺量检查。

3）屋面热桥部位处理应符合设计要求。

检验方法：观察检查。

（2）一般项目

1）喷涂硬泡聚氨酯应分遍喷涂，黏结应牢固，表面应平整，找坡应正确。

检验方法：观察检查。

2）喷涂硬泡聚氨酯保温层表面平整度的允许偏差为 5mm

检验方法：2m 靠尺和塞尺检查。

五、现浇泡沫混凝土保温层

1. 材料控制要点

（1）宜用普通硅酸盐水泥，并应按设计要求选用水泥的强度等级。

(2)宜用中砂,不得含有杂质。

(3)外加剂的选择和用量应符合设计要求及国家现行标准的相关规定。

现浇泡沫混凝土主要性能指标见表9-9。

表9-9　现浇泡沫混凝土主要性能指标

项　　目	指　　标
干密度(kg/m³)	≤600
导热系数[W/(m·K)]	≤0.14
抗压强度(MPa)	≥0.5
吸水率(%)	≤20%
燃烧性能	A级

2. 施工及质量控制要点

(1)在浇筑泡沫混凝土前,应将基层上的杂物和油污清理干净;基层应浇水湿润,但不得有积水。

(2)保温层施工前应对设备进行调试,并应制备试样进行泡沫混凝土的性能检测。

(3)泡沫混凝土的配合比应准确计量,制备好的泡沫加入水泥料浆中应搅拌均匀。

(4)浇筑过程中,应随时检查泡沫混凝土的湿密度。

(5)泡沫混凝土应按设计的厚度设定浇筑面标高线,找坡时宜采取挡板辅助措施。

(6)泡沫混凝土的浇筑出料口离基层的高度不宜超过1m,泵送时应采取抵押泵送。

(7)泡沫混凝土应分层浇筑,一次浇筑厚度不宜超过200mm,终凝后应进行保湿养护,时间不得少于7d。

3. 施工质量验收

(1)主控项目

1)现浇泡沫混凝土所用原材料的质量及配合比,应符合设计要求。

检验方法:检查原材料出厂合格证、质量检验报告和计量措施。

2)现浇泡沫混凝土保温层的厚度应符合设计要求,其正负偏差应为5%,且不得大于5mm。

检验方法:钢针插入和尺量检查。

3)屋面热桥部位处理应符合设计要求。

检验方法:观察检查。

（2）一般项目

1）现浇泡沫混凝土应分层施工，黏结应牢固，表面应平整，找坡应正确。

检验方法：观察检查。

2）现浇泡沫混凝土不得有贯通性裂缝，以及疏松、起砂、起皮现象。

检验方法：观察检查。

3）现浇泡沫混凝土保温层表面平整度的允许偏差为 5mm。

检验方法：2m 靠尺和塞尺检查。

六、种植隔热层

1. 施工及质量控制要点

（1）过滤层宜采用 $200\sim400\text{g/m}^2$ 的土工布。

（2）种植隔热层与防水层之间宜设细石混凝土保护层。

（3）种植隔热层的屋面坡度大于 20％时，其排水层、种植土层应采取防滑措施。

（4）排水层施工应符合下列要求：

1）陶粒的粒径不应小于 25mm，大粒径应在下，小粒径应在上。

2）凹凸形排水板宜采用搭接法施工，网状交织排水板宜采用对接法施工。采用陶粒作排水层时，铺设应平整，厚度应均匀。

3）排水层上应铺设过滤层土工布。

4）挡墙或挡板的下部应设泄水孔，孔周围应放置疏水粗细骨料。

（5）过滤层土工布应沿种植土周边向上铺设至种植土高度，并应与挡墙或挡板粘牢；土工布的搭接宽度不应小于 100mm，接缝宜采用粘合或缝合。

（6）种植土的厚度及自重应符合设计要求。种植土表面应低于挡墙高度 100mm。种植土、植物等不得损坏防水层。

2. 施工质量验收

（1）主控项目

1）种植隔热层所用材料的质量，应符合设计要求。

检验方法：检查出厂合格证和质量检验报告。

2）排水层应与排水系统连通。

检验方法：观察检查。

3）挡墙或挡板泄水孔的留设应符合设计要求，并不得堵塞。

检验方法：观察和尺量检查。

（2）一般项目

1）陶粒应铺设平整、均匀，厚度应符合设计要求。

检验方法:观察和尺量检查。

2)排水板应铺设平整,接缝方法应符合国家现行有关标准的规定。

检验方法:观察和尺量检查。

3)过滤层土工布应铺设平整、接缝严密,其搭接宽度的允许偏差为-10mm。

检验方法:观察和尺量检查。

4)种植土应铺设平整、均匀,其厚度的允许偏差为±5%,且不得大于30mm。

检验方法:尺量检查。

七、架空隔热层

1. 材料控制要点

(1)烧结砖宜采用烧结空心砖,砖的品种、强度等级必须符合计要求。

(2)水泥宜采用强度等级为32.5级的普通硅酸盐水泥或矿渣硅酸盐水泥。

(3)砂宜用中砂,并通过孔5mm。配制M5(含M5)以上的砂浆,砂的含泥量不应超过2%;配制M5以下的砂浆,砂的含泥量不应超过3%,且不得含有草根等杂物。

(4)外加剂等其他材料应符合设计要求及国家现行标准的相关规定。

2. 施工及质量控制要点

(1)架空隔热层的高度应按屋面宽度或坡度大小确定。设计无要求时,架空隔热层的高度宜为180~300mm。

(2)当屋面宽度大于10m时,应在屋面中部设置通风屋脊,通风口处应设置通风算子。

(3)架空隔热制品支座底面的卷材、涂膜防水层,应采取加强措施。

(4)架空隔热制品的质量应符合下列要求:

1)非上人屋面的砌块强度等级不应低于MU7.5;上人屋面的砌块强度等级不应低于MU10。

2)混凝土板的强度等级不应低于C20,板厚及配筋应符合设计要求。

3)铺设时应平整、稳固,缝隙应勾填密实。操作时不得损伤已完工的防水层。

3. 施工质量验收

(1)主控项目

1)架空隔热制品的质量,应符合设计要求。

检验方法:检查材料或构件合格证和质量检验报告。

2)架空隔热制品的铺设应平整、稳固,缝隙勾填应密实。

检验方法:观察检查。

(2)一般项目

1)架空隔热制品距山墙或女儿墙不得小于 250mm。

检验方法:观察和尺量检查。

2)架空隔热层的高度及通风屋脊、变形缝做法,应符合设计要求。

检验方法:观察和尺量检查。

3)架空隔热制品接缝高低差的允许偏差为 3mm。

检验方法:直尺和塞尺检查

八、蓄水隔热层

1. 材料控制要点

(1)水泥:应选用不低于 32.5 级的普通水泥。

(2)砂:中砂或粗砂。

(3)石子:宜选用卵石,其粒径,含泥量,吸水率等应符合设计及相关规范的要求。

2. 施工及质量控制要点

(1)蓄水隔热层与屋面防水层之间应设隔离层。

(2)蓄水池的所有孔洞应预留,不得后凿;所设置的给水管、排水管和溢水管等,均应在蓄水池混凝土施工前安装完毕。

(3)每个蓄水区的防水混凝土应一次浇筑完毕,严禁留施工缝,其立面与平面的防水层必须同时进行。

(4)防水混凝土应用机械振捣密实,表面应抹平和压光,初凝后应覆盖养护,终凝后浇水养护不得少于 14d;蓄水后不得断水。

(5)防水细石混凝土宜掺 UEA 膨胀剂,以减少混凝土的收缩。

(6)蓄水池的溢水口标高、数量、尺寸应符合设计要求;过水孔应设在分仓墙底部,排水管应与水落管连通。

(7)蓄水隔热层应划分为若干蓄水区,每区的边长不宜大于 10m,在变形缝的两侧应分成两个互不连通的蓄水区。长度超过 40m 的蓄水隔热层应分仓设置,分仓隔墙可采用现浇混凝土或砌体;蓄水池应设置人行通道。

3. 施工质量验收

(1)主控项目

1)防水混凝土所用材料的质量及配合比,应符合设计要求。

检验方法:检查出厂合格证、质量检验报告、进场检验报告和计量措施。

2)防水混凝土的抗压强度和抗渗性能,应符合设计要求。

检验方法:检查混凝土抗压和抗渗试验报告。

3)蓄水池不得有渗漏现象。

检验方法:蓄水至规定高度观察检查。

(2)一般项目

1)防水混凝土表面应密实、平整,不得有蜂窝、麻面、露筋等缺陷。

检验方法:观察检查。

2)防水混凝土表面的裂缝宽度不应大于 0.2mm,并不得贯通。

检验方法:刻度放大镜检查。

3)蓄水池上所留设的溢水口、过水孔、排水管、溢水管等,其位置、标高和尺寸均应符合设计要求。

检验方法:观察和尺量检查。

4)蓄水池结构的允许偏差和检验方法应符合表 9-10 的规定。

表 9-10　蓄水池结构的允许偏差和检验方法

项　目	允许偏差(mm)	检验方法
长度、宽度	+15,−10	尺量检查
厚度	±5	
表面平整度	5	2m 靠尺和塞尺检查
排水坡度	符合设计要求	坡度尺检查

第四节　防水与密封工程

一、一般规定

(1)防水层施工前,基层应坚实、平整、干净、干燥。

(2)基层处理剂应配比准确,并应搅拌均匀;喷涂或涂刷基层处理剂应均匀一致,待其干燥后应及时进行卷材、涂膜防水层和接缝密封防水施工。

(3)防水层完工并经验收合格后,应及时做好成品保护。

(4)防水与密封工程各分项工程每个检验批的抽检数量,防水层应按屋面面积每 100m² 抽查一处,每处应为 10m²,且不得少于 3 处;接缝密封防水应按每 50m 抽查一处,每处应为 5m,且不得少于 3 处。

二、卷材防水层

1. 材料控制要点

(1)高聚物改性沥青防水卷材主要性能指标见表 9-11。

表 9-11　高聚物改性沥青防水卷材主要性能指标

项目	指标				
	聚酯毡胎体	玻纤毡胎体	聚乙烯胎体	自粘聚酯胎体	自粘无胎体
可溶物含量 (g/m²)	3mm 厚≥2100 4mm 厚≥2900		—	2mm 厚≥1300 3mm 厚≥2100	—
拉力 (N/50mm)	≥500	纵向≥350	≥200	2mm 厚≥350 3mm 厚≥450	≥150
延伸率(%)	最大拉力时 SBS≥30 APP≥25	—	断裂时 ≥120	最大拉力时 ≥30	最大拉力时 ≥200
耐热度 (℃,2h)	SBS 卷材 90,APP 卷材 110, 无滑动、流淌、滴落		PEE 卷材 90, 无流淌、起泡	70,无滑动、 流淌、滴落	70,滑动 不超过 2mm
低温柔性(℃)	SBS 卷材−20;APP 卷材−7;PEE 卷材−20			−20	
不透水性 压力(MPa)	≥0.3	≥0.2	≥0.4	≥0.3	≥0.2
保持时间(min)	≥30				≥120

注:SBS 卷材为弹性体改性沥青防水卷材;APP 卷材为塑性体改性沥青防水卷材;PEE 卷材为改性沥青聚乙烯胎防水卷材。

(2)合成高分子防水卷材主要性能指标见表 9-12。

表 9-12　合成高分子防水卷材主要性能指标

项目	指标			
	硫化橡胶类	非硫化橡胶类	树脂类	树脂类(复合片)
断裂拉伸强度(MPa)	≥6	≥3	≥10	≥60
扯断伸长率(%)	≥400	≥200	≥200	≥400
低温弯折(℃)	−30	−20	−25	−20
不透水性 压力(MPa)	≥0.3	≥0.2	≥0.3	≥0.3
保持时间(min)	≥30			
加热收缩率(%)	<1.2	<2.0	≤2.0	≤2.0
热老化保持率 (80℃×168h,%) 断裂拉伸强度	≥80		≥85	≥80
扯断伸长率	≥70		≥80	≥70

（3）基层处理剂、胶黏剂、胶黏带主要性能指标见表 9-13。

表 9-13 基层处理剂、胶粘剂、胶粘带主要性能指标

项　目	指　标			
	沥青基防水卷材用基层处理剂	改性沥青基胶粘剂	高分子胶粘剂	双面胶粘带
剥离强度(N/10mm)	≥8	≥8	≥15	≥6
浸水 168h 剥离强度保持率(%)	≥8N/10mm	≥8N/10mm	70	70
固体含量(%)	水性≥40 溶剂性≥30	—	—	—
耐热性	80℃无流淌	80℃无流淌	—	—
低温柔性	0℃无裂纹	0℃无裂纹	—	—

（4）密封材料

1）合成高分子密封材料主要性能指标见表 9-14。

表 9-14 合成高分子密封材料主要性能指标

项目		指　标						
		25LM	25HM	20LM	20HM	12.5E	12.5P	7.5P
拉伸模量 (MPa)	23℃ −20℃	≤0.4 和 ≤0.6	>0.4 或 >0.6	≤0.4 和 ≤0.6	>0.4 或 >0.6		—	
定伸黏结性		无破坏					—	
浸水后定伸黏结性		无破坏					—	
热压冷拉后黏结性		无破坏					—	
拉伸压缩后黏结性		—					无破坏	
断裂伸长率(%)		—					≥100	≥20
浸水后断裂伸长率(%)		—					≥100	≥20

注：产品按位移能力分为 25、20、12.5、7.5 四个级别；25 级和 20 级密封材料按伸拉模量分为低模量(LM)和高模量(HM)两个次级别；12.5 级密封材料按弹性恢复率分为弹性(E)和塑性(P)两个次级别。

2)改性石油沥青密封材料主要性能指标见表 9-15。

表 9-15　改性石油沥青密封材料主要性能指标

项目		指　　标	
		Ⅰ类	Ⅱ类
耐热性	温度(℃)	70	80
	下垂值(mm)	≤4.0	
低温柔性	温度(℃)	−20	−10
	黏结状态	无裂纹和剥离现象	
拉伸黏结性(%)		≥125	
浸水后拉伸黏结性(%)		125	
挥发性(%)		≤2.8	
施工度(mm)		≥22.0	≥20.0

注:产品按耐热度和低温柔性分为Ⅰ类和Ⅱ类。

2. 施工及质量控制要点

(1)屋面坡度大于 25% 时,卷材应采取满粘和钉压固定措施。

(2)卷材宜平行屋脊铺贴;上下层卷材不得相互垂直铺贴。

(3)卷材搭接缝应符合下列规定:

1)平行屋脊的卷材搭接缝应顺流水方向,卷材搭接宽度应符合表 9-16 的规定;

2)相邻两幅卷材短边搭接缝应错开,且不得小于 500mm;

3)上下层卷材长边搭接缝应错开,且不得小于幅宽的 1/3。

表 9-16　卷材搭接宽度(mm)

卷 材 类 别		搭 接 宽 度
合成高分子防水卷材	胶粘剂	80
	胶粘带	50
	单缝焊	60,有效焊接宽度不小于 25
	双缝焊	80,有效焊接宽度 10×2+空腔宽
高聚物改性沥青防水卷材	胶粘剂	100
	自粘	80

(4)冷粘法铺贴卷材应符合下列规定:

1)胶粘剂涂刷应均匀,不应露底,不应堆积;

2)应控制胶粘剂涂刷与卷材铺贴的间隔时间;

3)卷材下面的空气应排尽,并应辊压粘牢固;

4)卷材铺贴应平整顺直,搭接尺寸应准确,不得扭曲、皱折;

5)接缝口应用密封材料封严,宽度不应小于 10mm。

(5)热粘法铺贴卷材应符合下列规定:

1)熔化热熔型改性沥青胶结料时,宜采用专用导热油炉加热,加热温度不应高于 200℃,使用温度不宜低于 180℃;

2)粘贴卷材的热熔型改胜沥青胶结料厚度宜为 1.0~1.5mm;

3)采用热熔型改性沥青胶结料粘贴卷材时,应随刮随铺,并应展平压实。

(6)热熔法铺贴卷材应符合下列规定:

1)火焰加热器加热卷材应均匀,不得加热不足或烧穿卷材;

2)卷材表面热熔后应立即滚铺,卷材下面的空气应排尽,并应辊压粘贴牢固;

3)卷材接缝部位应溢出热熔的改性沥青胶,溢出的改性沥青胶宽度宜为 8mm;

4)铺贴的卷材应平整顺直,搭接尺寸应准确,不得扭曲、皱折;

5)厚度小于 3mm 的高聚物改性沥青防水卷材,严禁采用热熔法施工。

(7)自粘法铺贴卷材应符合下列规定:

1)铺贴卷材时,应将自粘胶底面的隔离纸全部撕净;

2)卷材下面的空气应排尽,并应辊压粘贴牢固;

3)铺贴的卷材应平整顺直,搭接尺寸应准确,不得扭曲、皱折;

4)接缝口应用密封材料封严,宽度不应小于 10mm;

5)低温施工时,接缝部位宜采用热风加热,并应随即粘贴牢固。

(8)焊接法铺贴卷材应符合下列规定:

1)焊接前卷材应铺设平整、顺直,搭接尺寸应准确,不得扭曲、皱折;

2)卷材焊接缝的结合面应干净、干燥,不得有水滴、油污及附着物;

3)焊接时应先焊长边搭接缝,后焊短边搭接缝;

4)控制加热温度和时间,焊接缝不得有漏焊、跳焊、焊焦或焊接不牢现象;

5)焊接时不得损害非焊接部位的卷材。

(9)机械固定法铺贴卷材应符合下列规定:

1)卷材应采用专用固定件进行机械固定;

2)固定件应设置在卷材搭接缝内,外露固定件应用卷材封严;

3)固定件应垂直钉入结构层有效固定,固定件数量和位置应符合设计要求;

4)卷材搭接缝应黏结或焊接牢固,密封应严密;

5)卷材周边 800mm 范围内应满粘。

(10)每道防水卷材防水层最小厚度见表 9-17。

表 9-17 每道防水卷材防水层最小厚度(mm)

防水等级	合成高分子防水卷材	高聚物改性沥青防水卷材		
		聚酯胎、玻纤胎、聚乙烯胎	自粘聚酯胎	自粘无胎
Ⅰ级	1.2	3.0	2.0	1.5
Ⅱ级	1.5	4.0	3.0	2.0

(11)卷材防水层的施工环境温度应符合下列规定:

1)热熔法和焊接法不宜低于-10℃;

2)冷粘法和热粘法不宜低于5℃;

3)自粘法不宜低于10℃。

3. 施工质量验收

(1)主控项目

1)防水卷材及其配套材料的质量,应符合设计要求。

检验方法:检查出厂合格证、质量检验报告和进场检验报告。

2)卷材防水层不得有渗漏和积水现象。

检验方法:雨后观察或淋水、蓄水试验。

3)卷材防水层在檐口、檐沟、天沟、水落口、泛水、变形缝和伸出屋面管道的防水构造,应符合设计要求。

检验方法:观察检查。

(2)一般项目

1)卷材的搭接缝应黏结或焊接牢固,密封应严密,不得扭曲、皱折和翘边。

检验方法:观察检查。

2)卷材防水层的收头应与基层黏结,钉压应牢固,密封应严密。

检验方法:观察检查。

3)卷材防水层的铺贴方向应正确,卷材搭接宽度的允许偏差为-10mm。

检验方法:观察和尺量检查。

4)屋面排汽构造的排汽道应纵横贯通,不得堵塞;排气管应安装牢固,位置应正确,封闭应严密。

检验方法:观察检查。

三、涂膜防水层

1. 材料控制要点

(1)高聚物改性沥青防水涂料主要性能指标见表 9-18。

表 9-18　高聚物改性沥青防水涂料主要性能指标

项　目		指　标	
		水乳型	溶剂型
固体含量(%)		≥45	≥48
耐热性(80℃,5h)		无流淌、起泡、滑动	
低温柔性(℃,2h)		−15,无裂纹	−15,无裂纹
不透水性	压力(MPa)	≥0.1	≥0.2
	保持时间(min)	≥30	≥30
断裂伸长率(%)		≥600	—
抗裂性(mm)		—	基层裂缝 0.3mm,涂膜无裂纹

(2)合成高分子防水涂料主要性能指标见表 9-19。

表 9-19　合成高分子防水涂料(挥发固化型)主要性能指标

项　目	指　标	
	Ⅰ类	Ⅱ类
固体含量(%)	单组分≥80;多组分≥92	
拉伸强度(MPa)	节单组分,多组分≥1.9	单组分,多组分≥2.45
断裂伸长率(%)	单组分≥550;多组分≥450	单组分,多组分≥450
低温柔性(℃,2h)	单组分—40;多组分—35,无裂纹	

(3)聚合物水泥防水涂料主要性能指标见表 9-20。

表 9-20　聚合物水泥防水涂料主要性能指标

项　目		指　标
固体含量(%)		≥70
拉伸强度(MPa)		≥1.2
断裂伸长率(%)		≥200
低温柔性(℃,2h)		−10,无裂纹
不透水性	压力(MPa)	≥0.3
	保持时间(min)	≥30

(4)胎体增强材料主要性能指标见表9-21。

表9-21 胎体增强材料主要性能指标

项目		指　标	
		聚酯无纺布	化纤无纺布
外观		均匀,无团状,平整无皱折	
拉力(N/50mm)	纵向	≥150	≥45
	横向	≥100	≥35
延伸率(%)	纵向	≥10	≥20
	横向	≥20	≥25

2. 施工及质量控制要点

(1)防水涂料

1)应多遍涂布,并应待前一遍涂布的涂料干燥成膜后,再涂布后一遍涂料,且前后两遍涂料的涂布方向应相互垂直。

2)多组分防水涂料应按配合比准确计量,搅拌应均匀,并应根据有效时间确定每次配制的数量。

(2)铺设胎体增强材料的选择及施工要点:

1)胎体增强材料宜采用聚酯无纺布或化纤无纺布;

2)胎体增强材料长边搭接宽度不应小于50mm,短边搭接宽度不应小于70mm;

3)上下层胎体增强材料的长边搭接缝应错开,且不得小于幅宽的1/3;

4)上下层胎体增强材料不得相互垂直铺设。使其两层胎体材料同方向有一致的延伸性;

5)平行于屋脊铺设时,应由最低标高处向上铺设,胎体增强材料顺着流水方向搭接,避免呛水;

6)胎体增强材料铺贴时,应边涂刷边铺贴,避免两者分离。

(3)涂膜防水层

1)每道涂膜防水层最小厚度应按表9-22的规定。

表9-22 每道涂膜防水层最小厚度(mm)

防水等级	合成高分子防水涂膜	聚合物水泥防水涂膜	高聚物改性沥青防水涂膜
Ⅰ级	1.5	1.5	2.0
Ⅱ级	2.0	2.0	3.0

2)涂膜间夹铺胎体增强材料时,宜边涂布边铺胎体;胎体应铺贴平整,应排除气泡,并应与涂料黏结牢固。在胎体上涂布涂料时,应使涂料浸透胎体,并应

覆盖完全,不得有胎体外露现象。最上面的涂膜厚度不应小于1.0mm;

3)涂膜施工应先做好屋面节点、基层周边、阴阳角等部位的细部处理,再进行大面积涂布;涂布时,要求涂刮厚薄均匀、表面平整,不得漏涂,以增强涂层与基层间的黏结力。待基层处理剂干燥或固化后方可进行涂料施工。

4)屋面转角及立面的涂膜应薄涂多遍,不得流淌和堆积。

(4)收头处理

1)所有涂膜收头均应采用防水涂料多遍涂刷密实或用密封材料压边封固,灰边宽度不得小于10mm。

2)伸出屋面管道涂膜收头处应先用金属箍紧固,再用密封材料封闭严密。

3)收头处的胎体增强材料应裁剪整齐,如有凹槽应压入凹槽内,不得有翘边、皱折、露白等缺陷,否则应先进行处理后再涂密封材料。

(5)涂膜防水层的施工环境温度应符合下列规定:

1)水乳型及反应型涂料宜为5~35℃;

2)溶剂型涂料宜为-5~35℃;

3)热熔型涂料不宜低于-10℃;

4)聚合物水泥涂料宜为5~35℃。

3. 施工质量验收

(1)主控项目

1)防水涂料和胎体增强材料的质量,应符合设计要求。

检验方法:检查出厂合格证、质量检验报告和进场检验报告。

2)涂膜防水层不得有渗漏和积水现象。

检验方法:雨后观察或淋水、蓄水试验。

3)涂膜防水层在檐口、檐沟、天沟、水落口、泛水、变形缝和伸出屋面管道的防水构造,应符合设计要求。

检验方法:观察检查。

4)涂膜防水层的平均厚度应符合设计要求,且最小厚度不得小于设计厚度的80%。

检验方法:针测法或取样量测。

(2)一般项目

1)涂膜防水层与基层应黏结牢固,表面应平整,涂布应均匀,不得有流淌、皱折、起泡和露胎体等缺陷。

检验方法:观察检查。

2)涂膜防水层的收头应用防水涂料多遍涂刷。

检验方法:观察检查。

3)铺贴胎体增强材料应平整顺直,搭接尺寸应准确,应排除气泡,并应与涂料黏结牢固;胎体增强材料搭接宽度的允许偏差为-10mm。

检验方法:观察和尺量检查。

四、复合防水层

1. 材料控制要点

复合材料防水层的材料控制要点可参照卷材防水层、涂膜防水层的相关规定。

2. 施工及质量控制要点

(1)卷材与涂料复合使用时,涂膜防水层宜设置在卷材防水层的下面。

(2)卷材与涂料复合使用时,防水卷材的黏结质量应符合表9-23的规定。

表9-23　防水卷材的黏结质量

项目	自粘聚合物改性沥青防水卷材和带自粘层防水卷材	高聚物改性沥青防水卷材胶粘剂	合成高分子防水卷材胶粘剂
黏结剥离强度（N/10mm）	≥10 或卷材断裂	≥8 或卷材断裂	≥15 或卷材断裂
剪切状态下的粘合强度（N/10mm）	≥20 或卷材断裂	≥20 或卷材断裂	≥20 或卷材断裂
浸水 168h 后黏结剥离强度保持率(%)	—	—	70

(3)复合防水层施工质量应符合本节卷材防水层、涂膜防水层的有关规定。

(4)复合防水层最小厚度应符合表9-24的规定。

表9-24　复合防水层最小厚度

防水等级	合成高分子防水卷材＋合成高分子防水涂膜	自粘聚合物改性沥青防水卷材(无胎)＋合成高分子防水涂膜	高聚物改性沥青防水卷材＋高聚物改性沥青防水涂膜	聚乙烯丙纶卷材＋聚合物水泥防水胶结材料
Ⅰ级	1.2＋1.5	1.5＋1.5	3.0＋2.0	(0.7＋1.3)×2
Ⅱ级	1.0＋1.0	1.2＋1.0	3.0＋1.2	0.7＋1.3

3. 施工质量验收

(1)主控项目

1)复合防水层所用防水材料及其配套材料的质量,应符合设计要求。

检验方法：检查出厂合格证、质量检验报告和进场检验

2）复合防水层不得有渗漏和积水现象。

检验方法：雨后观察或淋水、蓄水试验。

3）复合防水层在天沟、檐沟、檐口、水落口、泛水、变形缝和伸出屋面管道的防水构造，应符合设计要求。

检验方法：观察检查。

（2）一般项目

1）卷材与涂膜应粘贴牢固，不得有空鼓和分层现象。

检验方法：观察检查。

2）复合防水层的总厚度应符合设计要求。

检验方法：针测法或取样量测。

五、接缝密封防水

1. 施工及质量控制要点

（1）密封防水部位的基层应符合下列要求：

1）基层应牢固，表面应平整、密实，不得有裂缝、蜂窝、麻面、起皮和起砂现象；

2）基层应清洁、干燥，并应无油污、无灰尘；

3）嵌入的背衬材料与接缝壁间不得留有空隙；

4）密封防水部位的基层宜涂刷基层处理剂，涂刷应均匀，不得漏涂。

（2）多组分密封材料应按配合比准确计量，拌合应均匀，并应根据有效时间确定每次配制的数量。

（3）密封材料嵌填完成后，在固化前应避免灰尘、破损及污染，且不得踩踏。

（4）改性沥青密封材料采用冷嵌法施工时，宜分次将密封材料嵌填在缝内，并应防止裹入空气；采用热灌法施工时，应由下向上进行，并宜减少接头，严格控制密封材料的熬制及浇灌温度。

（5）接缝密封防水的施工环境温度应符合下列规定：

1）改性沥青密封材料和溶剂型合成高分子密封材料宜为 0～35℃；

2）乳胶型及反应性合成高分子密封材料宜为 5～35℃。

2. 施工质量验收

（1）主控项目

1）密封材料及其配套材料的质量，应符合设计要求。

检验方法：检查出厂合格证、质量检验报告和进场检验报告。

2）密封材料嵌填应密实、连续、饱满，黏结牢固，不得有气泡、开裂、脱落等

缺陷。

检验方法:观察检查。

(2)一般项目

1)密封防水部位的基层应符合《屋面工程质量验收规范》(GB 50207—2012)第 6.5.1 条的规定。

检验方法:观察检查。

2)接缝宽度和密封材料的嵌填深度应符合设计要求,接缝宽度的允许偏差为±10%。

检验方法:尺量检查。

3)嵌填的密封材料表面应平滑,缝边应顺直,应无明显不平和周边污染现象。

检验方法:观察检查。

第五节　瓦面与板面工程

一、一般规定

(1)瓦面与板面工程施工前,应对主体结构进行质量验收,并应符合现行国家标准《混凝土结构工程施工质量验收规范》(GB 50204—2002)、《钢结构工程施工质量验收规范》(GB 50205—2001)和《木结构工程施工质量验收规范》(GB 50206—2012)的有关规定。

(2)木质望板、檩条、顺水条、挂瓦条等构件,均应做防腐、防蛀和防火处理;金属顺水条、挂瓦条以及金属板、固定件,均应做防锈处理。

(3)瓦材或板材与山墙及突出屋面结构的交接处,均应做泛水处理。

(4)在大风及地震设防地区或屋面坡度大于 100% 时,瓦材应采取固定加强措施。

(5)在瓦材的下面应铺设防水层或防水垫层,其品种、厚度和搭接宽度均应符合设计要求。

(6)防水垫层应顺水流方向搭接,应铺设平整,下道工序施工时,不得损坏已铺设完成的防水垫层。

(7)水泥砂浆或细石混凝土持钉层可不设分格缝;持钉层与突出屋面结构的交接处应预留 30mm 宽的缝隙。

(8)严寒和寒冷地区的檐口部位,应采取防雪融冰坠的安全措施。

(9)瓦面与板面工程各分项工程每个检验批的抽检数量,应按屋面面积每

$100m^2$抽查一处,每处应为$10m^2$,且不得少于 3 处。

二、烧结瓦和混凝土瓦铺装

1. 材料控制要点

(1)烧结瓦主要性能指标见表 9-25。

表 9-25 烧结瓦主要性能指标

项　　目	指　　标	
	有釉类	无釉类
抗弯曲性能(N)	平瓦 1200,波形瓦 1600	
抗冻性能(15 次冻融循环)	无剥落、掉角、掉棱及裂纹增加现象	
耐急冷急热性(10 次急冷急热循环)	无炸裂、剥落及裂纹延长现象	
吸水率(浸水 24h,%)	≤10	≤18
抗渗性能(3h)	—	背面无水滴

(2)混凝土瓦主要性能指标见表 9-26。

表 9-26 混凝土瓦主要性能指标

项　　目	指　　标			
	波形瓦		平板瓦	
	覆盖宽度 ≥300mm	覆盖宽度 ≤200mm	覆盖宽度 ≥300mm	覆盖宽度 ≤200mm
承载力标准值(N)	1200	900	1000	800
抗冻性(25 次冻融循环)	外观质量合格,承载力仍不小于标准值			
吸水率(浸水 24h,%)	≤10			
抗渗性能(24h)	背面无水滴			

2. 施工及质量控制要点

(1)平瓦和脊瓦应边缘整齐,表面光洁,不得有分层、裂纹和露砂等缺陷;平瓦的瓦爪与瓦槽的尺寸应配合。

(2)基层、顺水条、挂瓦条的铺设应符合下列规定:

1)基层应平整、干净、干燥;持钉层厚度应符合设计要求;

2)顺水条应垂直正脊方向铺钉在基层上,顺水条表面应平整,其间距不宜大于 500mm;

3)挂瓦条的间距应根据瓦片尺寸和屋面坡长经计算确定;

4)挂瓦条应铺钉平整、牢固,上棱应成一直线。

（3）挂瓦应符合下列规定：

1）挂瓦应从两坡的檐口同时对称进行。瓦后爪应与挂瓦条挂牢，并应与邻边、下面两瓦落槽密合；

2）檐口瓦、斜天沟瓦应用镀锌铁丝拴牢在挂瓦条上，每片瓦均应与挂瓦条固定牢固；

3）整坡瓦面应平整，行列应横平竖直，不得有翘角和张口现象；

4）正脊和斜脊应铺平挂直，脊瓦搭盖应顺主导风向和流水方向。

（4）持钉层的铺设应符合下列规定：

1）屋面无保温层时，木基层或钢筋混凝土基层可视为持钉层；钢筋混凝土基层不平整时，宜用 1∶2.5 的水泥砂浆进行找平；

2）屋面有保温层时，保温层上应按设计要求做细石混凝土持钉层，细石混凝土持钉层的厚度不应小于 35mm，内配钢筋网应骑跨屋脊，并应绷直与屋脊和檐口、檐沟部位的预埋锚筋连牢；预埋锚筋穿过防水层或防水垫层时，破损处应进行局部密封处理；

3）水泥砂浆或细石混凝土持钉层可不设分格缝；持钉层与突出屋面结构的交接处应预留 30mm 宽的缝隙。

（5）烧结瓦和混凝土瓦铺装的有关尺寸，应符合下列规定：

1）瓦屋面檐口挑出墙面的长度不宜小于 300mm；

2）脊瓦在两坡面瓦上的搭盖宽度，每边不应小于 40mm；

3）脊瓦下端距坡面瓦的高度不宜大于 80mm；

4）瓦头伸入檐沟、天沟内的长度宜为 50～70mm；

5）金属檐沟、天沟伸入瓦内的宽度不应小于 150mm；

6）瓦头挑出檐口的长度宜为 50～70mm；

7）突出屋面结构的侧面瓦伸入泛水的宽度不应小于 50mm。

（6）脊瓦搭盖间距应均匀，脊瓦与坡面瓦之间的缝隙应用聚合物水泥砂浆填实抹平，屋脊或斜脊应顺直。沿山墙一行瓦宜用聚合物水泥砂浆做出披水线。

（7）烧结瓦、混凝土瓦的重量较大，如果集中堆放在一起，或是铺瓦时两坡不对称铺设，都会对屋盖支撑系统产生过大的不对称施工荷载，使屋面结构的受力情况发生较大的变化，所以铺设瓦屋面时，瓦片应均匀分散堆放在两坡屋面基层上，严禁集中堆放。铺瓦时，应由两坡从下向上同时对称铺设。

3. 施工质量验收

（1）主控项目

1）瓦材及防水垫层的质量，应符合设计要求。

检验方法：检查出厂合格证、质量检验报告和进场检验报告。

2)烧结瓦、混凝土瓦屋面不得有渗漏现象。

检验方法:雨后观察或淋水试验。

3)瓦片必须铺置牢固。在大风及地震设防地区或屋面坡度大于100%时,应按设计要求采取固定加强措施。

检验方法:观察或手扳检查。

(2)一般项目

1)挂瓦条应分档均匀,铺钉应平整、牢固;瓦面应平整,行列应整齐,搭接应紧密,檐口应平直。

检验方法:观察检查。

2)脊瓦应搭盖正确,间距应均匀,封固应严密;正脊和斜脊应顺直,应无起伏现象。

检验方法:观察检查。

3)泛水做法应符合设计要求,并应顺直整齐、结合严密。

检验方法:观察检查。

4)烧结瓦和混凝土瓦铺装的有关尺寸,应符合设计要求。

检验方法:尺量检查。

三、沥青瓦铺装

1. 材料控制要点

沥青瓦主要性能指标见表 9-27。

表 9-27　沥青瓦主要性能指标

项　目		指　标
可溶物含量(g/m²)		平瓦≥1000;叠瓦≥1800
拉力(N/50mm)	纵向	≥500
	横向	≥400
耐热度(℃)		90,无流淌、滑动、滴落、气泡
柔度(℃)		10,无裂纹

2. 施工及质量控制要点

(1)沥青瓦应边缘整齐,切槽应清晰,厚薄应均匀,表面应无孔洞、硌伤、裂纹、皱折和起泡等缺陷。

(2)沥青瓦应自檐口向上铺设,起始层瓦应由瓦片经切除垂片部分后制得,且起始层瓦沿檐口平行铺设并伸出檐口 10mm,并应用沥青基胶粘材料与基层黏结;第一层瓦应与起始层瓦叠合,但瓦切口应向下指向檐口;第二层瓦应压在第一层瓦上且露出瓦切口,但不得超过切口长度。相邻两层沥青瓦的拼缝及切口应均匀错开。

(3)铺设脊瓦时,宜将沥青瓦沿切口剪开分成三块作为脊瓦,并应用 2 个固定钉固定,同时应用沥青基胶粘材料密封;脊瓦搭盖应顺主导风向。

(4)沥青瓦的固定应符合下列规定:

1)沥青瓦铺设时,每张瓦片不得少于 4 个固定钉,在大风地区或屋面坡度大于 10％时,每张瓦片不得少于 6 个固定钉;

2)固定钉应垂直钉入沥青瓦压盖面,钉帽应与瓦片表面齐平;

3)固定钉钉入持钉层深度应符合设计要求;

4)屋面边缘部位沥青瓦之间以及起始瓦与基层之间,均应采用沥青基胶粘材料满粘。

(5)沥青瓦铺装的有关尺寸应符合下列规定:

1)脊瓦在两坡面瓦上的搭盖宽度,每边不应小于 150mm;

2)脊瓦与脊瓦的压盖面不应小于脊瓦面积的 1/2;

3)沥青瓦挑出檐口的长度宜为 10～20mm;

4)金属泛水板与沥青瓦的搭盖宽度不应小于 100mm;

5)金属泛水板与突出屋面墙体的搭接高度不应小于 250mm;

6)金属滴水板伸入沥青瓦下的宽度不应小于 80mm。

(6)沥青瓦屋面与立墙或伸出屋面的烟囱、管道的交接处应做泛水,在其周边与立面 250mm 的范围内应铺设附加层,然后在其表面用沥青基胶结材料满粘一层沥青瓦片。

(7)铺设沥青瓦屋面的天沟应顺直,瓦片应黏结牢固,搭接缝应密封严密,排水应通畅。

3. 施工质量验收

(1)主控项目

1)沥青瓦及防水垫层的质量,应符合设计要求。

检验方法:检查出厂合格证、质量检验报告和进场检验报告。

2)沥青瓦屋面不得有渗漏现象。

检验方法:雨后观察或淋水试验。

3)沥青瓦铺设应搭接正确,瓦片外露部分不得超过切口长度。

检验方法:观察检查。

(2)一般项目

1)沥青瓦所用固定钉应垂直钉入持钉层,钉帽不得外露。

检验方法:观察检查。

2)沥青瓦应与基层粘钉牢固,瓦面应平整,檐口应平直。

检验方法:观察检查。

3)泛水做法应符合设计要求,并应顺直整齐、结合紧密。

检验方法:观察检查。

4)沥青瓦铺装的有关尺寸,应符合设计要求。

检验方法:尺量检查。

四、金属板铺装

1. 施工及质量控制要点

(1)金属板屋面的构件及配件应有产品合格证和性能检测报告。金属板材应边缘整齐,表面应光滑,色泽应均匀,外形应规则,不得有翘曲、脱膜和锈蚀等缺陷。

(2)金属板材应用专用吊具安装,安装和运输过程中不得损伤金属板材。

(3)金属板材应根据要求板型和深化设计的排板图铺设,并应按设计图纸规定的连接方式固定。

(4)金属板固定支架或支座位置应准确,安装应牢固。

(5)金属板屋面铺装的有关尺寸应符合下列规定:

1)金属板檐口挑出墙面的长度不应小于 200mm;

2)金属板伸入檐沟、天沟内的长度不应小于 100mm;

3)金属泛水板与突出屋面墙体的搭接高度不应小于 250mm;

4)金属泛水板、变形缝盖板与金属板的搭接宽度不应小于 200mm;

5)金属屋脊盖板在两坡面金属板上的搭盖宽度不应小于 250mm。

2. 施工质量验收

(1)主控项目

1)金属板材及其辅助材料的质量,应符合设计要求。

检验方法:检查出厂合格证、质量检验报告和进场检验报告。

2)金属板屋面不得有渗漏现象。

检验方法:雨后观察或淋水试验。

(2)一般项目

1)金属板铺装应平整、顺滑;排水坡度应符合设计要求。

检验方法:坡度尺检查。

2)压型金属板的咬口锁边连接应严密、连续、平整,不得扭曲和裂口。

检验方法:观察检查。

3)压型金属板的紧固件连接应采用带防水垫圈的自攻螺钉,固定点应设在波峰上；所有自攻螺钉外露的部位均应密封处理。

　　检验方法：观察检查。

　　4）金属面绝热夹芯板的纵向和横向搭接，应符合设计要求。

　　检验方法：观察检查。

　　5）金属板的屋脊、檐口、泛水，直线段应顺直，曲线段应顺畅。

　　检验方法：观察检查。

　　6）金属板材铺装的允许偏差和检验方法，应符合表 9-28 的规定。

表 9-28　金属板铺装的允许偏差和检验方法

项　　目	允许偏差（mm）	检验方法
檐口与屋脊的平行度	15	拉线和尺量检查
金属板对屋脊的垂直度	单坡长度的 1/800，且不大于 25	
金属板咬缝的平整度	10	
檐口相邻两板的端部错位	6	
金属板铺装的有关尺寸	符合设计要求	尺量检查

五、玻璃采光顶铺装

1. 施工及质量控制要点

（1）玻璃采光顶的预埋件应位置准确，安装应牢固。

（2）玻璃采光顶的施工测量应与主体结构测量相配合，测量偏差应及时调整，不得积累；施工过程中应定期对采光顶的安装定位基准点进行校核。

（3）采光顶玻璃及玻璃组件的制作，应符合现行行业标准《建筑玻璃采光顶》（JG/T 231—2007）的有关规定。

（4）采光顶玻璃表面应平整、洁净，颜色应均匀一致。

（5）玻璃采光顶与周边墙体之间的连接，应符合设计要求。

2. 施工质量验收

（1）主控项目

1）采光顶玻璃及其配套材料的质量，应符合设计要求。

　　检验方法：检查出厂合格证和质量检验报告。

2）玻璃采光顶不得有渗漏现象。

　　检验方法：雨后观察或淋水试验。

3）硅酮耐候密封胶的打注应密实、连续、饱满，黏结应牢固，不得有气泡、开裂、脱落等缺陷。

检验方法:观察检查。

(2)一般项目

1)玻璃采光顶铺装应平整、顺直;排水坡度应符合设计要求。

检验方法:观察和坡度尺检查。

2)玻璃采光顶的冷凝水收集和排除构造,应符合设计要求。

检验方法:观察检查。

3)明框玻璃采光顶的外露金属框或压条应横平竖直,压条安装应牢固;隐框玻璃采光顶的玻璃分格拼缝应横平竖直,均匀一致。

检验方法:观察和手扳检查。

4)点支承玻璃采光顶的支承装置应安装牢固,配合应严密;支承装置不得与玻璃直接接触。

检验方法:观察检查。

5)采光顶玻璃的密封胶缝应横平竖直,深浅应一致,宽窄应均匀,应光滑顺直。

检验方法:观察检查。

6)明框玻璃采光顶铺装的允许偏差和检验方法,应符合表 9-29 的规定。

表 9-29　明框玻璃采光顶铺装的允许偏差和检验方法

项　目		允许偏差(mm)		检验方法
		铝构件	钢构件	
通长构件水平度 (纵向或横向)	构件长度≤30m	10	15	水准仪检查
	构件长度≤60m	15	20	
	构件长度≤90m	20	25	
	构件长度≤150m	25	30	
	构件长度>150m	30	35	
单一构件直线度 (纵向或横向)	构件长度≤2m	2	3	拉线和尺量检查
	构件长度>2m	3	4	
相邻构件平面高低差		1	2	直尺和塞尺检查
通长构件直线度 (纵向或横向)	构件长度≤35m	5	7	经纬仪检查
	构件长度>35m	7	9	
分格框对角线差	构件长度≤2m	3	4	尺量检查
	构件长度>2m	3.5	5	

7)隐框玻璃采光顶铺装的允许偏差和检验方法,应符合表9-30的规定。

表9-30 隐框玻璃采光顶铺装的允许偏差和检验方法

项 目		允许偏差(mm)	检验方法
通长接缝水平度 (纵向或横向)	接缝长度≤30m	10	水准仪检查
	接缝长度≤60m	15	
	接缝长度≤90m	20	
	接缝长度≤150m	25	
	接缝长度>150m	30	
相邻板块的平面高低差		1	直尺和塞尺检查
相邻板块的接缝直线度		2.5	拉线和尺量检查
通长接缝直线度 (纵向或横向)	接缝长度≤35m	5	经纬仪检查
	接缝长度>35m	7	
玻璃间接缝宽度(与设计尺寸比)		2	尺量检查

8)点支承玻璃采光顶铺装的允许偏差和检验方法,应符合表9-31的规定。

表9-31 点支承玻璃采光顶铺装的允许偏差和检验方法

项 目		允许偏差(mm)	检验方法
通长接缝水平度 (纵向或横向)	接缝长度≤30m	10	水准仪检查
	接缝长度≤60m	15	
	接缝长度>60m	20	
相邻板块的平面高低差		1	直尺和塞尺检查
相邻板块的接缝直线度		2.5	拉线和尺量检查
通长接缝直线度 (纵向或横向)	接缝长度≤35m	5	经纬仪检查
	接缝长度>35m	7	
玻璃间接缝宽度(与设计尺寸比)		2	尺量检查

第六节　细部构造工程

一、一般规定

(1)细部构造应包括檐口、檐沟和天沟、女儿墙和山墙、水落口、变形缝、伸出屋面管道、屋面出入口、反梁过水孔、设施基座、屋脊、屋顶窗等部位。

(2)细部构造工程各分项工程每个检验批应全数进行检验。

(3)细部构造所使用卷材、涂料和密封材料的质量应符合设计要求,两种材料之间应具有相容性。

(4)屋面细部构造热桥部位的保温处理,应符合设计要求。

(5)檐口、檐沟外侧下端及女儿墙压顶内侧下端等部位均应作滴水处理,滴水宽度和深度不宜小于 10mm。

二、檐口

1. 施工及质量控制要点

(1)卷材防水屋面檐口 800mm 范围内的卷材应满粘,卷材收头应采用金属压条钉压,并应用密封材料封严,如图 9-1。

(2)涂膜防水屋面檐口的涂膜收头,应用防水涂料多遍涂,如图 9-2。

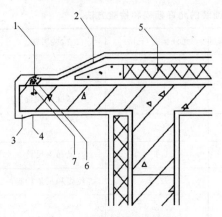 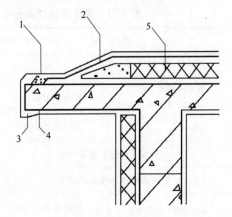

图 9-1　卷材防水层屋面檐口
1-密封材料;2-卷材防水层;3-鹰嘴;4-滴水槽;
5-保温层;6-金属压条;7-水泥钉

图 9-2　涂膜防水屋面檐口
1-涂料多遍涂刷;2-涂膜防水层;3-鹰嘴;
4-滴水槽;5-保温层

(3)烧结瓦、混凝土瓦屋面的瓦头挑出檐口的长度宜为 50～70mm,如图 9-3、9-4。

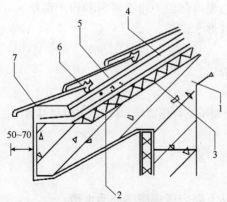

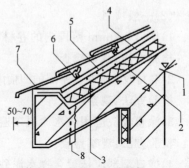

图 9-3 烧结瓦、混凝土瓦屋面檐口(一)(mm)

1-结构层;2-保温层;3-防水层或防水垫层;

4-持钉层;5-顺水条;6-挂瓦条;

7-烧结瓦或混凝土瓦

图 9-4 烧结瓦、混凝土瓦屋面檐口(二)(mm)

1-结构层;2-防水层或防水垫层;3-保温层;

4-持钉层;5-顺水条;6-挂瓦条;

7-烧结瓦或混凝土瓦;8-泄水管

(4)沥青瓦屋面的瓦头挑出檐口的长度宜为 10～20mm;金属滴水板应固定在基层上,伸入沥青瓦下宽度不应小于 80mm 向下延伸长度不应小于 60mm,如图 9-5。

(5)金属板屋面檐口挑出墙面的长度不应小于 200mm,如图 9-6.

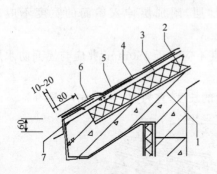

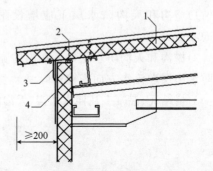

图 9-5 沥青瓦屋面檐口(mm)

1-结构层;2-保温层;3-持钉层;

4-防水层和防水垫层;5-沥青瓦;

6-起始层沥青瓦;7-金属滴水板

图 9-6 金属板屋面檐口(mm)

1-金属板;2-通长密封条;

3-金属压条;4-金属封檐板

2. 施工质量验收

(1)主控项目

1)檐口的防水构造应符合设计要求。

检验方法:观察检查。

2)檐口的排水坡度应符合设计要求;檐口部位不得有渗漏和积水现象。

检验方法:坡度尺检查和雨后观察或淋水试验。

(2)一般项目

1)檐口800mm范围内的卷材应满粘。

检验方法:观察检查。

2)卷材收头应在找平层的凹槽内用金属压条钉压固定,并应用密封材料封严。

检验方法:观察检查。

3)涂膜收头应用防水涂料多遍涂刷。

检验方法:观察检查。

4)檐口端部应抹聚合物水泥砂架,其下端应做成鹰嘴和滴水槽。

检验方法:观察检查。

三、挑檐和天沟

1. 施工及质量控制要点

(1)卷材或涂膜防水屋面檐沟和天沟的防水层下应增设附加层,附加层伸入屋面的宽度不应小于250mm;

(2)烧结瓦、混凝土瓦屋面

1)檐沟和天沟防水层下应增设附加层,附加层伸入屋面的宽度不应小于500mm;

2)檐沟和天沟防水层伸入瓦内的宽度不应小于150mm,并应与屋面防水层或防水垫层顺流水方向搭接;

3)烧结瓦、混凝土瓦伸入檐沟、天沟内的长度,宜为50~70mm,如图9-7。

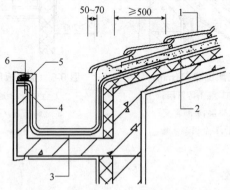

图9-7 烧结瓦、混凝土瓦屋面檐沟(mm)

1-烧结瓦或混凝土瓦;2-防水层或防水垫层;3-附加层;4-水泥钉;5-金属压条;6-密封材料

4)檐沟防水层和附加层应由沟底翻上至外侧顶部,卷材收头应用金属压条钉压,并应用密封材料封严,涂膜收头应用防水涂料多遍涂刷;

（3）沥青瓦屋面

1)檐沟防水层下应增设附加层,附加层伸入屋面的宽度不应小于500mm;

2)檐沟防水层伸入瓦内的宽度不应小于150mm,并应与屋面防水层或防水垫层顺流水方向搭接;

3)沥青瓦伸入檐沟内的长度宜为10~20mm;

4)天沟采用搭接式或编织式铺设时,沥青瓦下应增设不小于1000mm宽的附加层。

5)天沟采用敞开式铺设时,在防水层或防水垫层上应铺设厚度不小于0.45mm的防锈金属板材,沥青瓦与金属板材应顺流水方向搭接,搭接缝应用沥青基胶结材料黏结,搭接宽度不应小于100mm,如图9-8。

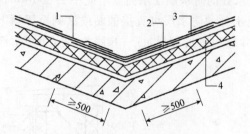

图9-8 沥青瓦屋面天沟(mm)

1-沥青瓦;2-附加层;3-防水层或防水垫层;4-保温层

6)檐沟防水层和附加层应由沟底翻上至外侧顶部,卷材收头应用金属压条钉压,并应用密封材料封严;涂膜收头应用防水涂料多遍涂刷。

2. 施工质量验收

（1）主控项目

1)檐沟、天沟的防水构造应符合设计要求。

检验方法:观察检查。

2)檐沟、天沟的排水坡度应符合设计要求;沟内不得有渗漏和积水现象。

检验方法:坡度尺检查和雨后观察或淋水、蓄水试验。

（2）一般项目

1)檐沟、天沟附加层铺设应符合设计要求。

检验方法:观察和尺量检查。

2)檐沟防水层应由沟底翻上至外侧顶部,卷材收头应用金属压条钉压固定,并应用密封材料封严;涂膜收头应用防水涂料多遍涂刷。

检验方法:观察检查。

3)檐沟外侧顶部及侧面均应抹聚合物水泥砂浆,其下端应做成鹰嘴或滴水槽。

检验方法:观察检查。

四、女儿墙和山墙

1. 施工及质量控制要点

(1)女儿墙

1)女儿墙压顶向内排水坡度不应小于5%;

2)女儿墙泛水处的防水层下应增设附加层,附加层在平面和立面的宽度均不应小于250mm;

3)高女儿墙泛水处的防水层泛水高度不应小于250mm,如图9-9;

4)低女儿墙泛水处的防水层可直接铺贴或涂刷至压顶下,卷材收头应用金属压条钉压固定,并应用密封材料封严;涂膜收头应用防水涂料多遍涂刷,如图9-10;

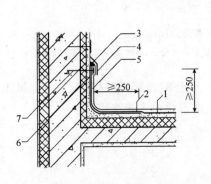

图9-9 高女儿墙(mm)

1-防水层;2-附加层;3-密封材料;
4-金属盖板;5-保护层;6-金属压条;7-水泥钉

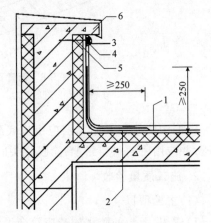

图9-10 低女儿墙(mm)

1-防水层;2-附加层;3-密封材料;
4-金属压条;5-水泥钉;6-压顶

5)女儿墙泛水处的防水层表面,宜采用涂刷浅色涂料或浇筑细石混凝土保护。混凝土墙上的卷材收头应采用金属压条钉压,用密封材料封严。

(2)山墙

1)山墙压顶应向内排水,坡度不应小于5%,压顶内侧下端应作滴水处理;

2)山墙泛水处的防水层下应增设附加层,附加层在平面和立面的宽度均不

应小于 250mm;

3)烧结瓦、混凝土瓦屋面山墙泛水应采用聚合物水泥砂浆抹成,侧面瓦伸入泛水的宽度不应小于 50mm,如图 9-11。

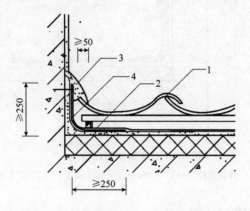

图 9-11　烧结瓦、混凝土瓦屋面山墙(mm)
1-烧结瓦或混凝土瓦;2-防水层或防水垫层;3-聚合物水泥砂浆;4-附加层

4)金属板屋面山墙泛水应铺钉厚度不小于 0.45mm 的金属泛水板,并应顺流水方向搭接;金属泛水板与墙体的搭接高度不应小于 250mm,与压型金属板的搭盖宽度宜为 1~2 波,如图 9-12。

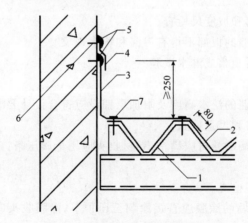

图 9-12 压型金属板屋面山墙(mm)
1-固定支架;2-压型金属板;3-金属泛水板;4-金属盖板;
5-密封材料;6-水泥钉;7-拉铆钉

5)沥青瓦屋面山墙泛水应采用沥青基胶粘材料满粘一层沥青瓦片,防水层和沥青瓦收头应用金属压条钉压固定,并应用密封材料封严,如图 9-13。

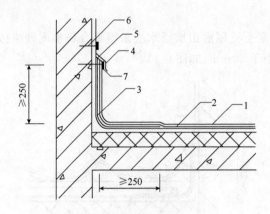

图 9-13 沥青瓦屋面山墙(mm)

1-沥青瓦;2-防水层或防水垫层;3-附加层;4-金属盖板;5-密封材料;6-水泥钉;7-金属压条

2. 施工质量验收

(1)主控项目

1)女儿墙和山墙的防水构造应符合设计要求。

检验方法:观察检查。

2)女儿墙和山墙的压顶向内排水坡度不应小于5%,压顶内侧下端应做成鹰嘴或滴水槽。

检验方法:观察和坡度尺检查。

3)女儿墙和山墙的根部不得有渗漏和积水现象。

检验方法:雨后观察或淋水试验。

(2)一般项目

1)女儿墙和山墙的泛水高度及附加层铺设应符合设计要求。

检验方法:观察和尺量检查。

2)女儿墙和山墙的卷材应满粘,卷材收头应用金属压条钉压固定,并应用密封材料封严。

检验方法:观察检查。

3)女儿墙和山墙的涂膜应直接涂刷至压顶下,涂膜收头应用防水涂料多遍涂刷。

检验方法:观察检查。

五、水落口

1. 施工及质量控制要点

1)水落口的金属配件均应作防锈处理;

2)水落口周围直径500mm范围内坡度不应小于5‰,防水层下应增设涂膜附加层;

3)防水层和附加层伸入水落口杯内不应小于50mm,并应黏结牢固。

4)虹吸式排水的水落口防水构造应进行专项设计。

5)重力式排水的水落口(图9-14、图9-15)的防水施工应符合下列规定:

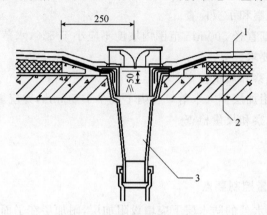

图9-14 直式水落口(mm)

1-防水层;2-附加层;3-水落斗

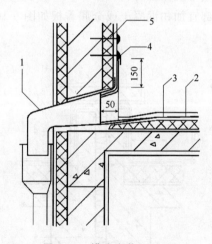

图9-15 横式水落口(mm)

1-水落斗;2-防水层;3-附加层;4-密封材料;5-水泥钉

2. 施工质量验收

(1)主控项目

1)水落口的防水构造应符合设计要求。

检验方法:观察检查。

2)水落口杯上口应设在沟底的最低处;水落口处不得有渗漏和积水现象。

检验方法:雨后观察或淋水、蓄水试验。

(2)一般项目

1)水落口的数量和位置应符合设计要求;水落口杯应安装牢固。

检验方法:观察和手扳检查。

2)水落口周围直径500mm范围内坡度不应小于5%,水落口周围的附加层铺设应符合设计要求。

检验方法:观察和尺量检查。

3)防水层及附加层伸入水落口杯内不应小于50mm,并应黏结牢固。

检验方法:观察和尺量检查。

六、变形缝

1. 施工及质量控制要点

(1)变形缝泛水处的防水层下应增设附加层,附加层在平面和立面的宽度不应小于250mm;防水层应铺贴或涂刷至泛水墙的顶部;

(2)变形缝内应预填不燃保温材料;

(3)等高变形缝顶部宜加扣混凝土或金属盖板如图9-16;混凝土盖板的接缝应用密封材料嵌填;

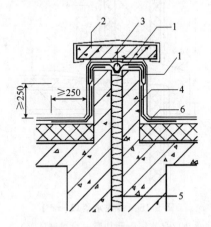

图9-16 等高变形缝(mm)

1-卷材封盖;2-混凝土盖板;3-衬垫材料;4-附加层;5-不燃保温材料;6-防水层

(4)高低跨变形缝在立墙泛水处,应采取能适应变形的密封处理,如图9-17。

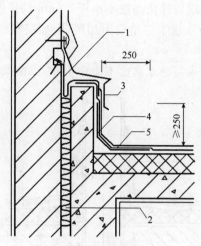

图 9-17 高低跨变形缝(mm)

1-卷材封盖;2-不燃保温材料;3-金属盖板;4-附加层;5-防水层

2. 施工质量验收

(1)主控项目

1)变形缝的防水构造应符合设计要求。

检验方法:观察检查。

2)变形缝处不得有渗漏和积水现象。

检验方法:雨后观察或淋水试验。

(2)一般项目

1)变形缝的泛水高度及附加层铺设应符合设计要求。

检验方法:观察和尺量检查。

2)防水层应铺贴或涂刷至泛水墙的顶部。

检验方法:观察检查。

3)等高变形缝顶部宜加扣混凝土或金属盖板。混凝土盖板的接缝应用密封材料封严;金属盖板应铺钉牢固,搭接缝应顺流水方向,并应做好防锈处理。

检验方法:观察检查。

4)高低跨变形缝在高跨墙面上的防水卷材封盖和金属盖板,应用金属压条钉压固定,并应用密封材料封严。

检验方法:观察检查。

七、伸出屋面管道

1. 施工及质量控制要点

(1)伸出屋面管道

1)管道周围的找平层应抹出高度不小于30mm的排水坡；

2)管道泛水处的防水层下应增设附加层，附加层在平面和立面的宽度均不应小于250mm；

3)管道泛水处的防水层泛水高度不应小于250mm；如图9-18。

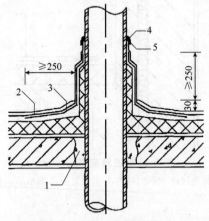

图 9-18　伸出屋面管道(mm)

1-细石混凝土；2-卷材防水层；3-附加层；4-密封材料；5-金属箍

4)卷材收头应用金属箍紧固和密封材料封严，涂膜收头应用防水涂料多遍涂刷。

(2)烟囱

1)烧结瓦、混凝土瓦屋面烟囱泛水处的防水层或防水垫层下应增设附加层，附加层在平面和立面的宽度不应小于250mm，如图9-19；

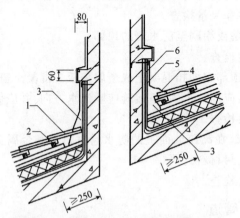

图 9-19　烧结瓦、混凝土瓦屋面烟囱(mm)

1-烧结瓦或混凝土瓦；2-挂瓦条；3-聚合物水泥砂浆；4-分水线；5-防水层或防水垫层；6-附加层

2)屋面烟囱泛水应采用聚合物水泥砂浆抹成;

3)烟囱与屋面的交接处,应在迎水面中部抹出分水线,并应高出两侧各30mm。

2. 施工质量验收

(1)主控项目

1)伸出屋面管道的防水构造应符合设计要求。

检验方法:观察检查。

2)伸出屋面管道根部不得有渗漏和积水现象。

检验方法:雨后观察或淋水试验。

(2)一般项目

1)伸出屋面管道的泛水高度及附加层铺设,应符合设计要求。

检验方法:观察和尺量检查。

2)伸出屋面管道周围的找平层应抹出高度不小于30mm的排水坡。

检验方法:观察和尺量检查。

3)卷材防水层收头应用金属箍固定,并应用密封材料封严;涂膜防水层收头应用防水涂料多遍涂刷。

检验方法:观察检查。

八、屋面出入口

1. 施工及质量控制要点

(1)屋面垂直出入口泛水处应增设附加层,附加层在平面和立面的宽度均不应小于250mm;防水层收头应在混凝土压顶圈下,如图9-20。

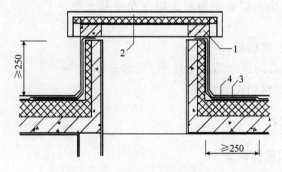

图9-20 垂直出入口(mm)

1-混凝土压顶圈;2-上人孔盖;3-防水层;4-附加层

(2)屋面水平出入口泛水处应增设附加层和护墙,附加层在平面上的宽度不应小于250mm;防水层收头应压在混凝土踏步下,如图9-21。

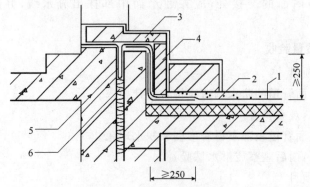

图 9-21　水平出入口(mm)

1-防水层;2-附加层;3-踏步;4-护墙;5-防水卷材封盖;6-不燃保温材料

2. 施工质量验收

(1)主控项目

1)屋面出入口的防水构造应符合设计要求。

检验方法:观察检查。

2)屋面出入口处不得有渗漏和积水现象。

检验方法:雨后观察或淋水试验。

(2)一般项目

1)屋面垂直出入口防水层收头应压在压顶圈下,附加层铺设应符合设计要求。

检验方法:观察检查。

2)屋面水平出入口防水层收头应压在混凝土踏步下,附加层铺设和护墙应符合设计要求。

检验方法:观察检查。

3)屋面出入口的泛水高度不应小于250mm。

检验方法:观察和尺量检查。

九、反梁过水孔

1. 施工及质量控制要点

(1)应根据排水坡度留设反梁过水孔,图纸应注明孔底标高;

(2)反梁过水孔宜采用预埋管道,其管径不得小于75mm;

(3)过水孔可采用防水涂料、密封材料防水。预埋管道两端周围与混凝土接触处应留凹槽,并应用密封材料封严,如图9-22。

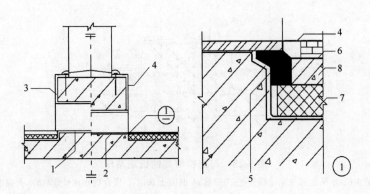

图 9-22　反梁过水孔

1-留洞(内满涂防水涂膜);2-不锈钢管过水孔;3-满涂防水涂膜;4-聚合物水泥砂浆

5-不锈钢管四周嵌防水密封材料;6-防水层;7-保温层;8-保护层

(4)留置的过水孔、宜采用预埋管道,其管径大小及个数应符合《建筑给水排水设计规范》(GB 50015—2010)中的相关规定。

2. 施工质量验收

(1)主控项目

1)反梁过水孔的防水构造应符合设计要求。

检验方法:观察检查。

2)反梁过水孔处不得有渗漏和积水现象。

检验方法:雨后观察或淋水试验。

(2)一般项目

1)反梁过水孔的孔底标高、孔洞尺寸或预埋管管径,均应符合设计要求。

检验方法:尺量检查。

2)反梁过水孔的孔洞四周应涂刷防水涂料;预埋管道两端周围与混凝土接触处应留凹槽,并应用密封材料封严。

检验方法:观察检查。

十、设施基座

1. 施工及质量控制要点

(1)设施基座与结构层相连时,防水层应包裹设施基座的上部,并应在地脚螺栓周围作密封处理,如图 9-23。

(2)在防水层上放置设施时,防水层下应增设卷材附加层,必要时应在其上浇筑细石混凝土,其厚度不应小于 50mm,如图 9-24。

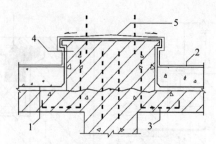

图 9-23　与结构相连的设施基座

1-防水层;2-聚合物水泥涂膜保护;3-锚筋;4-混凝土基座;5-聚合物水泥砂浆(防水兼找坡)

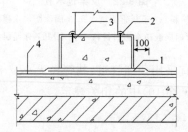

图 9-24　放置在防水层上的设施基座(mm)

1-卷材附加层;2-锚栓;3-混凝土基座;4-柔性防水层

2. 施工质量验收

(1)主控项目

1)设施基座的防水构造应符合设计要求。

检验方法:观察检查。

2)设施基座处不得有渗漏和积水现象。

检验方法:雨后观察或淋水试验。

(2)一般项目

1)设施基座与结构层相连时,防水层应包裹设施基座的上部,并应在地脚螺栓周围做密封处理。

检验方法:观察检查。

2)设施基座直接放置在防水层上时,设施基座下部应增设附加层,必要时应在其上浇筑细石混凝土,其厚度不应小于 50mm。

检验方法:观察检查。

3)需经常维护的设施基座周围和屋面出入口至设施之间的人行道,应铺设块体材料或细石混凝土保护层。

检验方法:观察检查。

十一、屋脊

1. 施工及质量控制要点

（1）烧结瓦、混凝土瓦屋面的屋脊处应增设宽度不小于 250mm 的卷材附加层。脊瓦下端距坡面瓦的高度不宜大于 80mm，脊瓦在两坡面瓦上的搭盖宽度，每边不应小于 40mm；脊瓦与坡瓦面之间的缝隙应采用聚合物水泥砂浆填实抹平，如图 9-25。

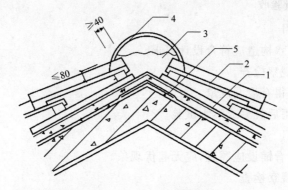

图 9-25 烧结瓦、混凝土瓦屋面屋脊(mm)

1-防水层或防水垫层；2-烧结瓦或混凝土瓦；3-聚合物水泥砂浆；4-脊瓦；5-附加层

（2）沥青瓦屋面的屋脊处应增设宽度不小于 250mm 的卷材附加层。脊瓦在两坡面瓦上的搭盖宽度，每边不应小于 150mm，如图 9-26。

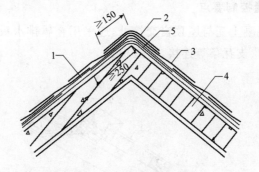

图 9-26 沥青瓦屋面屋脊(mm)

1-防水层或防水垫层；2-脊瓦；3-沥青瓦；4-结构层；5-附加层

（3）金属板屋面的屋脊盖板在两坡面金属板上的搭盖宽度每边不应小于 250mm，如图 9-27。

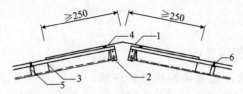

图 9-27 金属板材屋面屋脊(mm)

1-屋脊盖板;2-堵头板;3-挡水板;4-密封材料;5-固定支架;6-固定螺栓

2. 施工质量验收

(1)主控项目

1)屋脊的防水构造应符合设计要求。

检验方法:观察检查。

2)屋脊处不得有渗漏现象。

检验方法:雨后观察或淋水试验。

(2)一般项目

1)平脊和斜脊铺设应顺直,应无起伏现象。

检验方法:观察检查。

2)脊瓦应搭盖正确,间距应均匀,封固应严密。

检验方法:观察和手扳检查。

十二、屋顶窗

1. 施工及质量控制要点

(1)烧结瓦、混凝土瓦与屋顶窗交接处,应采用金属排水板、窗框固定铁脚、窗口附加防水卷材、支瓦条等连接,如图9-28。

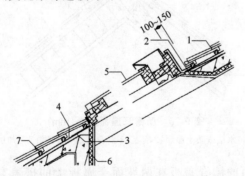

图 9-28 烧结瓦、混凝土瓦屋面屋顶窗(mm)

1-烧结瓦或混凝土瓦;2-金属排水板;3-窗口附加防水卷材;
4-防水层或防水垫层;5-屋顶窗;6-保温层;7-支瓦条

（2）沥青瓦屋面与屋顶窗交接处应采用金属排水板、窗框固定铁脚、窗口附加防水卷材等与结构层连接，如图 9-29。

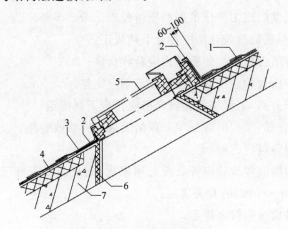

图 9-29　沥青瓦屋面屋顶窗(mm)

1-沥青瓦；2-金属排水板；3-窗口附加防水卷材；

4-防水层或防水垫层；5-屋顶窗；6-保温层；7-结构层

2. 施工质量验收

（1）主控项目

1）屋顶窗的防水构造应符合设计要求。

检验方法：观察检查。

2）屋顶窗及其周围不得有渗漏现象。

检验方法：雨后观察或淋水试验。

（2）一般项目

3）屋顶窗用金属排水板、窗框固定铁脚应与屋面连接牢固。

检验方法：观察检查。

4）屋顶窗用窗口防水卷材应铺贴平整，黏结应牢固。

检验方法：观察检查。

第七节　分部工程验收

（1）检验批质量验收合格应符合下列规定：

1）主控项目的质量抽查检验合格；

2）一般项目的质量应抽查检验合格；有允许偏差值的项目，其抽查点应有

80％及其以上在允许偏差范围内,且最大偏差值不得超过允许偏差值的1.5倍;

3)应具有完整的施工操作依据和质量检查记录。

(2)分项工程质量验收合格应符合下列规定:

1)分项工程所含检验批的质量均应验收合格;

2)分项工程所含检验批的质量验收记录应完整。

(3)分部(子分部)工程质量验收合格应符合下列规定:

1)分部(子分部)工程所含分项工程的质量均应验收合格;

2)质量控制资料应完整;

3)安全与功能抽样检验应符合现行国家标准《建筑工程施工质量验收统一标准》(GB 50300—2013)的有关规定;

4)观感质量检查应符合规定。

(4)屋面工程观感质量检查应符合下列要求:

1)卷材铺贴方向应正确,搭接缝应粘贴或焊接牢固,搭接宽度应符合设计要求,表面应平整,不得有扭曲、皱折和翘边等缺陷;

2)涂膜防水层黏结应牢固,表面应平整,涂刷应均匀,不得有流淌、起泡和露胎体等缺陷;

3)嵌填的密封材料应与接缝两侧粘贴牢固,表面应平滑,缝边应垂直,不得有气泡、开裂和剥离等缺陷;

4)檐口、檐沟、天沟、女儿墙、山墙、水落口、变形缝和伸出屋面管道等防水构造,应符合设计要求;

5)烧结瓦、混凝土瓦铺装应平整、牢固,应行列整齐,搭接应严密,檐口应顺直,脊瓦应搭盖正确,间距应均匀,封固应严密;正脊和斜脊应顺直,应无起伏现象;泛水应顺直整齐,结合应严密;

6)沥青瓦铺装应搭接正确,瓦片外露部分不得超过切口长度,钉帽不得外露;沥青瓦应与基层钉粘牢固,瓦面应平整,檐口应顺直;泛水应顺直整齐,结合应严密;

7)金属板铺装应平整、顺滑;连接应正确,接缝应严密;屋脊、檐口、泛水直线段应顺直,曲线段应顺畅;

8)玻璃采光顶铺装应平整、顺直,外露金属框或压条应横平竖直,压条应按照牢固;玻璃密封胶缝应横平竖直、深浅一致,宽窄应均匀,应光滑顺直;

9)上人屋面或其他使用功能屋面,其保护及铺面应符合设计要求。

(5)屋面工程验收资料和记录应符合表9-32的规定:

表 9-32 屋面工程验收资料和记录

资 料 项 目	验 收 资 料
防水设计	设计图纸及会审记录、设计变更通知单和材料代用核定单
施工方案	施工方法、技术措施、质量保证措施
技术交底记录	施工操作要求及注意事项
材料质量证明文件	出厂合格证、型式检验报告、出厂检验报告、进场验收记录和进场检验报告
施工日志	逐日施工情况
工程检验记录	工序交接检验记录、检验批质量验收记录、隐蔽工程验收记录、淋水或蓄水试验记录、观感质量检查记录、安全与功能抽样检验(检测)记录
其他技术资料	事故处理报告、技术总结

(6)屋面工程应对下列部位进行隐蔽工程验收：

1)卷材、涂膜防水层的基层；

2)保温层的隔气和排汽措施；

3)保温层的铺设方式、厚度、板材缝隙填充质量及热桥部位的保温措施；

4)接缝的密封处理；

5)瓦材与基层的固定措施；

6)檐沟、天沟、泛水、水落口和变形缝等细部做法；

7)在屋面易开裂和渗水部位的附加层；

8)保护层与卷材、涂膜防水层之间的隔离层；

9)金属板材与基层的固定和板缝间的密封处理；

10)坡度较大时，防止卷材和保温层下滑的措施。

(7)检查屋面有无渗漏、积水和排水系统是否通畅，应在雨后或持续淋水 2h 后进行，并应填写淋水试验记录。具备蓄水条件的檐沟、天沟应进行蓄水试验，蓄水时间不得少于 24h，并应填写蓄水试验记录。

(8)对安全与功能有特殊要求的建筑屋面，工程质量验收除应符合《屋面工程质量验收规范》(GB 50207—2012)的规定外，尚应按合同约定和设计要求进行专项检验(检测)和专项验收。

(9)屋面工程验收后，应填写分部工程质量验收记录，并应交建设单位和施工单位存档。

附录　紧固件连接工程检验项目

A.0.1　螺栓实物最小载荷检验

目的:测定螺栓实物的抗拉强度是否满足现行国家标准《紧固件机械性能螺栓、螺钉和螺柱》(GB/T 3098.1—2010)的要求。

检验方法:用专用卡具将螺栓实物置于拉力试验机上进行拉力试验,为避免试件承受横向载荷,试验机的夹具应能自动调正中心,试验时夹头张拉的移动速度不应超过 25mm/min。

螺栓实物的抗拉强度应根据螺纹应力截面积(As)计算确定,其取值应按现行国家标准《紧固件机械性能螺栓、螺钉和螺柱》(GB/T 3098.1—2010)的规定取值。

进行试验时,承受拉力载荷的末旋合的螺纹长度应为 6 倍以上螺距;当试验拉力达到现行国家标准《紧固件机械性能螺栓、螺钉和螺柱》(GB/T 3098.1—2010)中规定的最小拉力载(As·σb)时不得断裂。当超过最小拉力载荷直至拉断时,断裂应发生在杆部或螺纹部分,而不应发生在螺头与杆部的交接处。

A.0.2　扭剪型高强度螺栓连接副预拉力复验

复验用的螺栓应在施工现场待安装的螺栓批中随机抽取,每批应抽取 8 套连接副进行复验。

连接副预拉力可采用经计量检定、校准合格的轴力计进行测试。

试验用的电测轴力计、油压轴力计、电阻应变仪、扭矩扳手等计量器具,应在试验前进行标定,其误差不得超过 2%。

采用轴力计方法复验连接副预拉力时,应将螺栓直接插入轴力计。紧固螺栓分初拧、终拧两次进行,初拧应采用手动扭矩扳手或专用定扭电动扳手;初拧值应为预拉力标准值的 50% 左右。终拧应采用专用电动扳手,至尾部梅花头拧掉,读出预拉力值。

每套连接副只应做一次试验,不得重复使用。在紧固中垫圈发生转动时,应更换连接副,重新试验。

复验螺栓连接副的预拉力平均值和标准偏差应符合表 A.0.2 的规定。

表 A.0.2　扭剪型高强度螺栓紧固预拉力和标准偏差(KN)

螺栓直径(mm)	16	20	(22)	24
紧固预拉力的平均值 $\overline{P}$	99~120	154~186	191~231	222~270
标准偏差 σ_P	10.0	15.7	193.5	22.7

A.0.3　高强度螺栓连接副施工扭矩检验

高强度螺栓连接副扭矩检验含初拧、复拧、终拧扭矩的现场无损检验。检验所用的扭矩扳手其扭矩精度误差应不大于 3%。

高强度螺栓连接副扭矩检验分扭矩法检验和转角法检验两种,原则上检验法与施工法应相同。扭矩检验应在施拧 1h 后,48h 内完成。

1. 扭矩法检验

检验方法:在螺尾端头和螺母相对位置画线,将螺母退回 60°左右,用扭矩扳手测定拧回至原来位置时的扭矩值。该扭矩值与施工扭矩值的偏差在 10% 以内为合格。

高强度螺栓连接副终拧扭矩值按下式计算:

$$T_c = K \cdot P_c \cdot d$$

式中:T_c——终拧扭矩值(N·m);

　　P_c——施工预拉力值标准值(kN),见表 A.0.3;

　　d——螺栓公称直径(mm);

　　K——扭矩系数,按附录 A.0.4 的规定试验确定。

高强度大六角头螺栓连接副初拧扭矩值 T_c 可按 $0.5T_c$ 取值。

扭剪型高强度螺栓连接副初拧扭矩值 T_0 可按下式计算:

$$T_0 = 0.065 P_c \cdot d$$

式中:T_0——初拧扭矩值(N·m);

　　P_c——施工预拉力标准值(kN),见表 B.0.3;

　　d——螺栓公称直径(mm)。

2. 转角法检验

检验方法:

(1)检查初拧后在螺母与相对位置所画的终拧起始线和终止线所夹的角度是否达到规定值。

(2)在螺尾端头和螺母相对位置画线,然后全部卸松螺母,在按规定的初拧扭矩和终拧角度重新拧紧螺栓,观察与原画线是否重合。终拧转角偏差在 10° 以内为合格。

终拧转角与螺栓的直径、长度等因素有关,应由试验确定。

3. 扭剪型高强度螺栓施工扭矩检验

检验方法:观察尾部梅花头拧掉情况。尾部梅花头被拧掉者视同其终拧扭矩达到合格质量标准;尾部梅花头未被拧掉者应按上述扭矩法或转角法检验。

表 A.0.3   高强度螺栓连接副施工预拉力标准值(KN)

螺栓的性能等级	螺栓公称直径(mm)					
	M16	M20	M22	M24	M27	M30
8.8s	75	120	150	170	225	275
10.9s	110	170	210	250	320	390

A.0.4   高强度大六角头螺栓连接副扭矩系数复验

复验用螺栓应在施工现场待安装的螺栓批中随机抽取,每批应抽取 8 套连接副进行复验。

连接副扭矩系数复验用的计量器具应在试验前进行标定,误差不得超过 2%。

每套连接副只应做一次试验,不得重复使用。在紧固中垫圈发生转动时,应更换连接副,重新试验。

连接副扭矩系数的复验应将螺栓穿入轴力计,在测出螺栓预拉力 P 的同时,应测定施加于螺母上的施拧扭矩值 T,并应按下式计算扭矩系数 K。

$$K = \frac{T}{P \cdot d}$$

式中:T——施拧扭矩(N·m);

d——高强度螺栓的公称直径(mm);

P——螺栓预拉力(kN)。

进行连接副扭矩系数试验时,螺栓预拉力值应符合表 A.0.4 的规定。

表 A.0.4   螺栓预拉力值(kN)

螺栓规格(mm)		M16	M20	M22	M24	M27	M30
预拉力值 P	10.9s	93~113	142~177	175~215	206~250	265~324	325~390
	8.8s	62~78	100~120	125~150	140~170	185~225	230~275

每组 8 套连接副扭矩系数的平均值应为 0.110~0.150,标准偏差小于或等于 0.010。

扭剪型高强度螺栓连接副当采用扭矩法施工时,其扭矩系数亦按本附录的规定确定。

A.0.5 高强度螺栓连接摩擦面的抗滑移系数检验

1. 基本要求

制造厂和安装单位应分别以钢结构制造批为单位进行抗滑移系数试验。制造批

可按分部(子分部)工程划分规定的工程量每 2000t 为一批,不足 2000t 的可视为一批。选用两种及两种以上表面处理工艺时,每种处理工艺应单独检验。每批三组试件。

抗滑移系数试验应采用双摩擦面的二栓拼接的拉力试件(图 A.0.5)。

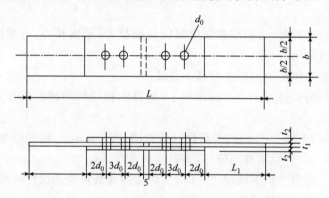

图 A.0.5 抗滑移系数拼装试件的形式和尺寸

抗滑移系数试验用的试件应由制造厂加工,试件与所代表的钢结构构件应为同一材质、同批制作、采用同一摩擦面处理工艺和具有相同的表面状态,并应用同批同一性能等级的高强度螺栓连接副,在同一环境条件下存放。

试件钢板的厚度 t_1、t_2 应根据钢结构工程中有代表性的板材厚度来确定,同时应考虑在摩擦面滑移之前,试件钢板的净截面始终处于弹性状态;宽度 b 可参照表 A.0.5 规定取值。t_1 应根据试验机夹具的要求确定。

表 A.0.5 试件钢板宽度(mm)

螺栓直径 d	16	20	22	24	27	30
板宽 b	100	100	105	110	120	120

试件板面应平整,无油污,孔和板的边缘无飞边、毛刺。

2. 试验方法

试验用的试验机误差应在 1% 以内。

试验用的贴有电阻片的高强度螺栓、压力传感器和电阻应变仪应在试验前用试验机进行标定,其误差应在 2% 以内。

试件的组装顺序应符合下列规定:

先将冲钉打入试件孔定位,然后逐个换成装有压力传感器或贴有电阻片的高强度螺栓,或换成同批经预拉力复验的扭剪型高强度螺栓。

紧固高强度螺栓应分初拧、终拧。初拧应达到螺栓预拉力标准值的 50% 左右。终拧后,螺栓预拉力应符合下列规定:

1)对装有压力传感器或贴有电阻片的高强度螺栓,采用电阻应变仪实测控制试件每个螺栓的预拉力值应在 0.95P~1.05P(P 为高强度螺栓设计预拉力值)之间;

2)不进行实测时,扭剪型高强度螺栓的预拉力(紧固轴力)可按同批复验预拉力的平均值取用。

试件应在其侧面画出观察滑移的直线。

将组装好的试件置于拉力试验机上,试件的轴线应与试验机夹具中心严格对中。

加荷时,应先加 10% 的抗滑移设计荷载值,停 1min 后,再平稳加荷,加荷速度为 3~5kN/s。直拉至滑动破坏,测得滑移荷载 Nv。

在试验中当发生以下情况之一时,所对应的荷载可定为试件的滑移荷载:

1)试验机发生回针现象;

2)试件侧面画线发生错动;

3)X—Y 记录仪上变形曲线发生突变;

4)试件突然发生"嘣"的响声。

抗滑移系数,应根据试验所测得的滑移荷载 Nv 和螺栓预拉力 P 的实测值,按下式计算,宜取小数点二位有效数字。

$$\mu = \frac{N_v}{n_f \cdot \sum\limits_{i=1}^{m} P_I}$$

式中:N_v——由试验测得的滑移荷载(kN);

m_f——摩擦面面数,取 $n_f = 2$;

$\sum\limits_{i=1}^{m} P_I$——试件滑移一侧高强度螺栓预拉力实测值(或同批螺栓连接副的预拉力平均值)之和(取三位有效数字)(kN);

m——试件一侧螺栓数量,取 $m = 2$。